住房和城乡建设部“十四五”规划教材
教育部高等学校建筑学专业教学指导分委员会室内设计工作委员会规划推荐教材
高等学校室内设计与建筑装饰专业系列教材
中国建筑学会室内设计分会水平评价系列指定教材

室内设计方法与实践

Methods and Practice of Interior Design

郭晓阳 陈 亮 著

中国建筑工业出版社

出版说明

党和国家高度重视教材建设。2016年，中办国办印发了《关于加强和改进新形势下大中小学教材建设的意见》，提出要健全国家教材制度。2019年12月，教育部牵头制定了《普通高等学校教材管理办法》和《职业院校教材管理办法》，旨在全面加强党的领导，切实提高教材建设的科学化水平，打造精品教材。住房和城乡建设部历来重视土建类学科专业教材建设，从“九五”开始组织部级规划教材立项工作，经过近30年的不断建设，规划教材提升了住房和城乡建设行业教材质量和认可度，出版了一系列精品教材，有效促进了行业部门引导专业教育，推动了行业高质量发展。

为进一步加强高等教育、职业教育住房和城乡建设领域学科专业教材建设工作，提高住房和城乡建设行业人才培养质量，2020年12月，住房和城乡建设部办公厅印发《关于申报高等教育职业教育住房和城乡建设领域学科专业“十四五”规划教材的通知》（建办人函〔2020〕656号），开展了住房和城乡建设部“十四五”规划教材选题的申报工作。经过专家评审和部人事司审核，512项选题列入住房和城乡建设领域学科专业“十四五”规划教材（简称规划教材）。2021年9月，住房和城乡建设部印发了《高等教育职业教育住房和城乡建设领域学科专业“十四五”规划教材选题的通知》（建人函〔2021〕36号）。为做好“十四五”规划教材的编写、审核、出版等工作，《通知》要求：（1）规划教材的编著者应依据《住房和城乡建设领域学科专业“十四五”规划教材申请书》（简称《申请书》）中的立项目标、申报依据、工作安排及进度，按时编写出高质量的教材；（2）规划教材编著者所在单位应履行《申请书》中的学校保证计划实施的主要条件，支持编著者按计划完成书稿编写工作；（3）高等学校土建类专业课程教材与教学资源专家委员会、全国住房和城乡建设职业教育教学指导委员会、住房和城乡建设部中等职业教育专业指导委员会应做好规划教材的指导、协调和审稿等工作，保证编写质量；（4）规划教材出版单位应积极配合，做好编辑、出版、发行等工作；（5）规划教材封面和书脊应标注“住房和城乡建设部‘十四五’规划教材”字样和统一标识；（6）规划教材应在“十四五”期间完成出版，逾期不能完成的，不再作为《住房和城乡建设领域学科专业“十四五”规划教材》。

住房和城乡建设领域学科专业“十四五”规划教材的特点：一是重点以修订教育部、住房和城乡建设部“十二五”“十三五”规划教材为主；二是严格按照专业标准规范要求编写，体现新发展理念；三是系列教材具有明显特点，满足不同层次和类型的学校专业教学要求；四是配备了数字资源，适应现代化教学的要求。规划教材的出版凝聚了作者、主审及编辑的心血，得到了有关院校、出版单位的大力支持，教材建设管理过程有严格保障。希望广大院校及各专业师生在选用、使用过程中，对规划教材的编写、出版质量进行反馈，以促进规划教材建设质量不断提高。

住房和城乡建设部“十四五”规划教材办公室

2021年11月

前　言

目前从学科分类上来说，室内设计专业列在国内建筑学、设计学之中，在建筑类院校和艺术类院校中均有设置，是一门工学和设计学交叉的学科。室内设计人才培养目标要求学生不仅要具有艺术修养，同时也要具备应用工程技术的能力。据不完全统计，国内现设有室内设计（或类似）专业的高校有1500多所，随着人民生活水平的日益提升和室内设计专业教育蓬勃发展，社会需求量及室内设计专业毕业生人数也在不断增加。在人才培养上，“量”在不断增加，但“质”是否有了明显的提高？高校课程设置、课程内容以及与社会需求接轨等都是室内设计专业发展中要思考的问题。在住房和城乡建设部“十四五”规划教材中，本系列教材对室内设计专业教育内容进行了较为系统地规划。

高等学校室内设计专业课程体系一般分为基础课程和专业课程两大部分，基础课程如构成课和设计理论课等，由于教师接受的教育背景不同，多年来基础课程和专业课程之间缺乏前后衔接，本书的编写也正是基于对这个问题的探讨，如何引导专业课程到基础课程中找寻设计方法，为专业课程提供基本方法研究，以及如何引导专业课程到设计实践中去，学生在实践中熟悉规范，了解设计实践的工程现状以及图纸现状，包括理解规范、学习室内设计制图的方法和基础表达。这也是本书编写的基本思路。本书第1章讲述室内设计的基本理论和发展。第2章和第3章着重从基础课程和专业课程之间的联系入手，寻求从基础理论到空间认知，找寻空间设计的基本方法。掌握基本方法运用到实践后，引出必须遵守的规范也就是第4章内容——室内设计的规范与解读。规范是工程教育中的重要环节，也是设计师要掌握的基础知识，但是多年来我们的室内设计教育中缺乏这个环节，造成了教学与实践环节的脱节，第4章正是对这部分知识的补充。第5章是实践案例部分，分类型介绍了各种空间设计，并附有大量的施工图，能够让学生对实践有一个理性认识，同时也呈现了规范应用在实际案例中的重要性。第6章是施工图的绘制表达，这是设计师展现设计思想最为重要的手段。本章主要讲授绘制的基本原则，可以对照第5章的施工图进行解读。本书涉及内容较多，在教学过程中既可以作为一门课讲授，也可以把第4、6两章作为独立的课程分开讲授，以适应不同学科、课程设置的要求。

本书的出版首先要感谢主审清华大学美术学院博士生导师张月教授，还要感谢研究生李洋、文泽华、程晚霞、陈浩然、刘梦妮、万家浩、李雯、田侨，以及苏州九城都市建筑设计有限公司徐芳、中国中元国际工程有限公司的周亚星，还有为本书提供案例的HBA（Hirsch Bender Associates）的李鹰、深圳中装建设集团股份有限公司的韩茹、上海力本建筑设计事务所的白鑫、苏州拓谷建筑工程有限公司的冯遵刚、深圳尚希设计顾问有限公司的韩薛等，感谢他们为本书的编写所做的工作。

本教材的编写是基于对室内设计教学中存在问题的思考，希望能够为室内设计教学贡献一份力量，对室内设计专业学生在学习上有所帮助。当然该书也必然存在不足之处，希望广大读者批评指正并提供建议。本书附第5章全部案例施工图和其他项目施工图及本书配套PPT供广大读者下载使用。

目 录

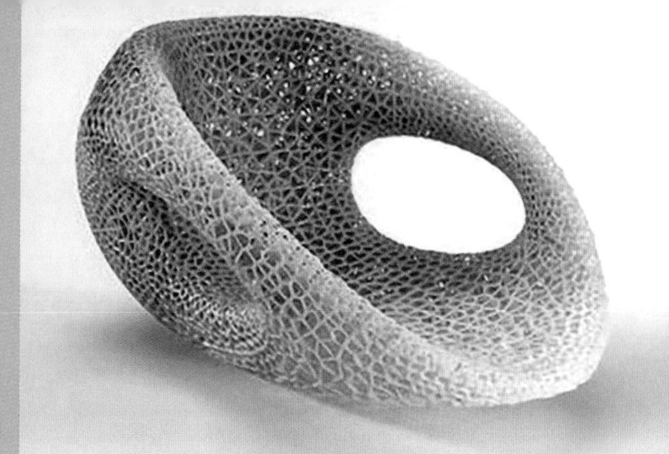

第 1 章

理论与发展

第 1 章　理论与发展

1.1　概念

1.1.1　建筑空间

1. 建筑空间

建筑空间是指各种建筑元素以某种形式组合构建而成的空间，其包含建筑本体内部空间与外部环境空间。其内部空间又可分为功能空间与感官空间，功能空间设计指运用多样形态手法围绕人的功能需求而展开的空间设计，如办公空间、家居空间等；感官空间设计是指影响受体思维感受的空间设计，如尺度、色彩、光影、材质等。

2. 建筑空间的形态

空间的形成在于边界的产生，墙体、顶面、地板等围护结构是划分内外空间的重要载体。在定义某种空间时，一方面可以通过描述具体的空间形态来区分，包括边界形态和内部分隔形态两种；另一方面可以通过描述受体对空间的使用行为来定义，包括受体使用行为、空间行为态势及空间行为确定性三种，现将其总结见表 1-1。

建筑空间形态分类　　表 1-1

分类依据	具体体现	建筑空间形态
具体的空间形态	边界形态	封闭、开放、半封闭半开放（图 1-1）
	分隔手段	固定、可变
受体对空间的使用行为	使用行为	公共、私密、半公共半私密、专有
	空间行为态势	动态、静态、流动（图 1-2）
	空间行为确定性	肯定、模糊、虚拟

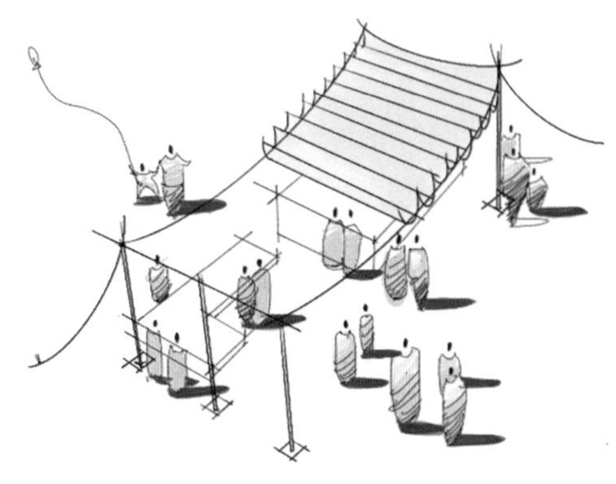

图 1-1　半封闭半开放空间

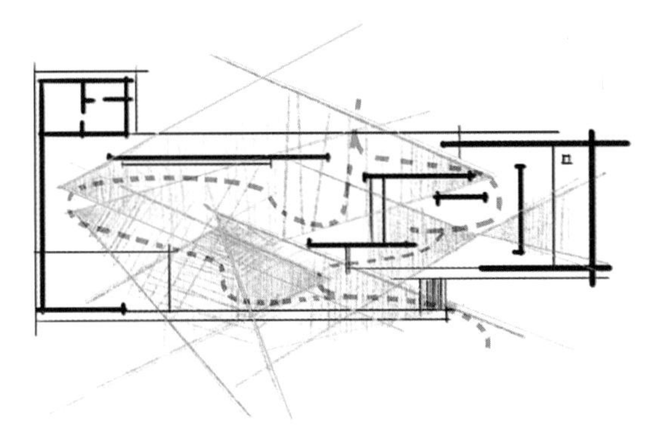

图 1-2　流动空间

1.1.2　室内空间

1. 室内空间的定义

建筑室内空间由三类界面围合而成，具有限定性与封闭性的特征。人处于建筑内部环境，相对外部环境而言，对室内空间的采光照明、温度色彩、装饰装修、材料家具、气味声音等人工设置更为敏感，形成更为强烈的环境心理感受，故而室内设计还具有敏感性与人工性的特点。

2. 常见室内空间类型

在设计中，因不同的功能要求而赋予室内空间具有不同的特征，其类型依据性质、功能等特性可划分为以下几种：

1）**开敞空间**——外向型空间，重视内外空间环境的相互渗透，增强内外空间的交流呼应，形成丰富的室内外景观。开敞空间具有以下特征：在空间性质方面，具有收纳性与开放性；在适用功能方面，因易于改变空间使用形式，具有灵活性；在环境心理学方面，开敞空间便于人们与环境接触交流，因而具有活泼性。

2）**封闭空间**——独立型空间，利用高限定性的实体围合界面，在感官方面形成封闭、独立的空间。该空间的特征为：在适用功能方面，因封闭空间的界面围合，空间相对完整封闭，灵活性不高，具有较强限定性；在环境心理学方面，实体的界面阻隔了内外空间，对外界视线具有很强的拒绝性和隔离性，环境沉闷单调；因此在空间性格上，表现出独立性与私密性（图 1-3）。

3）**流动空间**——动态型空间，各空间区域没有固定或明显的划分限定，而是运用各种设计手法，模糊空间边界，达到隔而不分的效果。

4）**稳定空间**——静态型空间，具有以下特征：在空间性格方面，具有稳定性；在适用功能方面，因视觉常被引导于一个方位或落在一个点上，空间流线清晰，具有良好的导向性。静态空间常采用对称式布局和垂直水平界面设计。

5）**结构空间**——工业时代兴起的机械美学，相较于传统的古典美学，其拥趸认为空间蕴含的结构理性与技术逻辑本身就具有美感，无用的装饰只会破坏结构理性之美，应当摒弃抛除，将结构展露（图 1-4）。

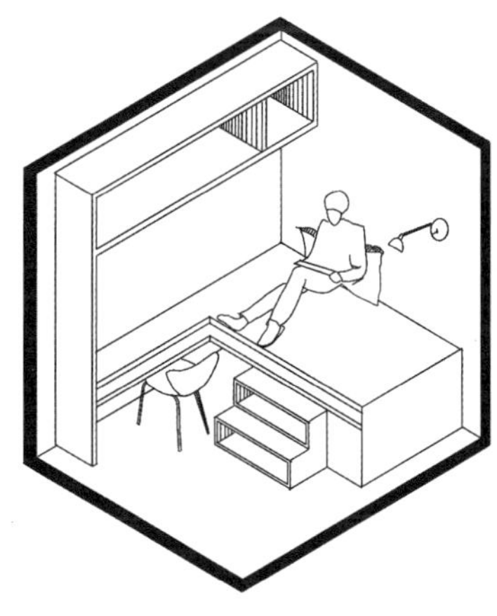

图 1-3　封闭空间

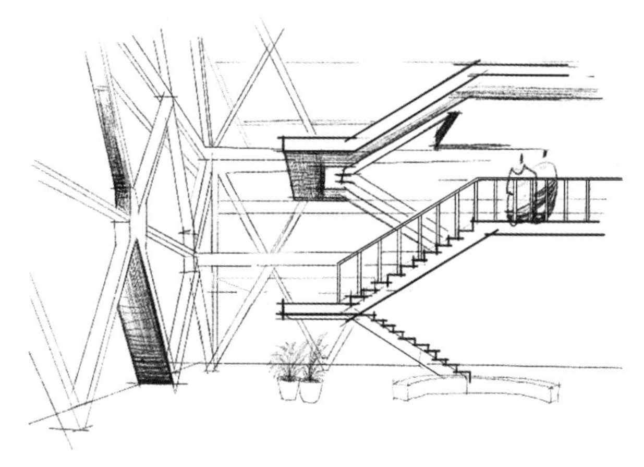

图 1-4　结构空间

6）**不定空间**——中性空间，空间的功能与边界不确定，具有一定复杂性。通常是建筑空间内的公共区域，如中庭、走廊等。

1.1.3 设计

关于设计有诸多定义，设计可以理解为是根据一定的需求目的，通过预先的设想，按照一定的规范要求进行规划，运用各种元素包括图形、色彩、材质、光线等，最终表达出来的过程。设计是客观理性与主观感性的结合：一方面，设计遵循一定的规范要求并非随心所欲的勾勒；另一方面，设计又是一种个体的自我表达。

王受之先生在《世界设计现代史》中提出："所谓设计，指的是把一种设计、规划、设想、问题解决的方法，通过视觉的方式传达出来的活动过程。它的核心内容包括三个方面，即：①计划、构思的形成；②视觉传达方式，即把计划、构思、设想、解决问题的方式利用视觉的方式传达出来；③计划通过传达之后的具体应用。"[①]

1.1.4 室内设计

室内设计是指从建筑内部把握空间，根据空间的使用性质和所处环境，运用物质技术及艺术手段，创造出功能合理，舒适美观，符合人生理、心理需求，让使用者身心愉悦，便于生活、工作、学习的理想场所的内部空间环境设计。[②]它主要涵盖两大部分内容：建筑内部空间设计和室内环境艺术设计。前者包括空间构型及空间功能表现，后者主要侧重空间各界面的艺术表达及空间艺术元素排布、二者相互协同，互为补充。

室内设计发展至今，范畴并不局限于建筑内部空间，工业发展为现代文明带来了更多便捷的交通工具，诸如游轮、火车、飞机等，这些内舱空间带有鲜明的室内空间色彩，也属于室内设计部分。[③]同时，室内设计并不只是对空间进行构型设计，还要对"行为"和"场景"进行设计，考虑"人"在进入空间内部时，通过设计要素所触发的各种感情与行为，室内空间设计亦等同于对行为本身进行设计。[④]

在设计时，应理解并依从设计对象，从以下三个方面的限定特征来着手：①使用性质，即空间的使用需要；②所在场所，包含空间所处的周边环境、建筑及当地文脉；③经济投入，即项目的工程造价、相关费用的把控。

---

① 王受之 . 世界设计现代史 [M]. 北京：中国青年出版社，2002.
② 张绮曼，郑曙旸 . 室内设计资料集 [M]. 北京：中国建筑工业出版社，1991.
③ 陈易，陈永昌，辛艺峰 . 室内设计原理 [M]. 北京：中国建筑工业出版社，2006.
④ 和田浩一，富樫优子 . 室内设计基础 [M]. 北京：中国青年出版社出版，2014.

1.2 相关学科

1.2.1 建筑学

《辞海》中对“建筑设计”的定义是指建筑物、构筑物与室内外环境在建筑、结构、设备等方面的综合性设计工作，也可以仅指建筑方面的综合性设计工作，通常根据建筑任务要求，通过调查研究，综合考虑使用功能和投资、材料、环境、地质、结构、构造、设备、建筑艺术、有关法规、施工等因素，合理制订方案，设计成建筑单体或群体的图纸文件。对于一般工程可分为方案设计和施工图设计两个阶段；对于大型、复杂的工程，则分为方案设计、初步设计和施工图设计三个阶段。①

室内设计与建筑设计都属于建筑学范畴，具有相似的设计目的，建筑设计是室内设计的前提，为室内设计提供大的设计框架，室内设计对建筑设计在细部、表达方面进行深化与延展。两者也存在一定的不同，从存续时间角度，建筑设计成品往往可以保留几十年甚至百年，而室内设计作品却需不断更新；在设计范围方面，建筑设计范围更广，包含建筑结构、施工工艺、周边环境以及工程造价等，而室内设计更侧重于建筑空间局部精细化设计。

当代中国建筑大师戴念慈先生认为，“建筑设计的出发点和着眼点是内涵的建筑空间，把空间效果作为建筑艺术追求的目标，而界面、门窗是构成空间必要的从属部分。从属部分是构成空间的物质基础，并对内涵空间使用的观感起决定性作用，然而毕竟是从属部分。至于外形只是构成内涵空间的必然结果”。

美国现代室内设计师沃伦·普拉特纳（Warren Platner）则认为，“室内设计比设计包容这些内部空间的建筑物要困难得多，这是因为在室内你必须更多地同人打交道，研究人们的心理因素，以及如何能使他们感到舒适、兴奋。经验证明，这比与结构、建筑体系打交道要费心得多，也要求有更加专门的训练”。

美国前室内设计师协会主席亚当·格拉泽（G.Adam）指出“室内设计涉及的工作比单纯的装饰广泛得多，他们关心的范围已扩展到生活的每一方面，例如：住宅、办公、旅馆、餐厅的设计，提高劳动生产率，无障碍设计，编制防火规范和节能指标，提高医院、图书馆、学校和其他公共设施的使用率。总之一句话，给予各种处在室内环境中的人以舒适和安全”。

以上设计大师均道出了室内设计的本质及其存在的意义。

1.2.2 室内装修、装饰

室内装修与室内装饰同属于设计完成后的施工过程，但两者的侧重点却有所不同。

室内设计在确立空间的主题和性格，并完成前期概念与意向的设计阶段后，在实施过程中围绕设计对各要素进行协同把控，并需综合考虑当地施工环境与技术，以达到设计预期的室内空间表现。

---

① 辞海编辑委员会 . 辞海（第七版）[M]. 上海：上海辞书出版社，2019.

具体施工时，室内装修侧重于工程技术、施工工艺、构造方式等方面，通常分为两类——硬装与软装。硬装即对空间各界面进行的构造加工，包括墙面工程、地面工程、顶面工程、木作工程、油漆工程五个方面；软装则是家具、墙纸、窗帘等，同室内装饰协同作用，增加生活质量、提升舒适度与美观度。

室内装饰侧重点在于室内空间的艺术表达，从感官角度对室内界面进行深层艺术化加工。包括室内陈设，如室内灯具、家具、布艺等的选用，室内绿化、装饰画的选择等，同室内装修相辅相成，构建室内空间的感官影响力。

1.2.3 人体工程学

室内设计应该以人为核心，围绕人在室内空间的行为模式展开。所有辅助于人活动的设计如空间构型、家具尺度等，都与人体的各种数据密切相关。这就涉及人体工程学的知识范畴。

人体工程学 (Human Engineering)，于 19 世纪 40 年代后期兴起，是一门研究“人体—机械—环境”三者之间关系的技术学科，也可称为人因工程学（Human Factors Engineering）、人类条件学（Human Conditioning）、人类工效学 (Ergonomics) 等。人体工程学旨在创造出适应人类活动安全、健康、高效、舒适的环境和机械，需要充分了解人的生理、心理需求。

人类生理、心理活动均受到来自环境的影响。人在室内空间中的活动有一定的限度与距离，故而在结构形式、家具布局等方面需要充分考虑人的行为特征、人体结构、人体尺度、人体动作域等；心理方面如室内的温度、色彩、照明、声音等因素影响着人的感觉器官，这就涉及环境心理学等其他学科。进行室内设计时需要收集上述提到的相关人体基础数据。

1. 人体构造

人体构造亦称人体结构。人体有四大组织与八大系统，涉及人体数据的基本尺寸包括人体高度、肩宽尺度、正立时眼高度、上身高长度、手长度、腿长度等，这些数据又因国家、地域、年龄、性别、职业等存在一定的差异。

2. 人体尺度

人体的基本尺度可以分为静态尺度与动态尺度。静态尺度是确定室内家具大小的重要数据，静态基本姿势为站立姿势、坐倚姿势、平坐姿势与躺卧姿势，每种姿势又可细分出各种姿态；动态尺度为人体处于某一固定位置时的肢体活动尺度或身体移动尺度。

3. 人体动作域

人在室内空间中的各种行为，姿态与肢体动作幅度都有相应的范围，其范围数据称为人体动作域，常用于衡量人体在室内的活动空间是否满足需求，是确定空间尺度的重要因素。与人体动态尺度不同，人体动作域涵盖人体各种情境活动与动态行为。

室内人体尺度数据的选择要以安全性为前提，空间中各种行为的围护结构都应充分保证人的安全。如楼梯扶手设计，考虑到儿童与成人的身高差异，应设计上下两处不同高度的扶手。在多种情境中，人与关联物体的活动空间尺度与人体和该物体本身所占空间大小并不相同，如人在观看视频时需要与电视或幕布保持一定距离，此时需要的空间就远大于人体与电视所占用的空间，设计时需充分考虑两者的差异。

1.2.4 环境心理学

1. 环境心理学的定义

环境心理学是一门研究人的行为、心理与环境相互关系、相互作用的交叉学科。主要研究内容为：环境与人的心理和行为间的整体关系，并探讨三者之间的相互作用。这里的环境包括自然环境、人工环境、社会环境。

从环境构成的角度又可分为物理环境，指设施、建筑物等物质系统，包括湿度、温度等；化学环境，指土壤、水体、空气等组成因素所产生的化学物质给生物以作用的环境，包括粉尘、大气、各类化学物质等；生物环境，指环境中各类生物和物种间的相互关系，包括动物、植物、微生物等；社会环境，指各种社会关系、社会因素，包括家庭、社区等。

环境对人的心理构成影响的因素复杂多样，大致可分为：外在刺激，包括物理刺激、他人行为刺激；内在刺激，包括生理刺激、自我行为刺激，如思考冥想等。

2. 环境心理学对室内设计的影响

室内设计通过营造物质环境以满足人的心理、行为需求，不同环境中，人体感官受到不同的刺激产生差异化的心理感受，行为受到心理因素的影响，进而导致不同的行为模式。空间内部的设计影响人的心理感受，如基于环境对人心理和行为的作用，在特定空间家具设计形式上社会心理学将其分为两种：亲社会空间、远社会空间。前者如家具行列摆放的图书馆或会议厅等，后者如家具成组或围合摆放的聚会场所等。又如，环境中的红色让人感觉温暖，蓝色让人感受沉静。

另外，人在环境中都会倾向于将自体周围缩小到一定极限范围内的物理空间感知为自身的一部分，该区域即称之为——个人空间（Personal Space），用以衡量人与人交往的间距。人类学家爱德华·霍尔（Edward Twitchell Hall Jr）提出不同情境条件下，人际交往的四种个人空间：①亲密距离（0~1.5英尺，约0 ~ 0.457m）适合一些亲密行为，受到对方强烈的感官刺激；②个人距离（1.5~4英尺，约0.457 ~ 1.22m）友人之间的日常交往；③社交距离（4~12英尺），约1.22 ~ 3.66m公务性质的接触；④公众距离（12英尺以上，约3.66m以上）个人与公众之间的距离。诸如上述，环境影响空间使用者的心理感知，而这些心理和行为的共性与个性需求在设计塑造空间时，要予以充分的重视和满足。

3. 环境心理学的具体应用

1）帮助构建符合人们行为模式的空间

要成功地构建一个满足人们使用与心理需求的室内空间，设计首先必须符合人的行为模式。如在现代书城设计中，不仅要考虑到阅读需求，还有餐饮、休闲、社交、购物等行为需求，书城应设计为复合休闲功能场所。

2）提示设计契合人们心理特征的环境

环境中各种要素对人的心理影响结果不同，设计时需合理塑造空间构型、排布空间元素形状、色彩、灯光照明、温度湿度等要素，引导适宜的心理感受。

（1）色彩在室内设计中的应用：色彩悄无声息地影响着人的情绪，每种色彩各具性格，如红色感知炙热、喜庆、热闹；蓝色感知静谧、幽深、海洋；绿色感知自然、生机。巧妙运用色彩心理，可以调节、影响人的情绪行为。如红、橙、明黄等鲜艳的色彩会带来强烈的视觉刺激，易引发神经兴奋性，在书吧、卧室等静谧环境的场景中应避免使用。在医院空间设计中，色彩的作用也不可小觑，研究表明：蓝色具有调节神经、镇定安神的作用；绿色能够降低眼压、缓解眼疲劳；粉色可以减少肾上腺素的分泌、稳定情绪，等等。

（2）场对人的心理作用在室内设计中的应用：场理论最早由美国社会心理学家库尔特·勒温（Kurt Lewin）提出。他将场定义为“被认为是相互依存的共存事实的整体”，人的行为是由“生活空间”触发的，“生活空间”是感性的，由与个体相关的所有共存因素组成，必须为个体所感知，包括个体的“心理场”和外在的“环境场”。个体行为是“场”中所有不同力量对个体影响的结果。“场”并不是永恒静止的，在人的交往行为中，“场”一直在运动与交互。

在室内设计中，要考虑“场”对人的心理作用，根据不同的情境调整“环境场”。如同样是聚会空间：在仪式空间中，座椅对称工整摆放，场地内的轴线序列强化，“环境场”要求传递出肃穆、庄重的心理感知；而在休闲的聚会场所，家具选用上多采用柔软材质，色彩轻快明亮，家具成团围合布置，“环境场”侧重营造出轻松自在的氛围。设计要充分传递“环境场”所需表达的信息，营造相应的室内环境。

3）考虑使用者的个性与环境的相互关系

设计除了满足普适化需求，还应充分尊重个体的个性化需要。在构建室内环境时，个性化设计除为特定人群提供使用功能外，亦可更加直观地引导特定使用者的情绪，引发共鸣，对其空间需要予以充分满足。

1.2.5 构成学

1. 定义

在设计领域，构成学是研究“构成”——即某种设计创作方式和将艺术、精神客观化过程的学科。“构成”按照设计原理、构造规范、感知特征、审美法则等将形态要素进行创造组合。构成是由若干要素相互关联，形成一个整体，并且要素与整合方式都是固定的。用“构成”的概念分析对象，就是要探究局部与整体的关系，从而明确对象的固有属性。

2. 与室内设计的关联性

“构成”具体包括平面构成、立体构成与色彩构成。平面构成依据形式美的法则，处理形与形之间的二元化关系，在室内设计中主要运用于界面的设计上，如地面、墙面与吊顶，主要的构成形式包括重复、节奏、对比、对称、渐变、特异等；立体构成研究形体之间的三元化关系，包括室内空间处理、家具选择、装饰品陈设等；色彩构成从色彩心理学出发，按照色彩规律处理室内色彩，包括界面颜色、家具颜色、装饰品色彩，以及灯光色彩。色彩与色调在室内设计中应统一，为了取得良好的色彩效果，可适当增加色彩对比，如明度对比、冷暖对比等。在室内灯光色彩上也应以主灯光色调为主，装饰灯光色为辅。

1.3　发展史

1.3.1　基本概述

室内设计的不断发展，形成了多元化的设计风格，既有中式复古的风韵、欧式古典的华丽、现代简约的时尚，又有地中海式的浪漫等多种空间元素符号。在信息化时代，文化交融的背景下，要摒弃固化的、规行矩步的设计方式，探寻新的设计思路与方法，以顺应时代的发展。要根植于文化土壤，源远流长的世界文化，为设计提供了多样的灵感源泉，所谓鉴古通今，不同的历史时期有不同的设计特征，不了解世界室内设计的内在成因与发展的形式演变，便很难创作出文化与设计兼具的作品。

分析不同历史时期的设计特征、风格特点与美学特质，才能豁然开朗、熔古铸今。只有立足于承上启下的历史文化情境中才能真正了解某种设计风格的成因与发展动力。若单纯模仿某一风格的范式，与历史割裂，则易落于照猫画虎的窠臼，陷入千篇一律的藩篱。我们所知，手工业时代受生产力和生产工具的影响，室内装饰陈设较今天有很大的不同，发展至工业时代，工业化大生产带来的新材料，新技术对建筑室内设计产生了空前影响，人们的生产生活也发生了巨变，建筑空间设计亦随之改变。本文按不同的历史时期将室内设计发展史分为手工业时代和工业时代两个部分，并依次对其发展历史进行介绍。

1.3.2　手工业时代室内设计史

手工业时代室内设计史主要是指从原始社会至明清朝代期间室内设计发展演变的历史，现将其总结见表 1-2。

不同朝代室内特征与家具发展　　表 1-2

<table>
<tr><th>时代</th><th>特性</th><th>平面与布局</th><th colspan="2">家具</th></tr>
<tr><td>原始时期</td><td>实用与艺术</td><td>圆形与矩形</td><td colspan="2">—</td></tr>
<tr><td>夏商周时期</td><td>效能与象征</td><td>正方形，前堂后室空间划分</td><td rowspan="3">席地而坐的前期家具</td><td>俎和禁</td></tr>
<tr><td>春秋战国时期</td><td>发展与技术</td><td>圆形、方形、亚字形、回字形</td><td>几案类，屏风</td></tr>
<tr><td>秦汉时期</td><td>实用与浪漫</td><td>矩形平面</td><td>床、榻、几、案、屏风、柜、箱和衣架</td></tr>
<tr><td>魏晋南北朝时期</td><td>清韵与超脱</td><td>寺庙：中心塔型＋舍宅为寺</td><td rowspan="2">过渡时期的家具</td><td>“胡坐”的传入，中国家具开始从矮足家具向高足家具转变；
弯曲凭几；隐囊</td></tr>
<tr><td>隋唐时期</td><td>绚烂与工巧</td><td>矩形平面对称式庭院布局</td><td>直背靠背椅、扶手椅和圈椅；
鼓墩、莲花坐墩、藤编鼓墩；
高型桌案；凹形床；屏风</td></tr>
<tr><td>宋元时期</td><td>雅致与内敛</td><td>矩形平面</td><td rowspan="2">垂足而坐与鼎盛时期的家具</td><td>圈椅；高桌、高案、琴桌、酒桌、饭桌和床上小炕桌；圆形和方形的高几；抽屉桌</td></tr>
<tr><td>明清时期</td><td>质朴与炫技</td><td>矩形平面</td><td>成套家具；漆家具</td></tr>
</table>

1. 原始时期——自由与蒙昧

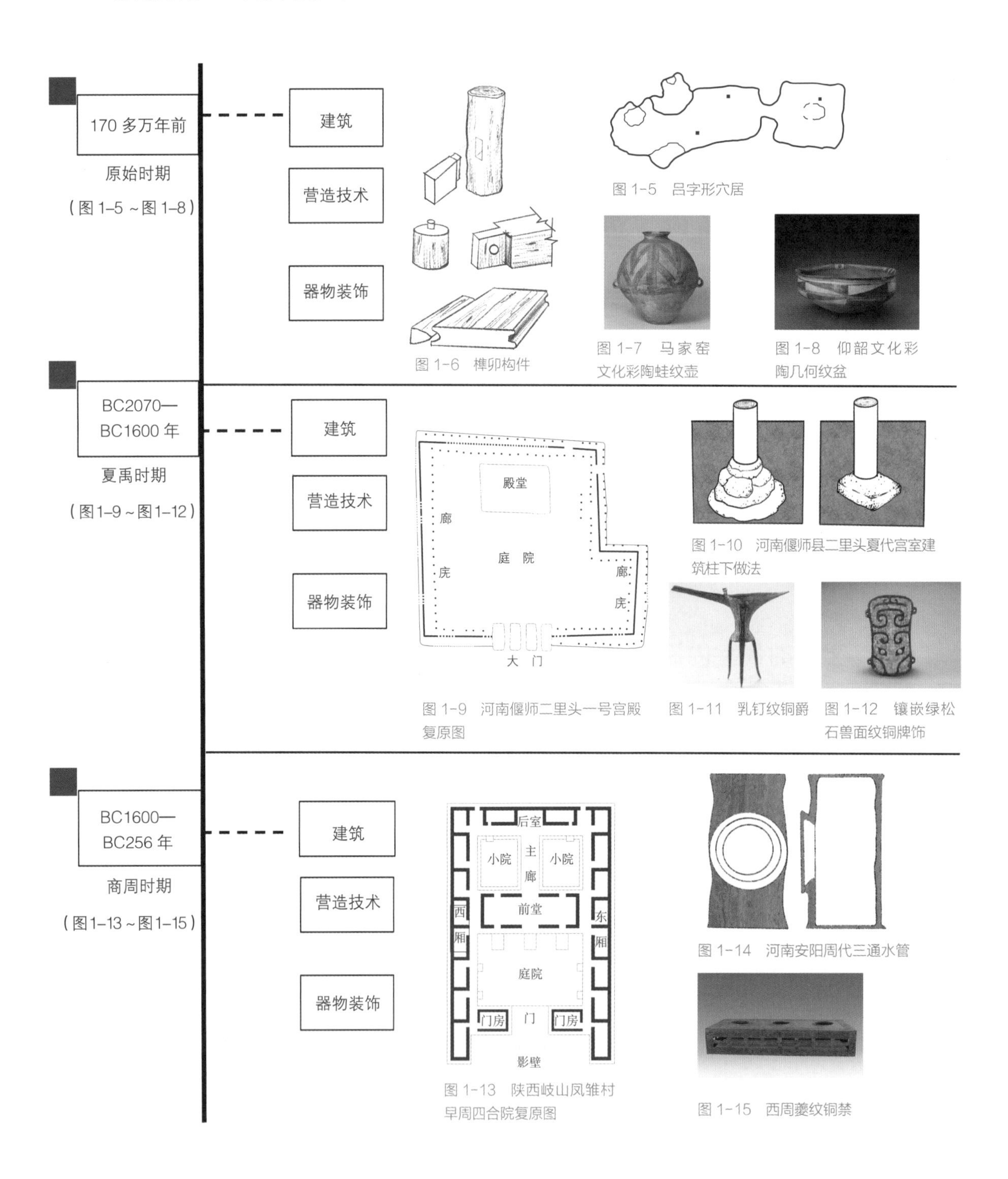

图 1-5 吕字形穴居

图 1-6 榫卯构件

图 1-7 马家窑文化彩陶蛙纹壶

图 1-8 仰韶文化彩陶几何纹盆

图 1-9 河南偃师二里头一号宫殿复原图

图 1-10 河南偃师县二里头夏代宫室建筑柱下做法

图 1-11 乳钉纹铜爵

图 1-12 镶嵌绿松石兽面纹铜牌饰

图 1-13 陕西岐山凤雏村早周四合院复原图

图 1-14 河南安阳周代三通水管

图 1-15 西周夔纹铜禁

原始社会时期，由于生产力水平低下，人类基于认知与社会现状，认为自然界也有一个类似于人类社会的首领，也就是“至上神”，由此形成了原始宗教，这个时期的形态发展总结见表 1-3。夏禹时期是我国由原始社会进入阶级社会的重要时期，也是国家产生的重要时期。中国社会大概在商代以前的夏朝，就已有阶级的分化，这时期的宗教已经不是自然宗教而是反映奴隶社会的宗教。周朝建立后，社会稳定，生产力水平有所提升，但同时奴隶制矛盾深化，反映在思想上就是宗教信仰的动摇和神权的衰弱，标志着古代无神论思想的萌芽。

原始宗教时期的空间形态发展　　**表 1-3**

	原始社会时期	夏禹时期	商周时期
建筑形式 	居住方式为穴居（图 1-5），建筑平面多为圆形、方形；穴居又分为横穴、深袋穴和半穴居，由半穴居开始使用木柱，意味着由土到木的过渡；最后发展为茅茨土阶的地面建筑 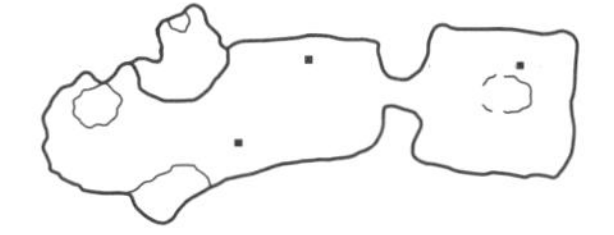 图 1-5　吕字形穴居	夏朝二里头宫殿中已经存在“前堂后室”的空间划分，宫殿庭院四周有回廊，构筑方式为茅茨土阶形态（图 1-9） 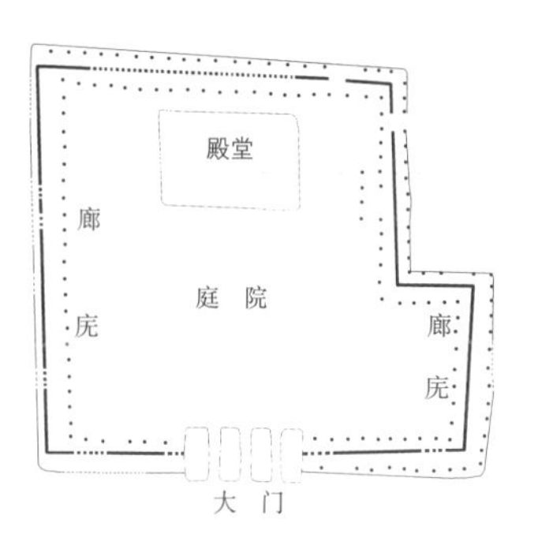 图 1-9　河南偃师二里头一号宫殿复原图	陕西岐山凤雏村周朝遗址（图 1-13）是我国已知最早的四合院实例，房屋基址下设有排水陶管和卵石叠筑的暗沟，屋顶已采用瓦，墙上出现了三合土抹面 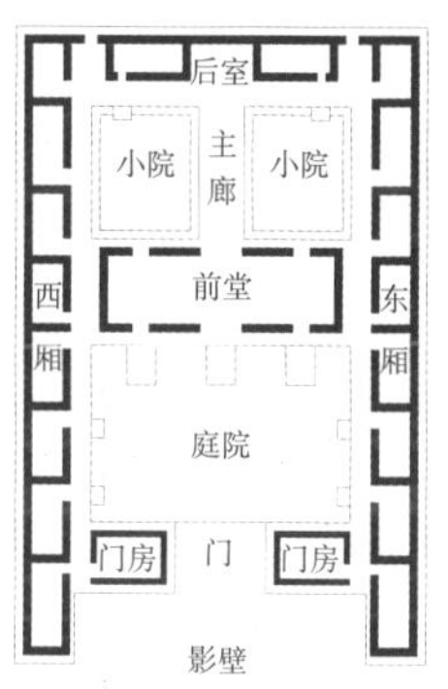 图 1-13　陕西岐山凤雏村早周四合院复原图
营造技术	河姆渡遗址中出现大量的木构榫卯构件（图 1-6），彰显长江下游地区木构干阑建筑的技术成就 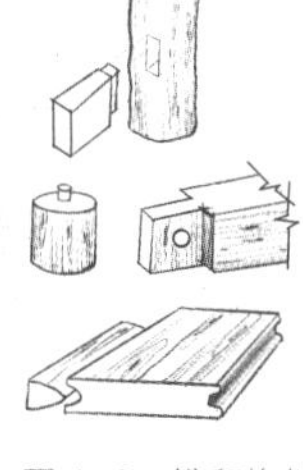 图 1-6　榫卯构件	夏商时期，建筑用日影确定方位，建筑夯层下用三层鹅卵石加固处理，木骨泥墙为主（图 1-10） 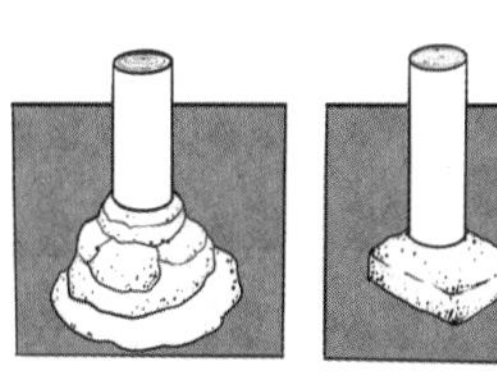 图 1-10　河南偃师县二里头夏代宫室建筑柱下做法	夏商周时期开始使用斗栱、榫卯；屋顶形式已有了两坡顶、攒尖顶和四阿顶，商周建筑中已有排水设施（图 1-14） 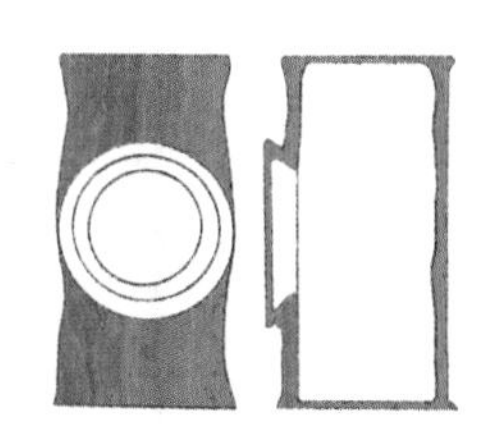 图 1-14　河南安阳周代三通水管
器物装饰	原始社会时期审美意识逐渐提升，陶器纹饰绘制用抽象的几何纹，如曲线、直线、水纹等，这些都兼具有原始巫术和图腾的含意（图 1-7）  图 1-7　马家窑文化彩陶蛙纹壶	夏商周时期，青铜工艺、漆器工艺、建筑设计等发展显著，其中以青铜艺术的成就最高；以青铜器中的禁为例，铜禁是周朝的礼器，用以祭祀时摆放酒器的几案（图 1-15） 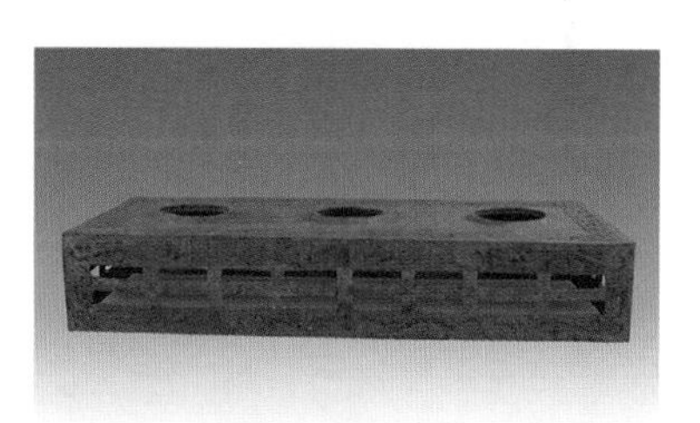 图 1-15　西周夔纹铜禁	

2. 礼法之辩——多元与统一

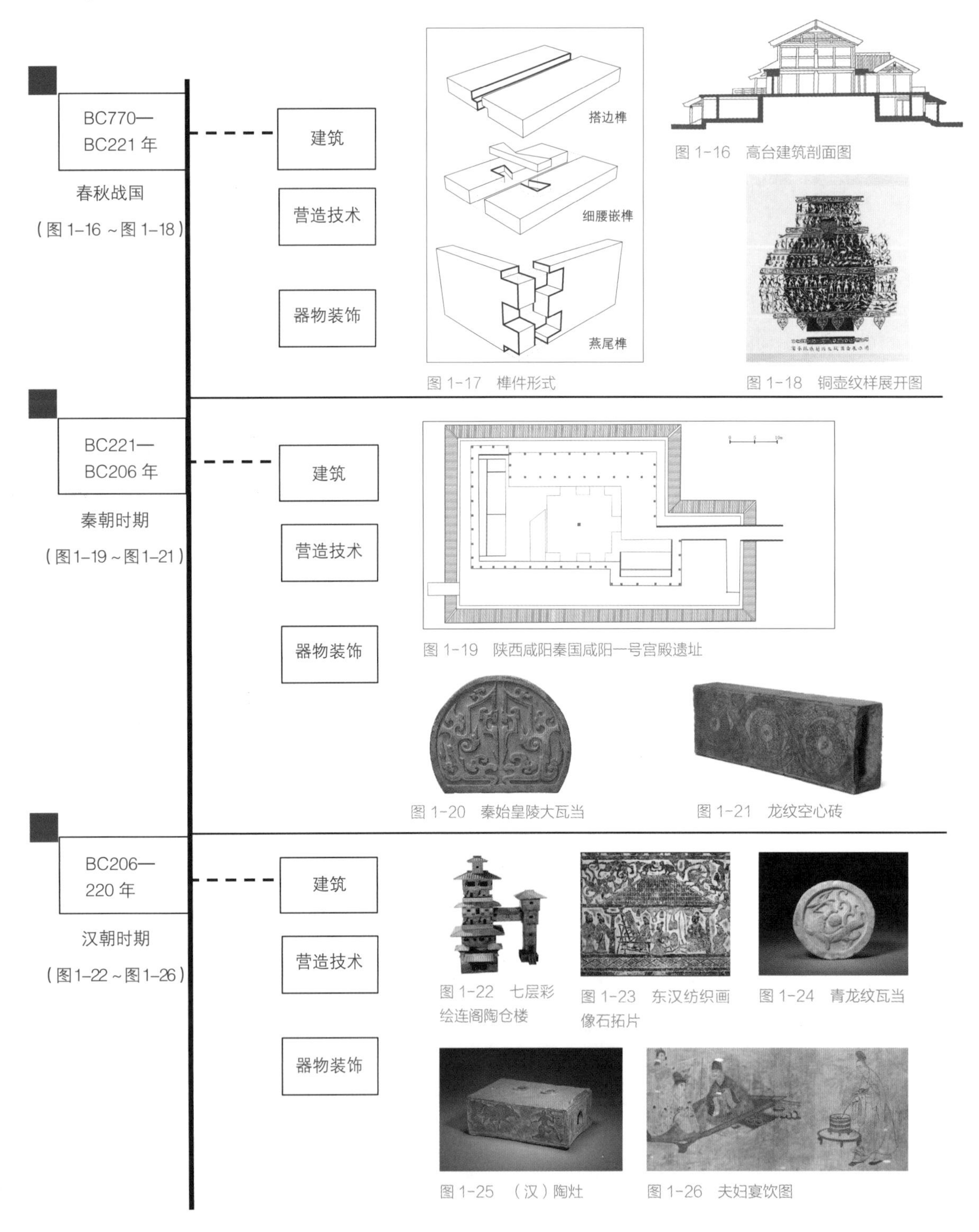

图 1-16　高台建筑剖面图

图 1-17　榫件形式

图 1-18　铜壶纹样展开图

图 1-19　陕西咸阳秦国咸阳一号宫殿遗址

图 1-20　秦始皇陵大瓦当

图 1-21　龙纹空心砖

图 1-22　七层彩绘连阁陶仓楼

图 1-23　东汉纺织画像石拓片

图 1-24　青龙纹瓦当

图 1-25　（汉）陶灶

图 1-26　夫妇宴饮图

春秋战国时期，由于铁的应用，工具生产技术得到很大提升，社会生产力高速发展。

我国哲学思想经历了三次大转变，其中一次是发生在由奴隶社会向封建社会转变，即春秋战国时期，由于铁的应用，从春秋到战国，生产工具有了大幅的进步，社会生产力得以极大发展，生产关系开始逐渐变革。而适应奴隶制生产关系的“礼”也要变革，即所谓的“礼乐崩坏”“非礼”，新的上层建筑即为“法”。此时封建迷信开始动摇，产生了“天人感应”的思想，这正是一种无神论的观点。在这个时期，阶级斗争十分激烈，思想战线因此非常活跃。原有的知识分子队伍发生了激烈的分化，形成了“百家争鸣”的局面。

秦朝在历经商鞅变法之后，逐渐强大，一扫六国，商鞅创新性地将法礼并举。此时社会根本矛盾已然改变，成为地主阶级与农民的矛盾。秦灭亡后，汉朝初期采用黄老之道，即无为之治。而到了汉武帝时期，提出罢黜百家、独尊儒术。董仲舒以“托古改制”的精神为建设封建社会的上层建筑制定了一个理论性的纲领，即为“礼乐”，这些都对封建社会时期人们生活的衣食起居制定了细致周密的安排与限制。法礼交替时期的形态发展总结见表 1-4。

礼法交替时期的空间形态发展　　表 1-4

	春秋战国	秦朝时期	汉朝时期
建筑形式	春秋时期建筑上开始用砖、筒瓦和板瓦在宫殿建筑上广泛使用，并在瓦上涂朱色。高台建筑盛行（图 1-16），在木构技术还不成熟的时期，满足了统治者对宫殿建筑威严庄重的需求 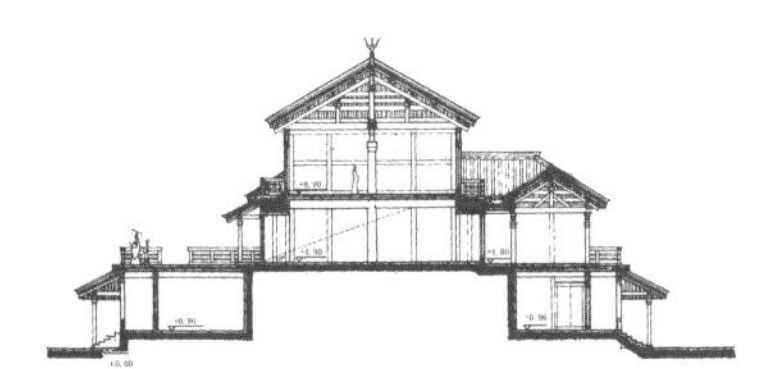 图 1-16　高台建筑剖面图	秦王嬴政集六国的建筑技术成就，在咸阳修建了都城、宫殿、陵墓，如著名的阿房宫、骊山陵（图 1-19） 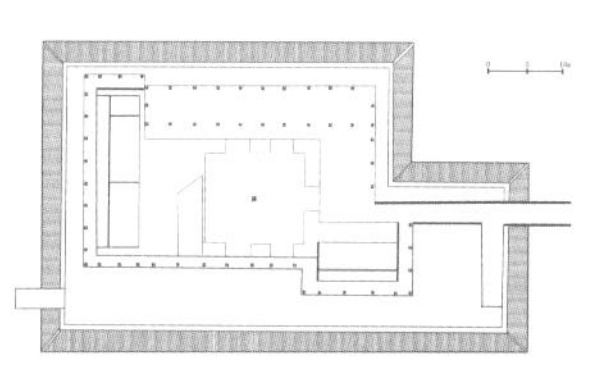 图 1-19　陕西咸阳秦国咸阳一号宫殿遗址	汉代木架建筑逐渐成熟，砖石建筑和拱券结构有了很大发展；斗拱、多层木构架建筑、石建筑得到了突飞猛进的发展（图 1-22）  图 1-22　七层彩绘连阁陶仓楼
营造技术	春秋时期木工的测量已进步到“以矩尺量方，以圆规量圆，以绳量直，以悬锤量垂直，以水定平”；木工所制作的家具已经使用了卯榫，有搭边榫、细腰嵌榫和燕尾榫等（图 1-17） 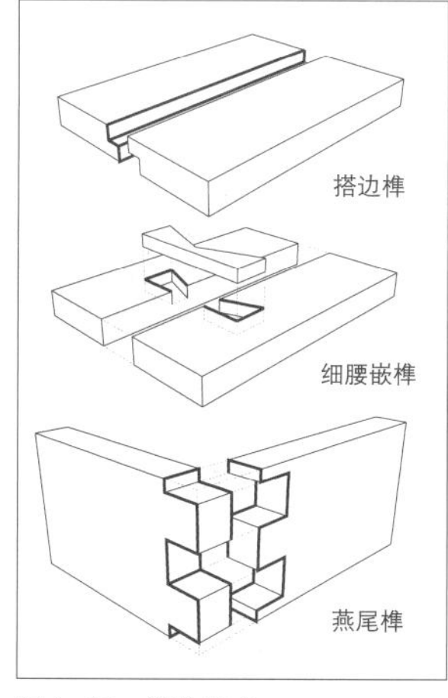 图 1-17　榫件形式	汉代木构架形式逐渐成熟，抬梁式穿斗式木构架都已出现，现存的汉代画像石中可以看到早期的斗栱形式（图 1-23）；汉代斗栱在建筑中广泛使用，在目前的画像石与汉代明器中出现最多的斗栱形式是一斗二升和一斗三升，柱头铺作出现的最早  图 1-23　东汉纺织画像石拓片	

续表

	春秋战国	秦朝时期	汉朝时期
器物装饰	家具为彩绘，采用朱砂、石黄等矿物颜料，颜色呈现为红黄蓝白黑五种颜色，装饰朴素且华美；青铜器上主要采用刻画、镶嵌、金银错、鎏金、镂空、拟物六种，画面主体为采桑、习射、狩猎、攻城、捕鱼等场面（图 1-18）；当时的家具主要为几案类，几面比较窄，需有一定的高度；案面比较宽，要比几案矮，是春秋战国时期的新兴家具，尤其是漆案非常流行  图 1-18　铜壶纹样展开图	秦汉时期，家具的类型发展到床、榻、几、案、屏风、柜、箱和衣架等；在现存的壁画中可以看出当时的聚会办公都在矮榻上（图 1-26）；秦汉时期开始使用床帐，既可以躲避蚊虫，又可以美化室内环境  图 1-26　夫妇宴饮图	

3. 三教并行——开放与包容

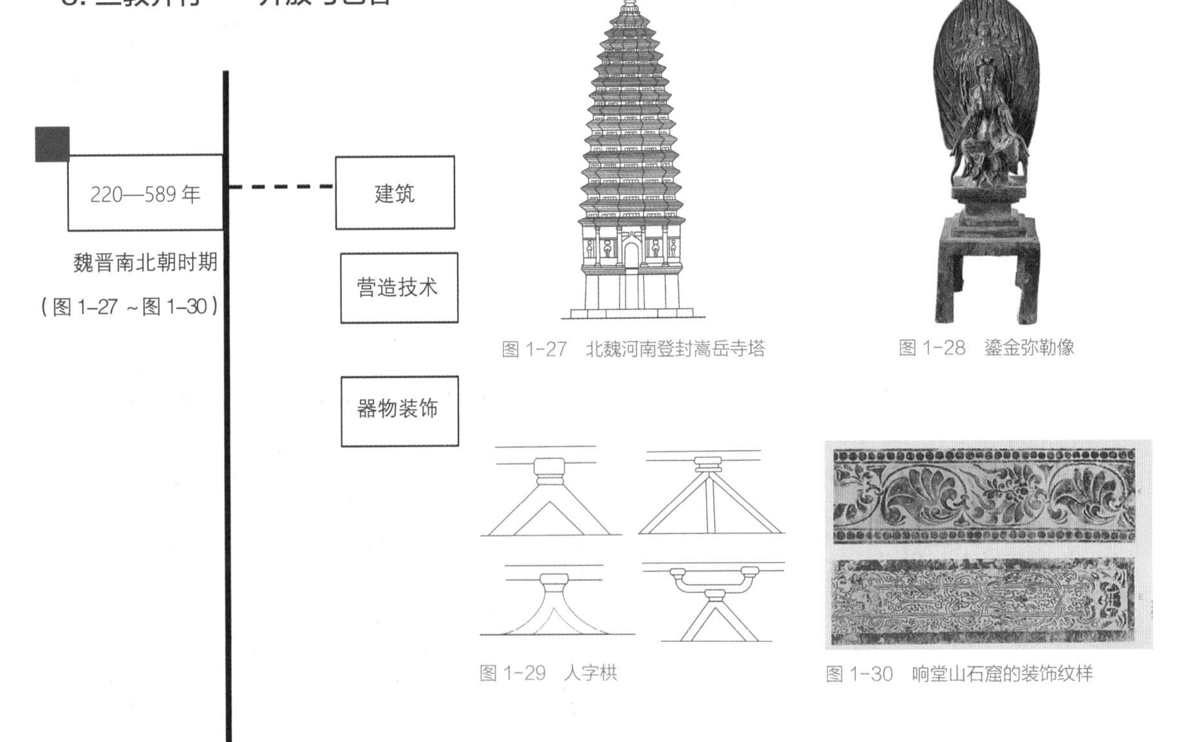

图 1-27　北魏河南登封嵩岳寺塔

图 1-28　鎏金弥勒像

图 1-29　人字栱

图 1-30　响堂山石窟的装饰纹样

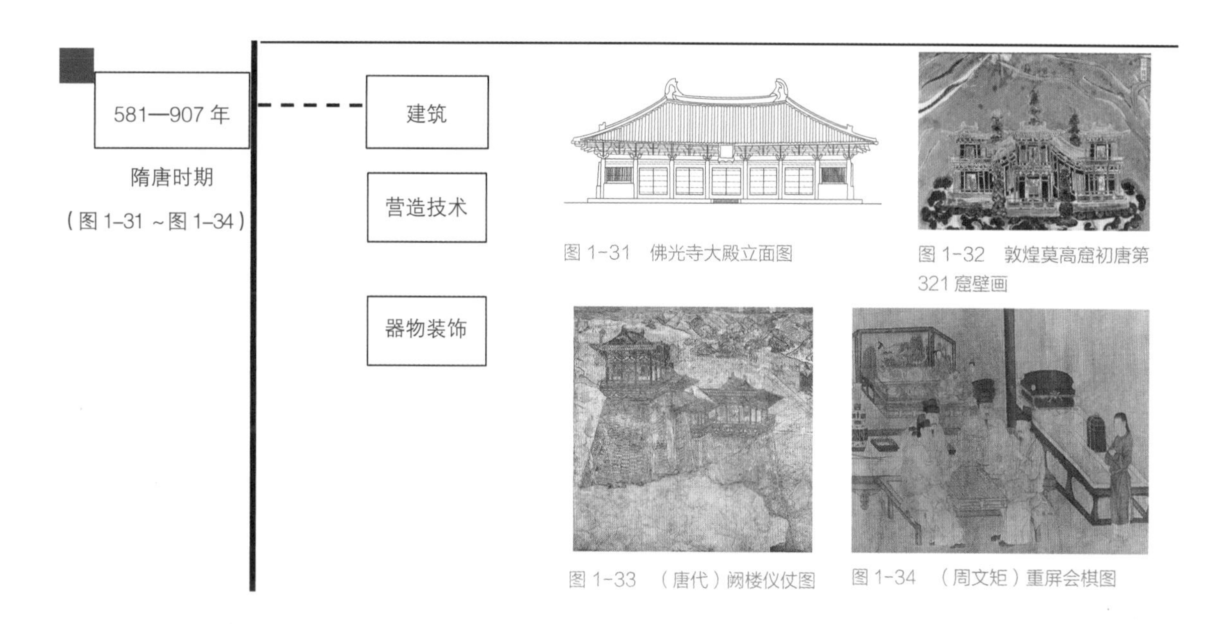

图 1-31　佛光寺大殿立面图

图 1-32　敦煌莫高窟初唐第 321 窟壁画

图 1-33　（唐代）阙楼仪仗图

图 1-34　（周文矩）重屏会棋图

魏晋时期，社会动荡战乱频繁，儒家思想受到了冲击，与之相对应的是玄学的兴起，大量士族阶层开始接受道教文化与佛教文化，形成了三教并行的文化格局，这时期的形态发展总结见表 1-5。此时正值佛教发展黄金期，因此石窟、佛寺相继在北方和南方大量建造。

隋唐统治者采取三教并存，以儒为尊的政策维护君权统治。隋唐统治者看重并且扶植佛教，使得佛教在隋唐时期颇为盛行，形成了诸多宗派。

三教并行时期的空间形态发展　　表 1-5

	魏晋南北朝时期	隋唐时期
建筑形式	佛教的盛行使佛寺、佛塔、石窟寺建筑高潮迭起；此时，豪奢风渐起，私家园林快速兴起，自然式山水园林的营造从大尺度形似向浓缩的小尺度神似转变；北魏时期出现“舍宅为寺”，将中国传统的庭院木架建筑运用到佛寺，塔的形式有木塔、石塔、砖塔（图 1-27）  图 1-27　北魏河南登封嵩岳寺塔	隋唐的建筑群规模宏大、规划严整；在宫殿、陵墓等建筑群的处理上更加成熟，使用陪衬手法，突出主体建筑，强化轴线关系；开始出现专门的建筑施工技术人员“都料”；隋唐建筑斗栱硕大，建筑屋顶出檐深远，建筑色彩常用朱白两色，具有宏大的气势，代表建筑是五台山佛光寺大殿（图 1-31）  图 1-31　佛光寺大殿立面图

续表

	魏晋南北朝时期	隋唐时期
营造技术	南北朝时期的斗栱尺寸规格化，广泛使用人字栱作为补间铺作（图 1-29），此时斗栱上已经出现“昂”  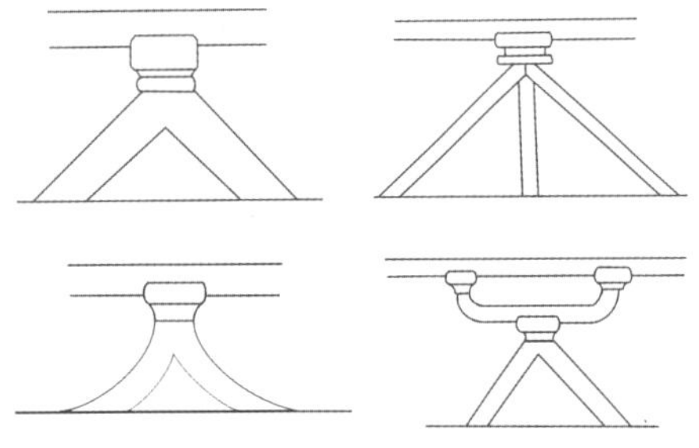 图 1-29　人字栱	唐代形成殿堂、厅堂、亭榭三种基本构架形式；佛光寺大殿是成熟期殿堂型构架的典型实例，它由上、中、下三层水平构架叠加而成，栱的结构机能、构造机能也发挥到极致；唐代是斗栱发展的重要阶段，从敦煌莫高窟初唐第 321 窟壁画上（图 1-32），可以看到五铺作的柱头斗栱  图 1-32　敦煌莫高窟初唐第 321 窟壁画
器物装饰	装饰与道家和佛家有关的装饰使用较多，如火焰纹、莲花等（图 1-30）；随着北方“胡床”传入，人们的坐姿从席地而坐开始向垂足而坐转变，坐具由此逐步变高，相关家具也随之增高，生活方式的变化引发了中国室内空间构成和景观布置的改变 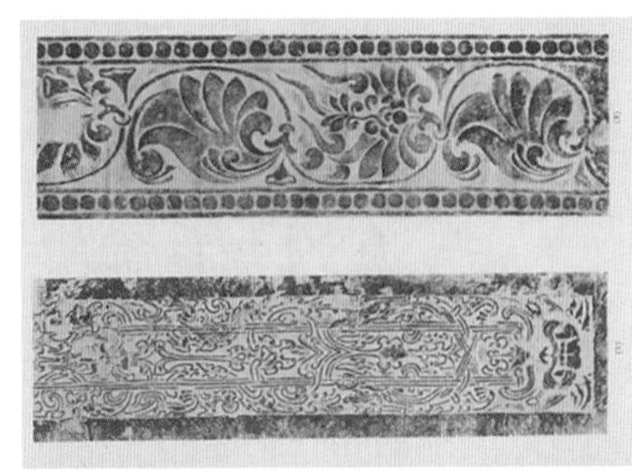 图 1-30　响堂山石窟的装饰纹样	装饰具有更强的生活气息，有几何纹样、动物纹样、植物纹样、人物故事和神话传说等；唐代我国的高型家具已基本齐全（图 1-34），椅子的品种开始增加，凳类的形式也较丰富；唐代高足家具主要还是在贵族中使用，市井平民多使用茵席  图 1-34　（周文矩）重屏会棋图

4. 理学发展——精致与僵化

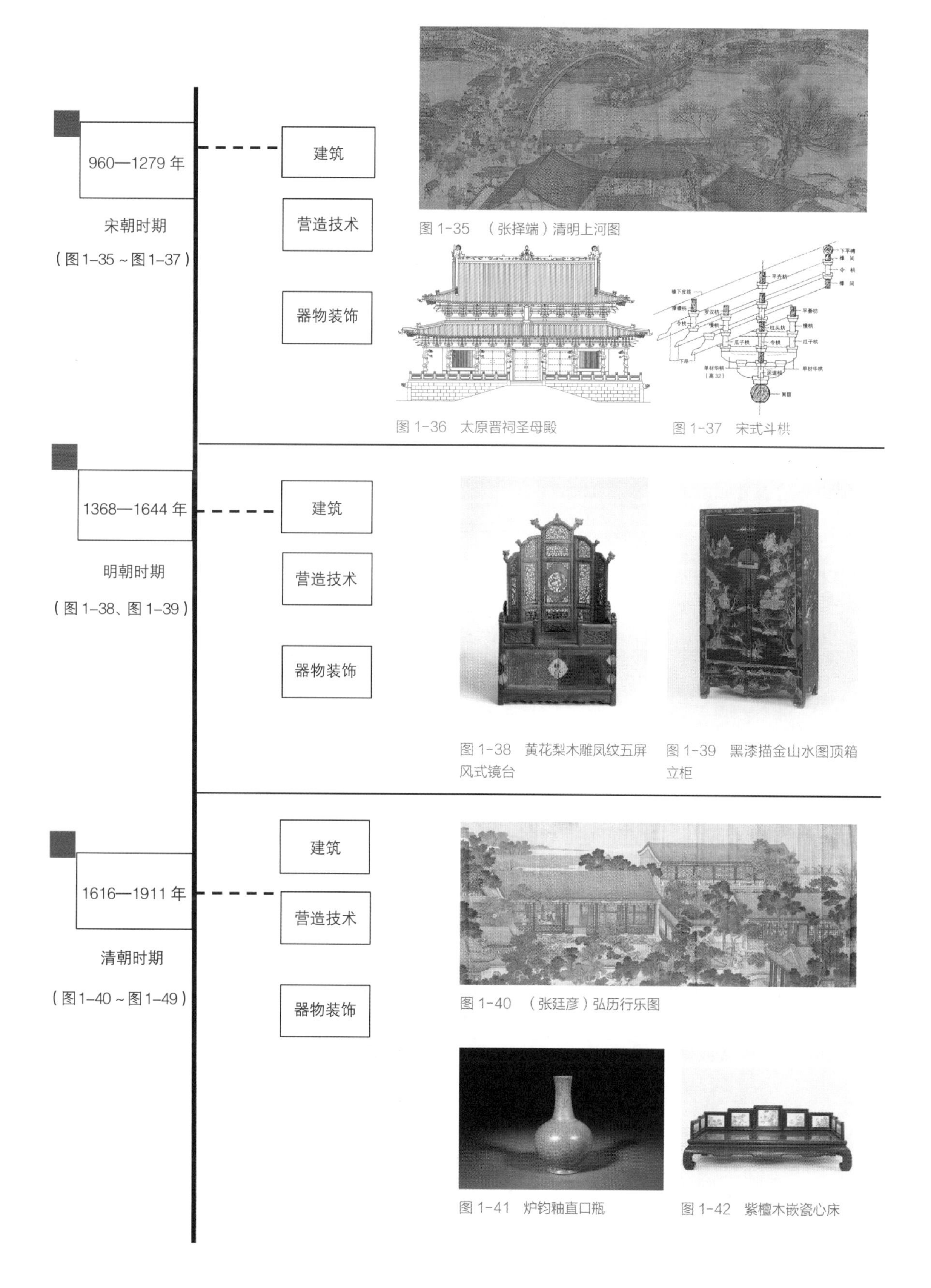

图 1-35　（张择端）清明上河图

图 1-36　太原晋祠圣母殿

图 1-37　宋式斗栱

图 1-38　黄花梨木雕凤纹五屏风式镜台

图 1-39　黑漆描金山水图顶箱立柜

图 1-40　（张廷彦）弘历行乐图

图 1-41　炉钧釉直口瓶

图 1-42　紫檀木嵌瓷心床

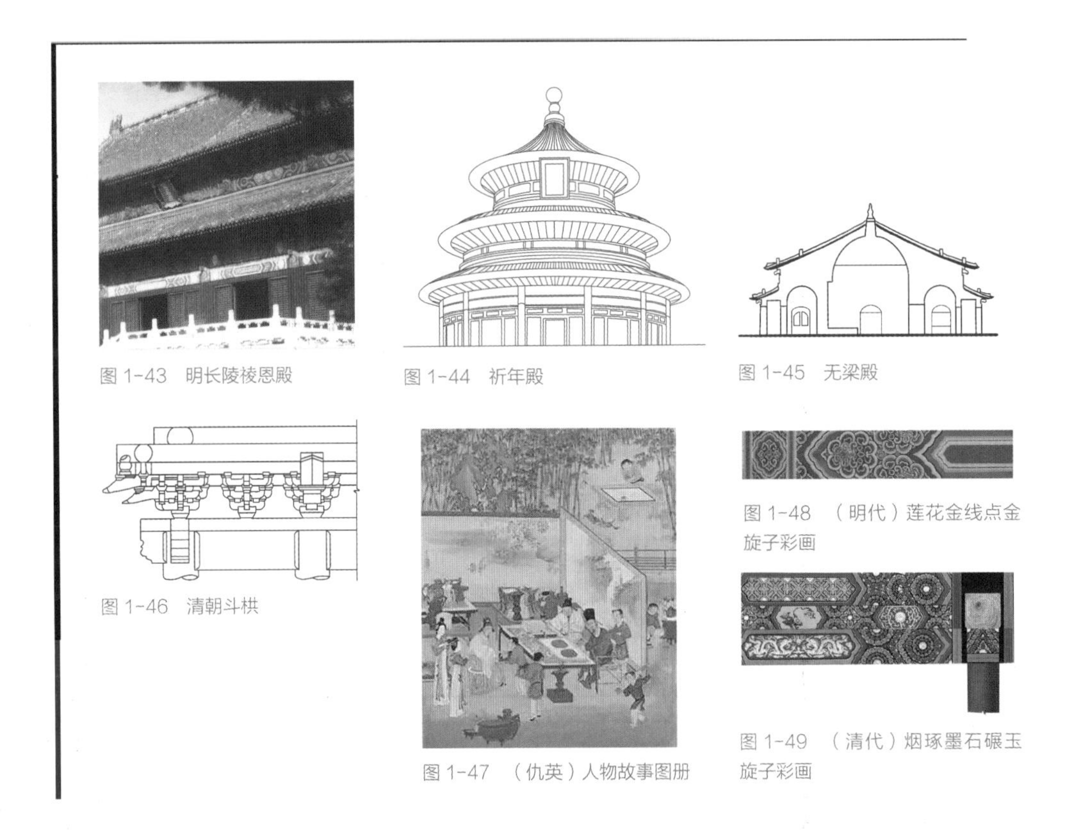
图 1-43　明长陵祾恩殿

图 1-44　祈年殿

图 1-45　无梁殿

图 1-46　清朝斗栱

图 1-47　（仇英）人物故事图册

图 1-48　（明代）莲花金线点金旋子彩画

图 1-49　（清代）烟琢墨石碾玉旋子彩画

宋代时期出现了理学思潮，形成了以程朱理学为代表的新儒学体系，在理学出现后，中国哲学的重心从佛教文化体系再次转入到了儒家文化体系当中。宋金时期，藏传佛教开始广泛传入，对中国本土的佛教文化产生了一定的影响。随着明代后期社会体制逐步僵化，理学思想也逐渐走上了极端保守的道路，由于清朝统治者有着明显的藏传佛教倾向，故而对汉传佛教采取了一定的限制行为（表 1-6）。

理学发展时期的空间形态发展　　表 1-6

	宋朝时期	明朝时期	清朝时期
建筑形式	城市结构和布局起了根本变化，里坊制被街巷制取代；木构建筑采用了标准的模数制，代表建筑是太原晋祠圣母殿（图 1-36）；颁布了建筑规范用书《营造法式》；建筑屋顶起翘，纤巧秀美 图 1-36　太原晋祠圣母殿	琉璃面砖、琉璃瓦的质量提高；堪舆术在明代达到极盛，对建筑选址有重要影响；代表建筑物为明长陵祾恩殿（图 1-43） 图 1-43　明长陵祾恩殿	清代园林营造达到了极盛期；藏传佛教建筑兴盛，代表建筑承德外八庙；清朝开始简化单体建筑设计，提高群体建筑与装修设计的水平，代表建筑物为祈年殿（图 1-44） 图 1-44　祈年殿

续表

	宋朝时期	明朝时期	清朝时期
营造技术	确立了木构架的模数制度——材分制；出现了既保证强度又节约用材的拼合梁和拼合柱等拼合构件；斗栱在木构架中占比逐渐减小，宋式斗栱如图 1-37 所示 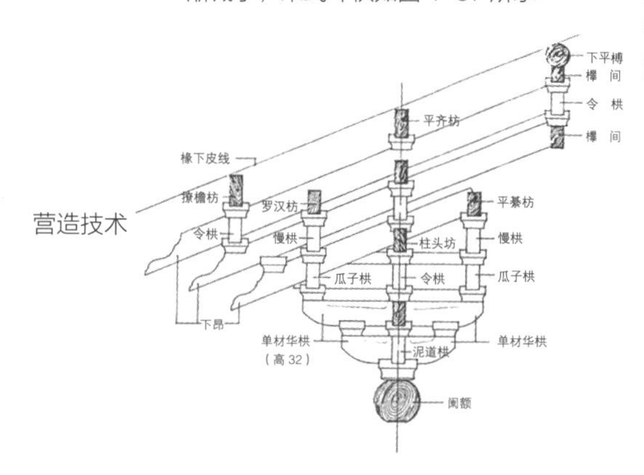 图 1-37　宋式斗栱	砖已普遍用于民居砌墙，出现了无梁殿（图 1-45）；木结构方面，经元朝的简化，到了明朝形成了新的定型木构架；斗栱的结构作用减小，梁柱构架的整体性加强，构件卷杀简化 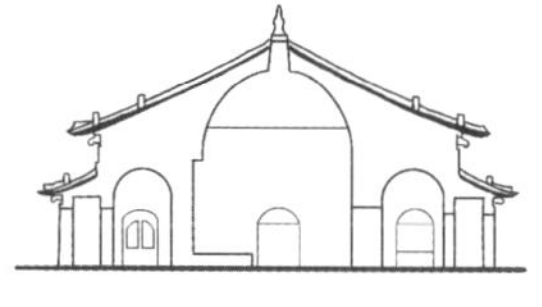 图 1-45　无梁殿	清朝建筑技术仍有所提升，如水湿压弯法、对接包镶法；木构简化梁柱结合方式，斗栱结构作用衰退，装饰性增强（图 1-46）开始制作建筑的立体模型"烫样" 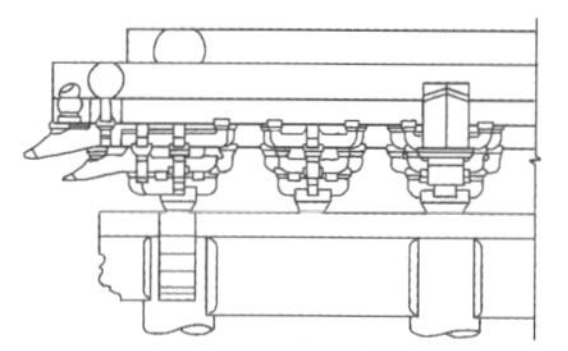 图 1-46　清朝斗栱
 器物装饰	宋代建筑的装修和色彩有很大发展，如：格子窗、格子门代替了唐代的直棂窗和板门，装饰性和采光效果均得以改善；家具风格也偏重简约雅致，随着"垂足而坐"的生活方式成为时代主流，椅凳类家具制作日趋完善（图 1-47）  图 1-47　（仇英）人物故事图册	明代出现成套家具，室内空间的分隔常常使用博古架，室内空间更加灵活；明代的家具发展早、样式齐全、设计新颖，在当时处于世界领先水平；明代彩画采用单色退晕的形式，旋子彩画逐渐成熟（图 1-48）  图 1-48　（明代）莲花金线点金旋子彩画	清式家具继承了明代家具构造上的某些传统做法，但造型趋向复杂，风格华丽厚重；家具材质上利用陶瓷、珐琅、玉石、象牙、贝壳等作为镶嵌装饰，失去了比例和色彩的和谐统一；彩画得到发展，有和玺、旋子、苏式彩画三种（图 1-49）  图 1-49　（清代）烟琢墨石碾玉旋子彩画

1.3.3 工业时代室内设计史

18 世纪末到 19 世纪初的工业大发展，给室内设计带来了前所未有的变革。早期工业革命对室内设计的影响侧重于技术方面，如在室内结构方面利用钢材料来获得较大的室内空间。随着纺织机的发展，室内材料也发生相应变化，钢与玻璃的使用，也给室内空间带来了更为丰富的形式。与此同时，传统与现代工业文明思想相互碰撞，设计思想也在不断改变。

本节内容将从工艺美术运动、新艺术运动、现代主义和后现代主义四个方面依序简述工业时代室内设计史。

1. 工艺美术运动

工艺美术运动（The Arts & Crafts Movement）发生在 19 世纪下半叶的英国，由约翰 · 拉斯金（John Ruskin）进行理论指导，主要由威廉 · 莫里斯（William Morris）践行，从本质上来说，工艺美术运动是一场基于手工艺和艺术的改良运动。

工艺美术运动主要针对大批量工业化生产而导致的室内产品、家具、建筑等产品的设计水准和品质下降的局面，设计师们开始尝试从自然元素和东方的装饰风格中进行探索借鉴，从中汲取相关要素，旨在恢复、提高英国的传统设计水准及设计品位。这是一场充满反思的运动，为之后的现代主义运动奠定了基础。现将工艺美术运动对家具和建筑的影响进行总结并列表，见表 1-7。

工艺美术运动时期的家具与建筑　　表 1-7

影响方面	具体内容	代表案例
家具	1861 年成立的莫里斯商行，在工业设计史上起到了重要作用，标志着西方艺术新纪元的开始；由莫里斯商行设计的一种椅子，由简朴的旋木技术制成，能随便调节靠背角度，称为莫里斯椅，体现了形体的简洁性和功能的重要性（图 1-50）	 图 1-50　莫里斯椅子
建筑	工艺美术运动中最有影响的人物是艺术家兼诗人威廉·莫里斯，他提出：“真正的艺术产品是美且实用的，艺术家们应成为手工艺者，同样，手工艺者也应成为艺术家”；他的图案造型常以自然为母题，表达出对自然界生灵的极大尊重，设计风格与维多利亚风格类似，但却更为简洁、高贵和富于生机，其代表作品为红屋（图 1-51）	 图 1-51　红屋

2. 新艺术运动

新艺术运动（Art Nouveau）是英国工艺美术运动在欧洲的传播和延续，该运动产生和发展于 19 世纪末 20 世纪初的欧洲与美国，是一场极具影响力的“装饰艺术”运动，新艺术运动内容广泛、形式丰富，涉及许多国家和地区，内容涵盖建筑、工业、装饰品、书籍绘画、平面、服饰、交通、室内、雕塑等。涉及十多个国家，延续十余年，为建筑、家具、生活产品等设计带来了新的方向，一定程度实现了技术与艺术的统一。

现将新艺术运动对家具和建筑的影响进行总结并列表，见表 1-8。

新艺术运动时期的家具与建筑　　表 1-8

影响方面	具体内容	代表案例
家具	法国是新艺术运动的发源地，主要有两个阵地：巴黎和南斯，其中南斯主要集中在家具上，形成颇具特色的南斯派（Ecole Nancy）家具，埃米尔·盖勒（Emile Galle）是一位极具代表性的设计师，他善于采用植物纹样和曲线，材料多运用木材和其他具有自然韵味的材料，具有强烈东方主义和自然主义倾向，其代表作品为“蝴蝶床”（图 1-52）	 图 1-52　蝴蝶床
建筑	新艺术运动赞成工艺美术运动对古典复兴其保守、教条的反叛，认同对技艺美的追求，不反对机器生产给艺术设计带来的变化；比利时设计师霍塔设计的布鲁塞尔都灵路 12 号住宅，摆脱古典主义的束缚，使用钢铁材料来模仿植物的根茎，墙面绘制曲线线条，设计生动活泼（图 1-53）	 图 1-53　布鲁塞尔都灵路 12 号住宅

3. 现代主义（表 1-9）

19 世纪末至 20 世纪中期兴起的现代主义，以理性、前卫的形式与传统分道扬镳。

20 世纪上半叶历经了两次惨绝人寰的世界大战，战争毁坏了世界上太多的城市和财产，也给人们的心灵带来了巨大的创伤。战争结束后，世界重新修复，人们渴望生活和家园快速恢复到常态，基于工业化带来的生产科学化，传统的生产方式和艺术形式已无法满足人们的身心需求，艺术家和设计师们利用更加科学和理性的手段进行创作，由此创作出与传统艺术迥然相异的新风格、新流派，强调突破传统，崇尚构成工艺，重视功能和空间组织，注重材料质地和性能，由此现代主义设计风格得以形成。

现代主义时期的家具与建筑 表 1-9

影响方面	具体内容	代表案例
家具	现代主义设计强调功能与形式的统一，家具造型简约，功能合理，采用现代材料与技术，摒除一切于功能无益的装饰，具有极少主义的色彩；以著名现代主义大师密斯·凡·德·罗（Mies Van der Rohe）设计的巴塞罗那椅为例（图 1-54），椅子利用弧形交叉的不锈钢为构架，覆以两块真皮软垫，组成坐垫及靠背，由此创作出现代家具设计的经典之作	图 1-54 巴塞罗那椅
建筑	弗兰克·劳埃德·赖特（Frank Lloyd Wright）在设计上注重建筑与环境的结合，提出了“有机建筑”的观点。代表作为流水别墅，建筑共 3 层，采用非常单纯的长方形钢筋混凝土结构，层层出挑，设有宽大的阳台，底层直接通到溪流水面，室内空间设有自然石块和原木家具，强调与户外景观的联系，力求与自然环境融为一体（图 1-55）	 图 1-55 流水别墅

4. 后现代主义（表 1-10）

后现代主义因其渗透的领域纷繁复杂和包罗万象，难以简单概括和定义，它是颠覆西方传统价值观及表现方式的，新的思维和文化世界。作为一种在多学科领域产生重要影响的文化思潮和理论范式，其相对共有的特征是一种充满反叛的解构与重构思维的表达体系。它源自现代主义的内部逆动，反叛现代主义所强调的纯理性、功能至上和国际风格的形式主义，以浪漫主义、个人主义为哲学基础，秉承以人为本的设计原则，强调人在技术或设计中的主导性、中心性、自由性和感觉丰富性，主张历史文脉的延续性和艺术风格的多元化统一。

对现代主义的批判运动以 20 世纪 60 年代的波普风格为前驱。1967 年，德国乌尔姆造型学院提出了批判功能主义的口号，他们认为功能主义是一种困难时期的文化，它企图在生产和需求之间形成一种最佳的适应关系。处于工业技术制造高速发展的时代，社会物质极大丰富，各类新奇产品琳琅满目，现代主义的绝对功能性已不再适用，后现代主义强调打破这种纯理性，希望将古典、抽象和感性、自由相互组合，将繁复、仿古的元素和现代时尚的元素相结合。

从 20 世纪 30 年代至 20 世纪 60 年代末，经历国际风格的形式主义对建筑长期的垄断，地域特色逐渐被覆盖，城市面貌日渐呆板。由此建筑界出现一批优秀建筑师主张实行后现代主义风格以打破现代形式主义建筑垄断，例如美国建筑家罗伯特·文丘里（Robert Venturi）主张将美国流行文化和历史元素相结合以赋予现代建筑自由性、娱乐性。他在自己的著作《建筑的复杂性和矛盾性》和《向拉斯维加斯学习》中阐述了后现代主义的理论原则及后现代主义和美国流行文化的关系。

后现代主义的家具与建筑　　**表 1-10**

影响方面	具体内容	代表案例
家具	1978 年，意大利米兰的阿奇米亚集团，其成员亚历山大德罗·门迪尼有一件名为普鲁斯特手扶椅（图 1-56），将沙发边缘加上奇异的装饰板，座面和靠背绘上抽象派的线条和色彩，二者以一种玩世不恭的姿态出现，向功能主义的国际式和当代式提出挑战	 图 1-56　亚历山大德罗·门迪尼在 1978 年设计的普鲁斯特手扶椅
建筑	由于现代主义设计排除装饰，大面积玻璃幕墙，简洁光滑的室内外墙壁等造型使“国际式”风格千篇一律；文丘里指出：现代主义为现代运动奠定了基石，即现代主义的理性逻辑和简洁造型，但这也是一种限制且让人感觉无趣；具有后现代主义风格的建筑代表为母亲住宅（图 1-57）	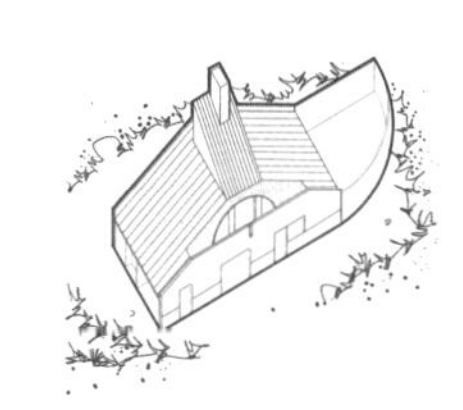 图 1-57　母亲住宅

1.4　内容分类

室内设计作为复杂综合性设计系统，其设计方法依托于不同的功能基础。室内设计依照不同的建筑功能及类型可具体分为居住建筑室内设计、公共建筑室内设计、工业建筑室内设计及农业建筑室内设计等，见表 1-11。

室内设计类型分类　　**表 1-11**

<table>
<tr><th colspan="2">室内设计类型</th><th>建筑类型</th><th>具体的室内设计内容</th></tr>
<tr><td colspan="2">居住建筑室内设计</td><td>住宅、公寓、宿舍</td><td>前室设计、起居室设计、餐室设计、书房设计、工作室设计、卧室设计、厨房设计、浴厕设计</td></tr>
<tr><td rowspan="5">公共建筑室内设计</td><td>文教建筑</td><td>幼儿园、学校、图书馆</td><td>门厅设计、过厅设计、中庭设计、休息厅设计、活动室设计、教室设计、阅览室设计</td></tr>
<tr><td>医疗建筑</td><td>医院、门诊所、疗养院</td><td>病房设计、手术室设计、诊室设计</td></tr>
<tr><td>商业建筑</td><td>商店、商场、饮食店</td><td>营业厅设计、餐厅设计、酒吧设计、茶室设计</td></tr>
<tr><td>旅游建筑</td><td>旅游、游艺场</td><td>客房设计、游艺厅设计、舞厅设计</td></tr>
<tr><td>观演建筑</td><td>剧场、电影院、杂技场、音乐厅</td><td>观众厅设计、排烟厅设计、化妆厅设计</td></tr>
</table>

续表

<table>
<tr><th colspan="2">室内设计类型</th><th>建筑类型</th><th>具体的室内设计内容</th></tr>
<tr><td rowspan="5">公共建筑室内设计</td><td>办公建筑</td><td>各类办公楼</td><td>办公室设计、会议室设计</td></tr>
<tr><td>体育建筑</td><td>体育馆、游泳池</td><td>比赛厅、训练厅</td></tr>
<tr><td>展览建筑</td><td>美术馆、展览馆、博物馆</td><td>展厅设计、展廊设计</td></tr>
<tr><td>交通建筑</td><td colspan="2">车站—候车厅、候机楼—候机厅设计、码头—候船厅设计</td></tr>
<tr><td>科研建筑</td><td>科研院实验楼</td><td>实验室设计、机房设计</td></tr>
<tr><td colspan="2">工业建筑室内设计</td><td>各类厂房</td><td>车间设计、生活间设计</td></tr>
<tr><td colspan="2">农业建筑室内设计</td><td>各类农业生产用房</td><td>种植暖房设计、饲养房设计</td></tr>
</table>

第 2 章

空间与认知

第 2 章　空间与认知

2.1　空间

2.1.1　问题

空间一词总是存在于人们的日常生活中，无论是以具象的概念定义——认为它是物理意义上的环境界定；抑或以抽象的概念定义——认为它是由思维、感受、想象等系列认知反馈到大脑中而形成的。从辩证角度来看，空间始终是二者的结合，即虚体和实体的结合物，互为因果。在室内设计中，同样延续着这一规律，室内空间利用一系列界定物去反衬出相应的虚体部分，当人置身于其中，大脑开始运作，一种名为“空间”的感受便反馈到我们的大脑之中。那么在室内设计中如何具体定义空间、界定空间、构建空间呢？这是需要我们不断思考和探索的问题（图 2-1）。

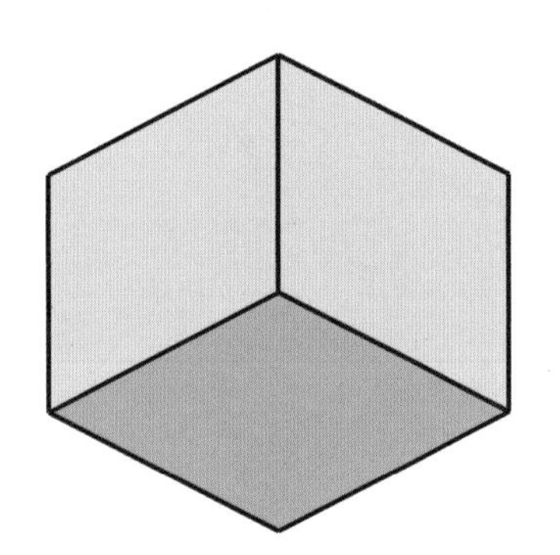

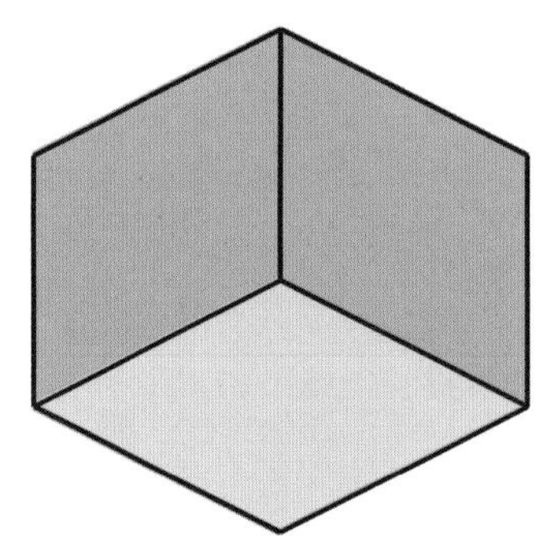

图 2-1　以上两张图片，能否立即分辨出哪个是室外表皮，哪个是室内空间？

2.1.2　基本概念与原则

1. 空间

空间是一种相对概念。在物理上，空间由高度、宽度、长度、体量等综合表现出来，同时，空间也借由系列物理表达进入到人的大脑从而形成空间感受。在科学研究中，从概念上讲空间是不断变化、补充、创新和完善的。人们对空间的认知，是一个从低级向高级，从满足最基本的物质需要，到满足高层次精神和心理需求的上升过程。如今，一般意义上来解释，空间是用以满足人们的生产和生活需要，运用各种元素和不同形式构建的内、外环境的统称（图 2-2 ~图 2-4）。

2. 室内空间

在建筑学概念中，空间往往被划分为室外和室内空间。室外空间通常是无限的，它在时空中不断运动和延伸，但随着人类活动变化，室外空间逐步被界定和划分，并和人们的生活需求结合起来，二者相互联系，相互生长。提及室内空间，我们便会联想到限定、围合、停驻等，室内空间即是由一系

图 2-2　建筑外部空间场景

图 2-3　建筑内部空间场景

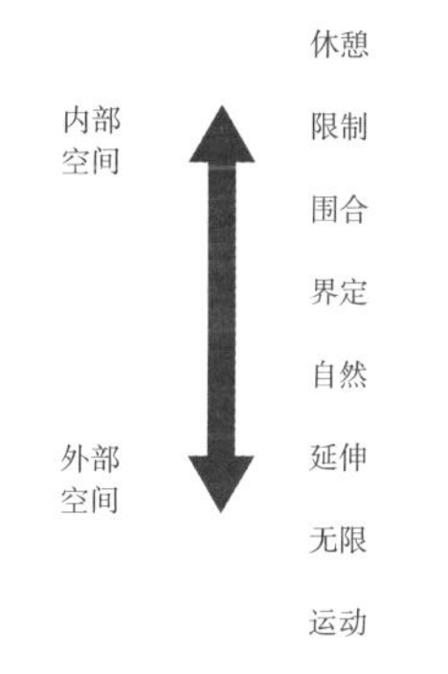

图 2-4　内外部空间营造的不同感受

图 2-5　有之以为利，无之以为用

列实体限定而成的虚体，在此虚体中，自然环境被最大限度地隔离开来，人们可以在此虚体中完成各类相应的活动。如同老子《道德经》中所谓："埏埴以为器，当其无，有器之用。凿户牖以为室，当其无，有室之用。故有之以为利，无之以为用。"正因有被实体限定的虚体，实体才有了其作用和存在的意义（图 2-5）。

3. 室内空间的特点

1）固定与可变

室内空间通常会被赋予某些特定的意义和功能。在明确的空间中，室内空间便具有了固有的特点，固定空间成为人们活动的导向，人们被某序列的空间操作引导到此，继而进行明确的空间行为（图 2-6）；同时，空间又具有相当的可塑性——即可变性的特点，人们可以自主地赋予某一空间意义，或是利用一系列手段更新原有的空间功能（图 2-7）。

2）静态与动态

室内空间既是静态又是动态的。一方面，室内空间是由静态物质构成的，当形式较为固定，空间较为封闭时，室内空间会给予人以稳定、静态的感受（图 2-8）；另一方面，室内空间又是由时间和空间共同组成的，人在使用室内空间时，其产生的或有序或无序的暗示和引导，会令人在视线上和行为上产生连续、动态、运动的感受（图 2-9）。

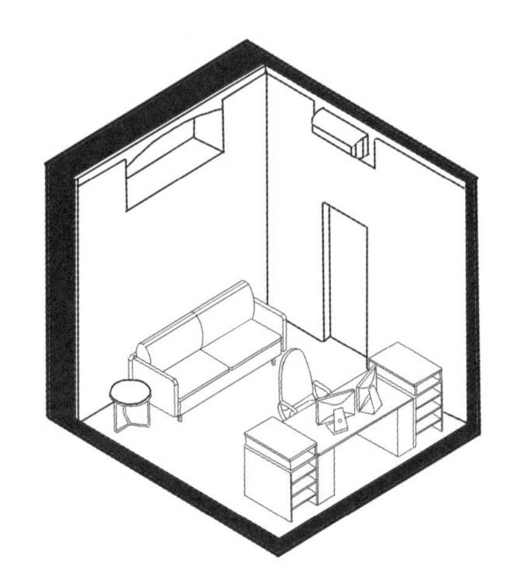

图 2-6 空间的固定性

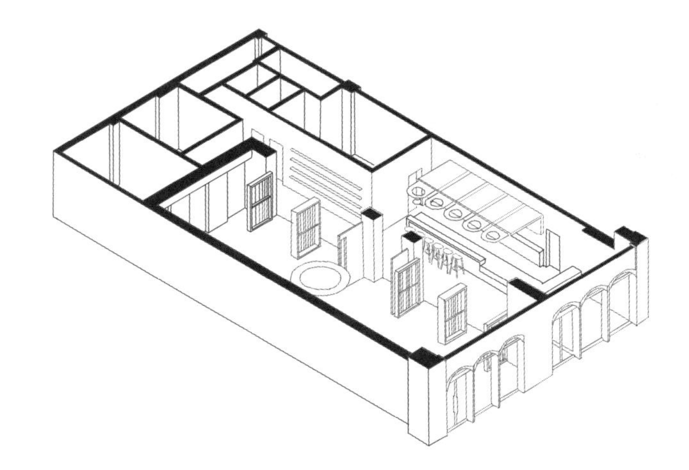

图 2-7 空间的可变性

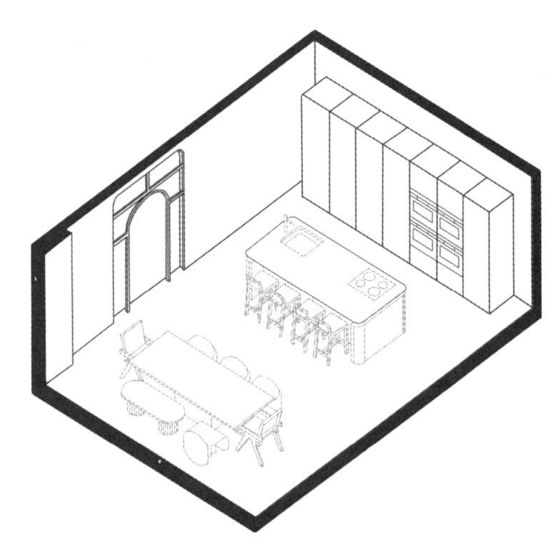

图 2-8 空间的静态性

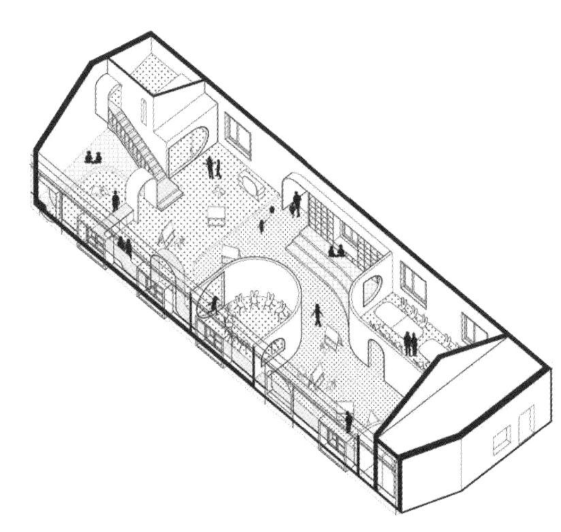

图 2-9 空间的动态性

3）开敞与封闭

室内空间是由多类目物件界定而成的，由于室内物件布置具有灵活性，室内空间相对应也具有灵活的特性，这便反映出室内空间具有可开敞、可封闭的特点。一方面，可以减少界定的范围和数量，将其与外界联系起来，形成景观的渗透、视线的联系，由此产生出外向性、开放性的空间感受（图 2-10）；另一方面，也可以被完全界定形成封闭式的空间，内部空间被围合成内向、静谧的场景，由此令人产生安全、安心、内向的感受（图 2-11）。

4）模糊与既定

空间的模糊性是绝对的，在很多空间场景中，设计师并没有赋予其具体的功能角色，此类空间具有当人们置身其中时，可自由随机地进行各种活动和互动，或是通过自主互动和生产而形成功能模糊的空间特点，例如走道、起居室、阳台等。但室内空间若没有既定的功能要求，设计便会失去其设计的最终意义。所以室内空间也是既定的，具有被赋予既定功能的特点，例如卧室、厨房、浴室等（图 2-12、图 2-13）。

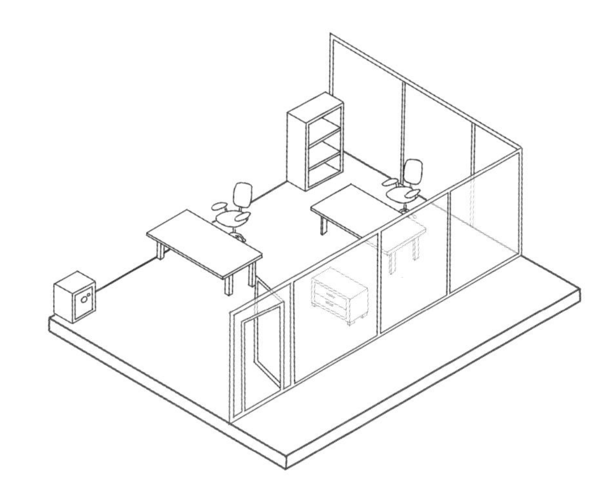

图 2-10　空间的开敞性

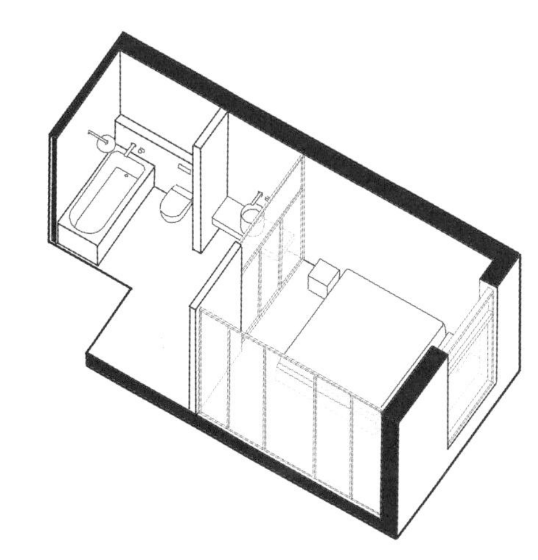

图 2-11　空间的封闭性

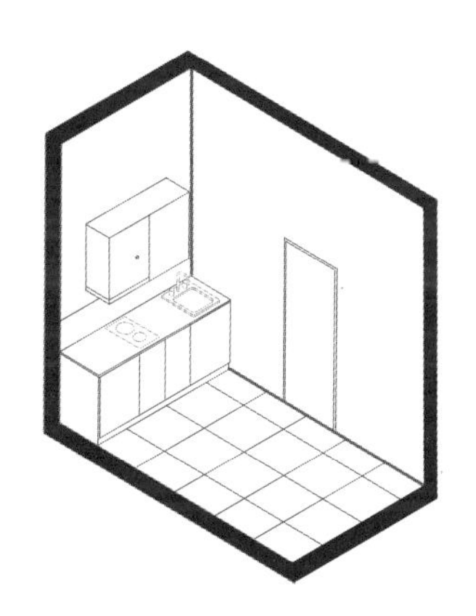

图 2-12　空间的既定性

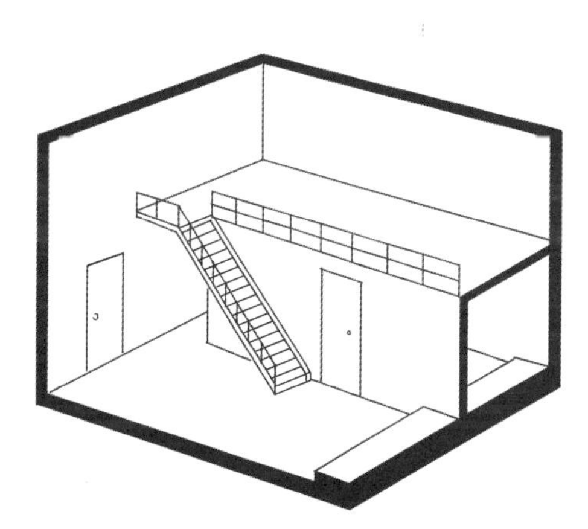

图 2-13　空间的模糊性

5）虚拟与虚幻

室内空间是动态和开敞的，可通过界定物件、材料、色彩，以及平面上的变化，形成局部室内空间的节奏变化，从而产生特殊的心理感受，这种感受就是室内空间的虚拟性感受（图 2-14）；同时，室内空间也可以利用各类虚幻的物件，如镜面、水面、高反射率的材料，使狭小的室内空间产生出无限的空间感受，这种感受就是室内空间的虚幻性感受（图 2-15）。

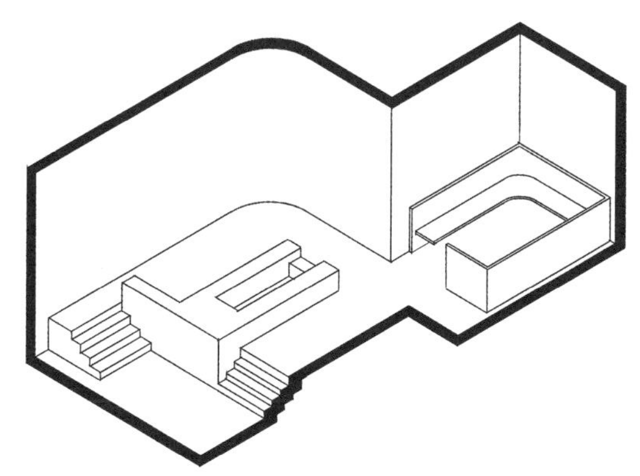

图 2-14　空间的虚拟性

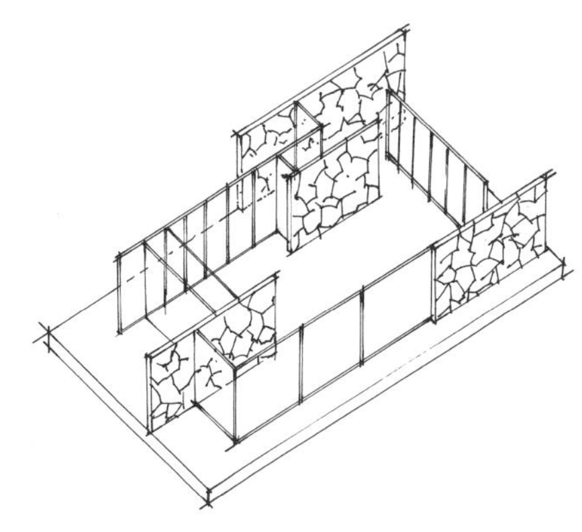

图 2-15　空间的虚幻性

4. 室内空间的设计原则

室内设计是建筑设计的伴随和后续工作。在整个项目设计过程中，它虽然不是先导性的设计内容，但却是空间设计的整合和终结，室内空间设计的成功与否深刻地影响人们在空间中的生活和使用感受。

一般来说，室内空间的设计原则通常会包含以下几个方面：

1）终结性原则

室内设计几乎是对整个项目流程中最后内容问题的解决和完成，所以在进行室内空间设计时，要有意识地去为整个项目提供时间上和空间上的终结服务。一方面，室内设计的结束基本等于项目整个周期结束，使用者可以有效使用整个空间并保证整个空间的安全性、完善性（图 2–16）；另一方面，室内设计的结束意味着整体空间的表现满足了使用者的心理感受，即表现在内部装饰、艺术性表达、感性体验都是完整、丰富的（图 2–17）。

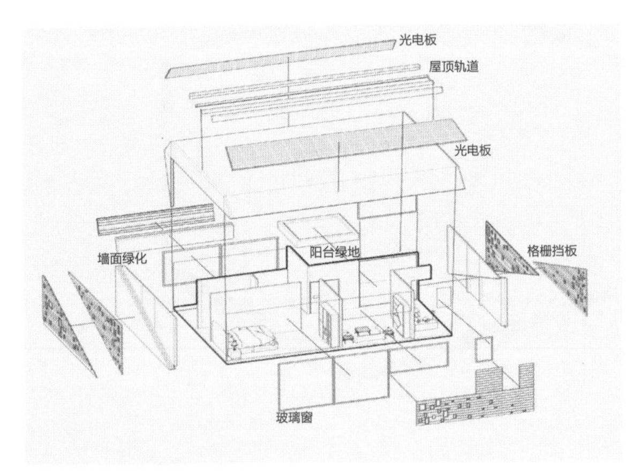

图 2–16 室内空间的终结性

图 2–17 室内空间的体验性

2）整合性原则

室内设计是一个复杂的整合型学科。它包括了二维平面设计、三维空间设计、四维时间设计，同时还与各类相关学科相交叉，如社会人文、历史地理、科学技术、心理学等。在进行室内空间设计学习时，无疑需要汲取大量的学科知识，然后合理且熟练地运用它们，才能设计出适合人们使用、满足人们身心需求的室内空间（图 2–18）。

3）非主体性原则

当我们提及设计时，往往会主动给设计的对象进行分类并赋予其设计的内涵。如建筑设计、家具设计、景观设计、室内设计、工业设计等。细观室内设计，人们对室内空间的需求，均可在其他门类的设计中找到。所以，室内设计更像是一门伴随类、非主体性的设计学科，它可以伴随建筑、工业、家具、商业等进行设计。当我们在进行室内设计时，需要有意识地去考虑室内空间的灵活性，有效整合主体性的设计门类，将各空间元素有机地融合，形成与时俱进、更持久、更自由的空间（图 2–19）。

4）个体性原则

室内设计以个体为单位进行空间设计创作，此个体不特指某一具象的人或家庭，而指代个体的内

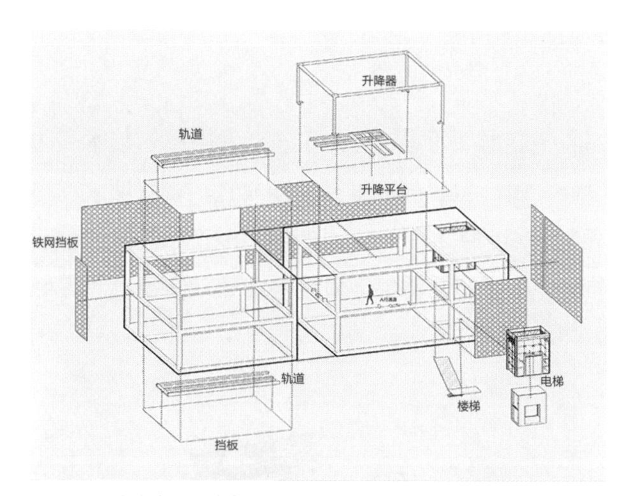

图 2-18　室内空间的整合性

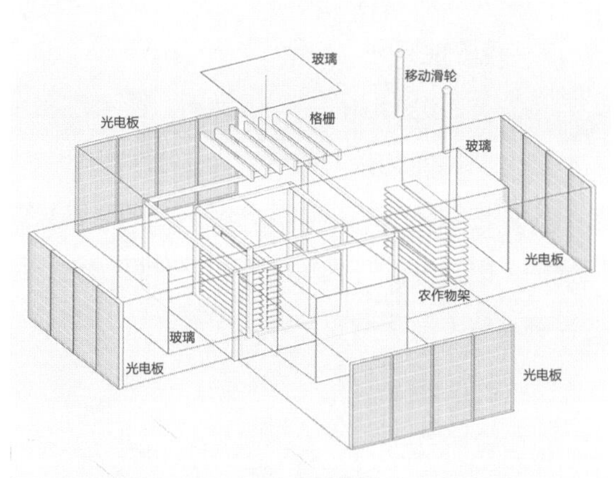

图 2-19　室内空间的非主体性、综合性

心感受、精神特征，不同个体要求会产生出不同的空间表现。一般来说，被服务者的需求往往会制约着服务者的创作方向。设计者进行创作时，很多时候是不能随心所欲地进行个人表达的，但这一矛盾关系，也为创作者提供了机会和挑战，唯有主动迎接这一分歧，才可以创造富有个性的空间形式和感性体验，从而满足个体性表达（图 2-20）。

5）装饰性原则

喜爱装饰带来的美感是人类的天性，装饰不仅表现在个人的穿着、打扮，同样也体现在室内空间的表达上。可以说，装饰是一种语言、一种生活、一种符号，它作为室内空间最直接的名片，间接反映了使用者的人生观、价值观、世界观，利用装饰去帮助使用者进行意识和情趣的表达，是设计者必须主动关注和遵循的（图 2-21）。

图 2-20　室内个体性空间

图 2-21　室内空间与装饰

6）服务性原则

室内空间设计的服务性可以说是设计工具属性的体现，服务性意味着设计不可能是无节制、随心所欲的表达，它依旧需要服从于使用者的使用需求。这一点也标志着设计和纯艺术的区别，所以说室

内空间设计是铐着枷锁的舞者，在一定范围内进行艺术输出和平衡（图 2-22）。

7）经济性原则

首先，在进行室内空间设计时，要考虑使用者的消费能力，切忌过分为了设计者自身的艺术表达而忽视了使用者的接受程度。为了能够实现预想的设计，设计者应与被服务者多沟通，以保证预想内容的实现性和还原感；其次，经济性还意味着要考虑设计周期的时长、材料使用、施工可实施性、后期维护，以及节能环保等。面对设计装配化、绿色节能化的影响，往往还需要考虑如何获得最大限度的经济收益（图 2-23）。

图 2-22 室内空间的服务性

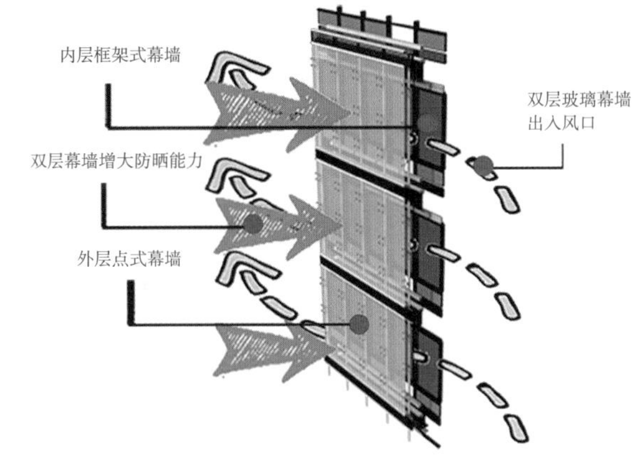

图 2-23 节能式建筑幕墙

2.1.3 空间的分类

前文概述了室内空间的定义、原则和特点，下面主要聚焦于室内空间自身的类型区别，具体讲述不同类型的室内空间划分方式和方法。通常，定义不同的室内空间可以从使用者本人的观察视角出发去区分定义，也可以从设计者的操作手段出发去区分空间。一方面，使用者通过不同的视野去观察室内空间，往往会总结不同的空间定义；另一方面，设计者会利用一些常规的设计手段去进行空间操作，不同手段产生的空间体验便会令使用者对不同的空间进行区分和定义。

1. 以空间性质和特点分类

首先，我们可以从使用者本人的观察视角出发，根据室内空间自身的性质和特点去区分不同类型的室内空间。

1）固定空间与可变空间

室内空间具有固定和可变的特点，固定空间明确地赋予人们活动的意义，可变空间使人们可以自主地赋予某一空间某种意义，或是利用一系列设计手段去更新原来的空间功能。在具体形式上，我们可以观察到固定空间往往是休息空间、厨卫空间等功能明确的空间，其内部的装饰、施工、线路管道排布皆是根据具体的功能来处理，在这样的空间里，使用者能明确地知道自己要进行怎样的行为和活动（图 2-24）；同时，可变空间是更加令人感到自由的，如客厅、书房、大堂、阳台等，在这类空间中，人们可以比较自由地活动，可以进行各式各样的空间行为，甚至可以组织聚会、玩乐、游戏等（图2-25）。

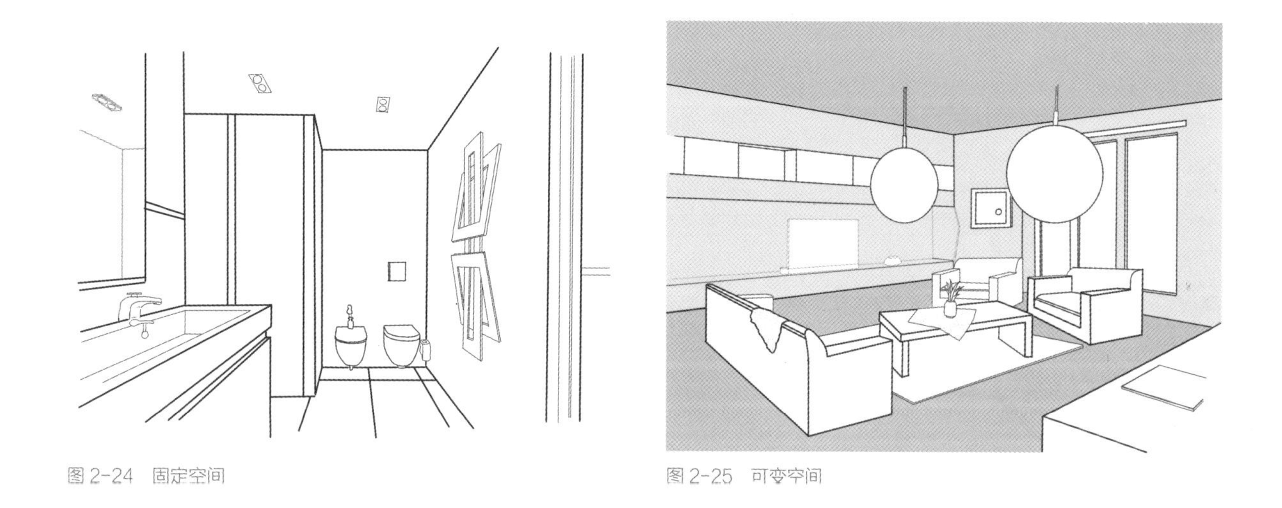

图2-24 固定空间

图2-25 可变空间

2）静态空间与动态空间

空间又具有静态性和动态性。静态空间较为集中和封闭，设计者常常采用几何墙体围合、顶棚与四周墙体统一、空间划分紧凑等手法令空间功能清晰明了，使用感受更加内向（图2-26）。动态空间较为开敞和多变，设计者会有意将室内空间打破，并利用一些构件去引导使用者的视线，如利用弧线、斜线、圆形等流动的事物让使用者可以在一个空间中感受到多个空间的维度。进一步来说，动态空间不仅造成视线上的拉长深远，还能利用一些隔断、构件引导使用者的行动，形成行为上的动态空间（图2-27）。

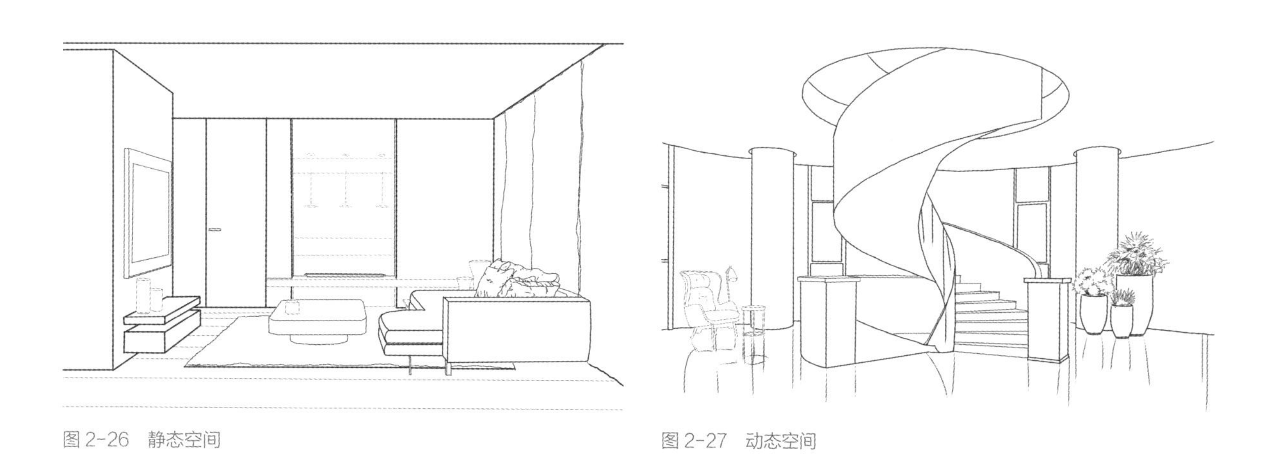

图2-26 静态空间

图2-27 动态空间

3）开敞空间与封闭空间

从特点上我们了解开敞空间是开放或半开放的，这样的空间具有公共性或半公共性的特征，设计者会有意将室内空间的墙体形式打破，使其至少一面可以迎接外界的环境，让人处在此空间中，既能感受到内部领域的安全感又能吸纳且感知外界的空气和信息（图 2-28）；相反，封闭空间是静止和内向的，这样的空间主要是为了提供使用者安定且与功能相对应的空间，如休息空间、卫浴空间、办公空间等，设计者会根据使用者的功能和体验要求，将空间进行封闭式围合，减少空间的渗透性，营造更多静谧、稳定的空间氛围（图 2-29）。

图 2-28　开敞空间

图 2-29　封闭空间

4）既定空间与模糊空间

室内空间是由一系列功能空间组合而成的，如果没有既定的功能要求，室内设计便会失去其设计的最终意义。既定空间会根据功能的不同，使用不同的设计手法，比如设计卧室时会将墙体设置得更温馨、保暖，灯光更加暖调且柔和（图 2-30）；但是空间的界定并非唯一的，当人们的使用需求发生改变时，空间的功能也会随之变化，因此既定概念是相对的，空间的模糊性是绝对的。比如客厅还可以承担休憩、聚会、办公、运动的功能，厨房不仅可以承担做饭功能，有时也可以承担用餐功能。在进行室内空间设计时，设计师也会有意设置一些没有具体功能的空间——模糊空间，让使用者可以在此空间中自由地进行不确定的、相关的活动（图 2-31）。

图 2-30　既定空间

图 2-31　模糊空间

5）虚拟空间与虚幻空间

虚拟和虚幻空间分别是两种运用不同设计手法营造的空间，会令使用者在其中分别体会到动态和深远的感受。虚拟空间是实体空间的变化，设计者会有意采用一些构件或空间局部的抬高或降低，使空间的高低发生变化，或是采用一些色彩的变化，使空间感受产生改变。在这样的空间中，大空间并没有被划分成多个空间，但使用者会下意识地通过视觉补齐空间的变化，进一步使得人的心理产生变化——即形成虚拟空间（图 2-32）；另一方面，虚幻空间则是利用镜面、水面、反射率高的材质等设计方式去扩宽室内空间的广度和深度更强调引导人们的空间联想，人们在此空间中，同样会通过视觉感到虚幻的远超原空间大小的深远感受（图 2-33）。

图 2-32　虚拟空间

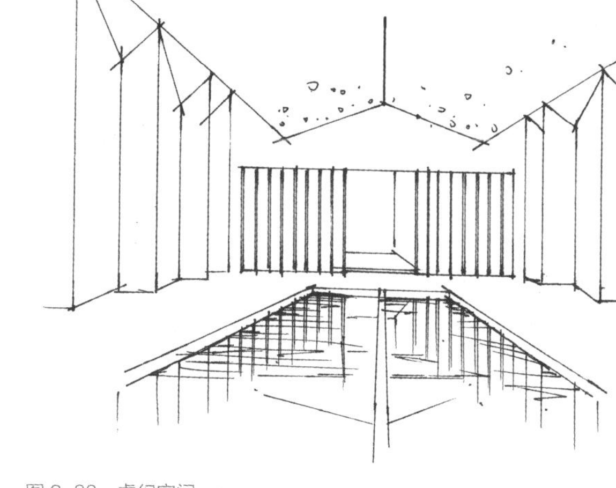

图 2-33　虚幻空间

2. 空间限定和方法分类

空间的分类方法多样，除了利用空间的特点和特性去划分空间的类型，还可以运用不同的空间手法来对空间分类，有时为了达到不同的空间效果会使用不同的手法，从而起到影响使用者使用感受的作用。

1）元素设立式空间

当人们处于一个开阔空旷，没有任何元素的室内空间时，通常会认为这是一个无法让人使用，想要立即逃离的空间，但当空间被一些元素限定和占据时，空间便开始被赋予了意义，一些限定元素，如家具、隔断、装饰品、雕塑品等，这些元素为室内空间赋予了视觉中心和功能意义，这些意义是多维度的，既可以满足人们的一些功能需求，也可以给予人们在空间停留的意义（图 2-34）。

2）围合式空间

围合空间是最常见的室内空间处理手法，在实际案例中也能常常看到利用隔断、墙体、绿化、布帘、柱子、装饰品等将物件将大空间划分成数个小空间，从而形成相应的功能空间，如卧室、办公室、餐厅包厢等，同时，设计者也会利用围合的手法去营造出一些精神性的空间，如可以用开洞的墙体或隔断去营造“犹抱琵琶半遮面”的渗透空间，或者可以利用设立柱子的方式去引导空间中的流线，但同时挡而不隔，营造出某种动态的精神性空间（图 2-35）。

图 2-34 元素设立式空间

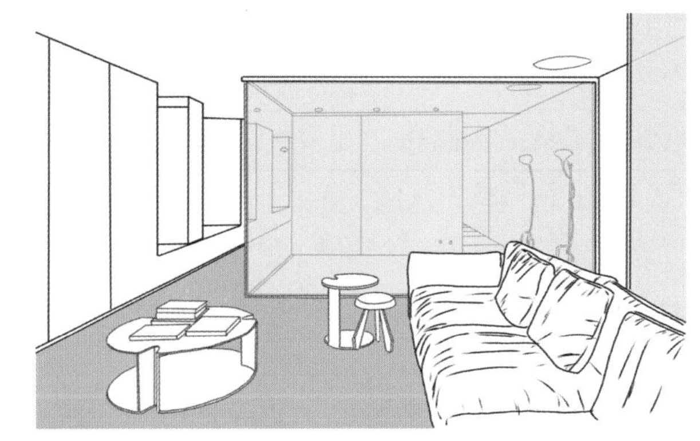

图 2-35 围合式空间

3）彼盖式空间[①]

彼盖式空间即覆盖式空间，指利用覆盖的手法为室内营造出特殊的空间类型和氛围。一般在人们的意识当中，室内空间都是有顶棚覆盖的，但是彼盖式空间更多的是强调利用一些特殊的构件、吊灯、装饰等物件去丰富该空间的顶棚形象、色彩和性格，让人置身其中进一步产生出一些特殊的室内心理感受。如酒店大堂的大型吊灯（图 2-36），能营造出奢华、雍贵的感受；机场的结构悬挂能让人感到空间的宏伟、技术的先进，以及现代结构的美感（图 2-37）。

图 2-36 酒店大堂的大型吊灯

图 2-37 机场大厅空间

4）凸起式空间

凸起式空间，顾名思义，即高于周围平面的空间，该空间会引导人的视线上移，并将人的注意力集中在此凸出的空间中，该手法通常被用来进行展示、突出或强调某一功能。如讲台、展厅、纪念性空间等，这样的空间往往具有某种高级性，并借此来区分上下空间的等级（图 2-38）。

5）下沉式空间

当人们处于某一无高低变化的平面空间时，会感到空间的空旷及无趣。抛开元素限定，若有意将空间打破，设置与凸起空间相对的下沉式空间可营造出静谧、安定的氛围，人们会有意识地去靠近有

① 陈易，陈永昌，辛艺峰 . 室内设计原理 [M]. 北京：中国建筑工业出版社，2006：75.

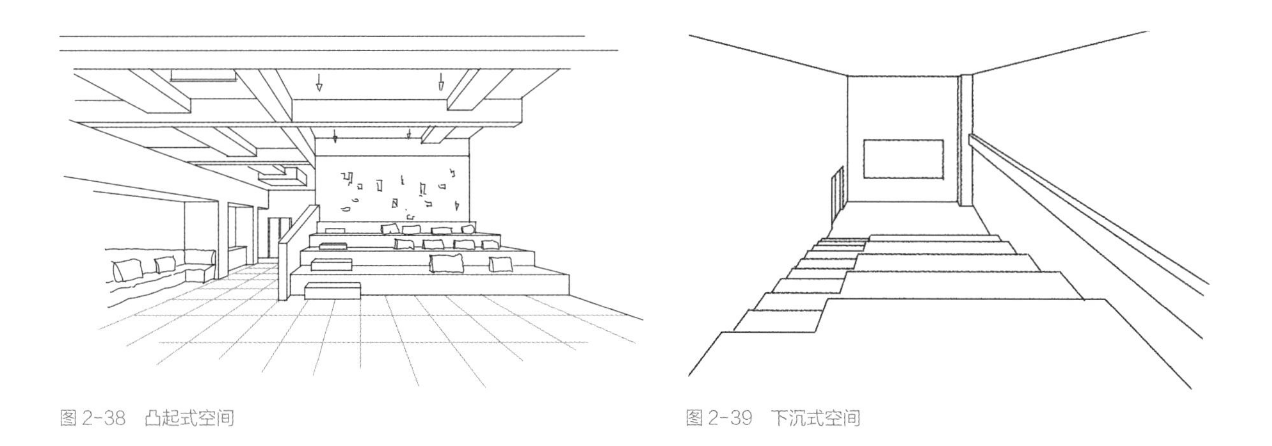

图2-38　凸起式空间　　图2-39　下沉式空间

变化的下沉空间并与之产生互动。一般下沉式空间会采用阶梯式下沉、坡道下沉或爬梯下沉，下沉式空间可以被赋予展示、休息、座谈、娱乐等功能（图2-39）。

6）悬架式空间

悬架式空间主要指利用一些构件，如吊杆悬吊、构件悬挑或梁悬挑，在空间中生成局部的二层或悬挑的平台、走廊，这样的空间在垂直方向上富有内容并充满节奏变化。在生活中，我们常看到的出挑式空间、夹层式空间和带有穿廊的展览式空间便是这样的空间，但是其限制性就是原空间相对层高较高，以至于能承载这样的空间变化且满足人的正常使用（图2-40）。

7）质地变化式空间

质地变化主要指利用不同的空间元素，如材质肌理、形状变化、色彩组合、照明变化等，丰富的质地变化可以为使用者提供丰富的空间体验。这些变化组合可以带来或温暖，或冷峻的空间感受以满足使用者在处理不同功能时所需要的空间需求。更进一步来说，质地变化可以限定出抽象的空间划分，让人们在通透的空间中依旧能感受到不同功能的空间划分，这是一种充分挖掘人内心感受和抽象意识的特殊类型空间（图2-41）。

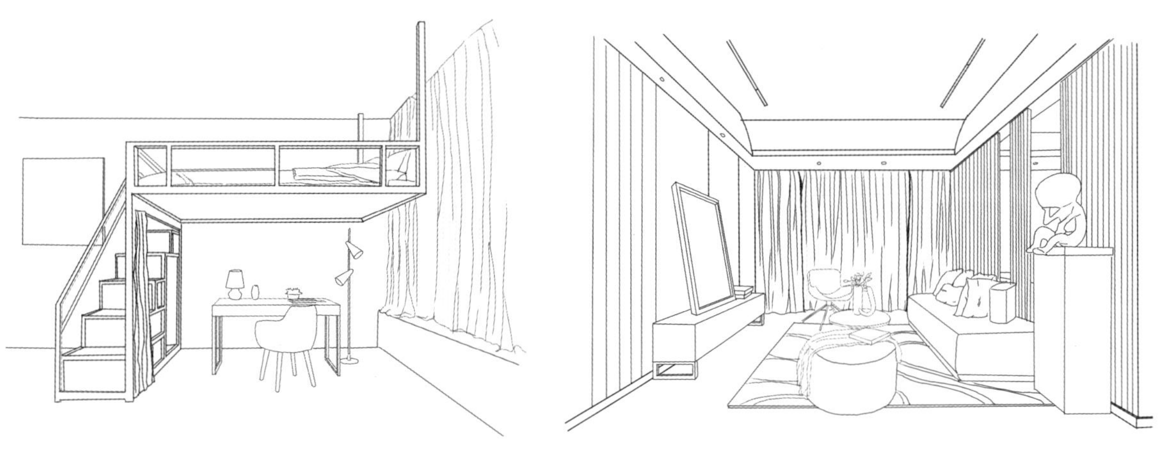

图2-40　悬架式空间　　图2-41　质地变化式空间

2.1.4 空间设计的操作方法

室内空间设计同其他设计类型一样，都需要学习相应的设计方法，根据具体的空间类型，付诸对应的设计手段，这些方法涵盖着科学、理性的空间设置又包含着精神、感受的空间营造，二者相辅相成，最终形成满足人们身心需求的空间场所。

1. 利用结构体系设计空间

室内空间设计是一种伴随性设计，建筑的柱网布置会影响室内空间的大小及领域范围，建筑的不同结构也能带来各种各样的空间效果，所以在进行室内空间设计时，设计者可以顺势而为地有效利用这些建筑自身结构体系去设计不同的室内空间。

1）利用柱网排列合理布置功能房间

建筑师在进行设计时会提前预设建筑柱网的布置，由此去划分出相应的功能空间范围，此时室内设计可以在此基础上进一步考虑空间布置的合理性，不断优化其空间的使用感受和场所序列。如路易斯·康（Louis Kahn）设计的理查德医学研究楼（图 2-42），他有意设计了“服务”与“被服务”空间，在合理的柱网下，布置出合理的功能房间，令使用者在室内能真切地感受到空间的相互串联、相互影响（图 2-43）。

图 2-42 理查德医学研究楼

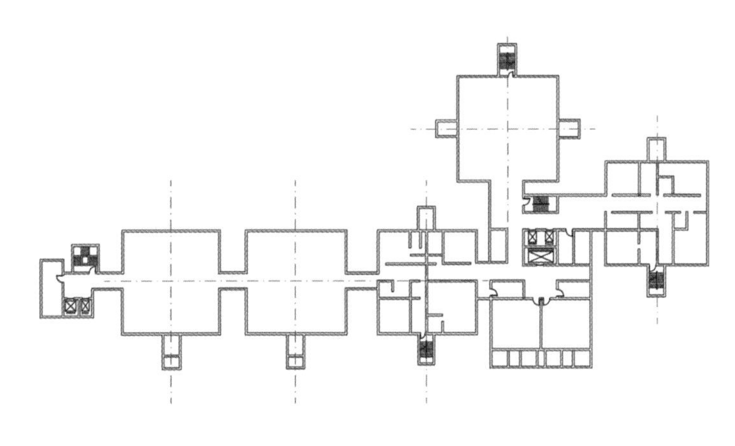

图 2-43 理查德医学研究楼平面

2）利用空间结合自然环境，因地制宜

空间不是独立封闭场所，它的形成不仅伴随着内部功能的使用需求，还伴随着外部环境的自然影响，其中包括日照、通风、冬暖夏凉、景观呼应等因素，所以在处理室内空间时，可以因地制宜地有效利用室外空间的正向因素进行设计。如南方可以利用架空层进行通风隔热，大面积架空还能形成景观渗透（图 2-44），北方则可着重对南向设计大面积开窗，进行积极采光（图 2-45）。

3）结构构件成为室内空间装饰一部分

在进行室内空间设计时，应合理利用空间结构，将不同的空间结构转变为室内装饰的一部分，例如弗兰克·劳埃德·赖特（Frank Lloyd Wright）设计的约翰逊制蜡公司行政大楼，室内的支撑柱被

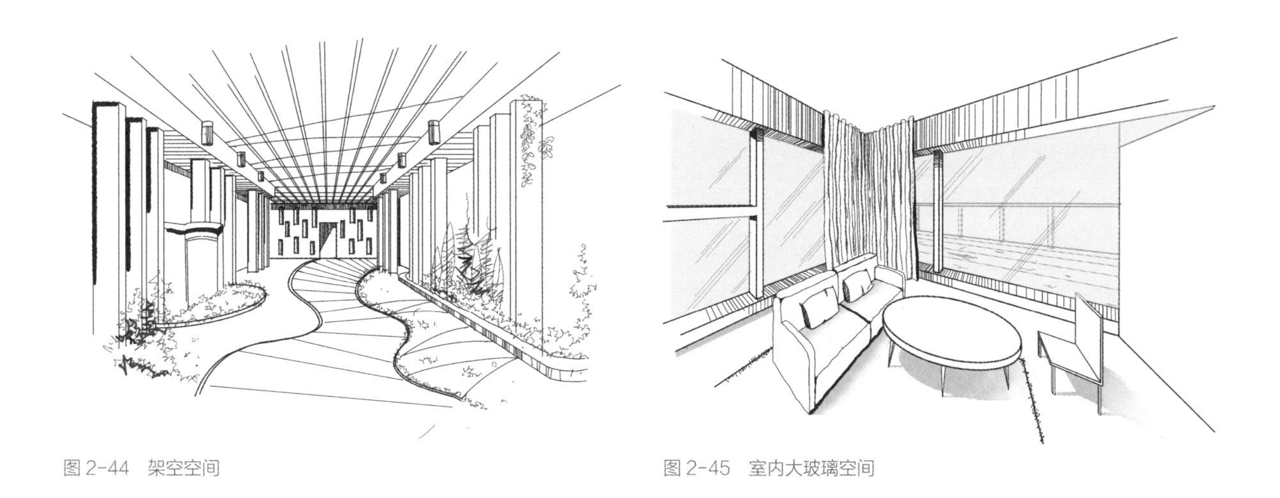

图 2-44　架空空间　　图 2-45　室内大玻璃空间

设计成由下至上逐渐放大的树状柱子，乘势而上地伴随着蓝色天花板，如同一片森林，高耸在人们的头顶（图 2-46）。

4）柱网和房间划分平行而不对应，形成趣味空间

在室内空间设计中，除了可以直接对结构进行艺术化处理外，还可以将房间自身与柱网进行平行而不对应的布置和划分，如柱网可以不布置在墙之间，将柱子有意设置在走廊间或者房间内，从而形成空间领域的划分，人们可以与柱子进行互动或者将其作为行走流线的引导。有时，房间也可以布置得不对称或是异形，亦可根据柱网的布置形成不规则房间或形成开放或是自定义的趣味空间（图 2-47）。

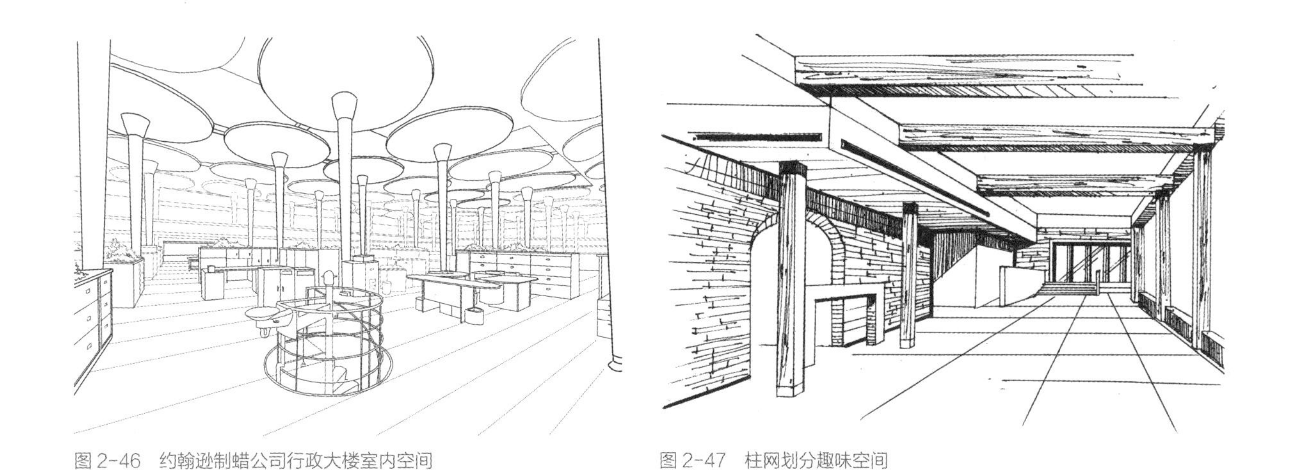

图 2-46　约翰逊制蜡公司行政大楼室内空间　　图 2-47　柱网划分趣味空间

5）上下层空间打破封闭，形成通高空间

室内空间最简单的处理方式就是楼层简单叠加、房间模数化布置，但是这样的空间缺乏变化且较为封闭，无法让人在空间中体会到趣味和审美的感受，所以，设计者经常会有意打破室内空间的上下层关系，形成通高空间，这样的空间能够形成垂直空间上的视线、场景流通，还能打破单一层高带来的压抑感。通高空间常被用在入口大厅、展厅、剧场等空间中，为使用者带来通畅、自由的空间感受

（图 2-48）。

2. 利用构图元素设计空间

室内空间设计如同绘画创作一般，它从来不是简单的元素堆砌，在立体的空间领域中，设计师需要利用一些专业的手法对其进行艺术化表达，合理地将一些构图元素组合在一起，并在空间中给予使用者美且具有一定审美水准的空间感受，以下将对一些常用的构图元素，如何在空间中使用进行介绍（图 2-49）。

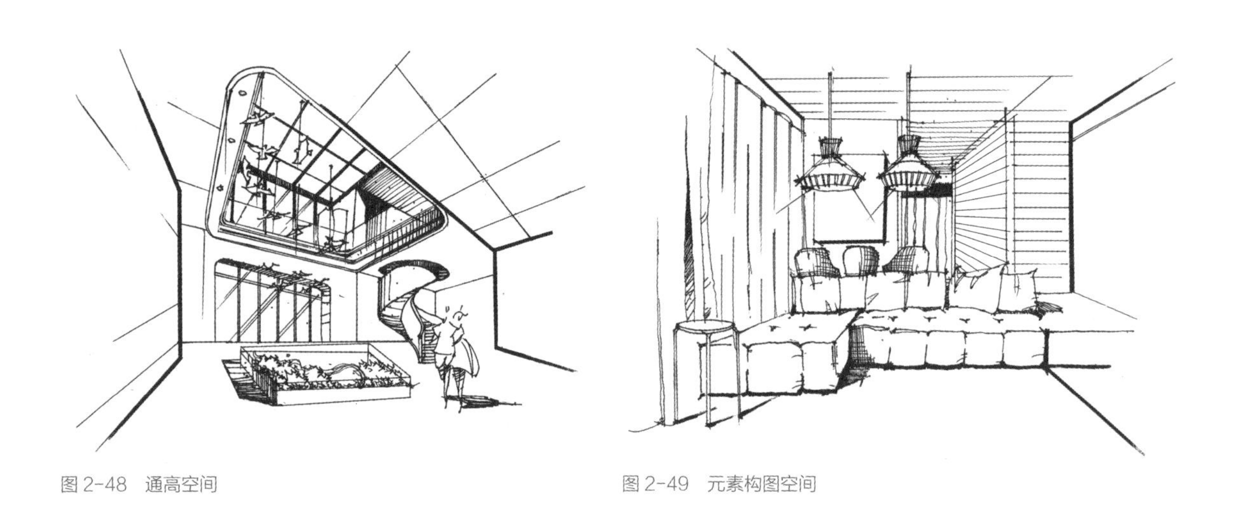

图 2-48　通高空间

图 2-49　元素构图空间

1）垂线

垂线在视觉上给予人以挺拔、严肃、冷峻的感受。这样的构图元素常常使用在一些较为封闭、层高较低的空间中，由此形成一种空间抬升感，同时垂线还可以为使用者带来刚强有力的空间感，这种元素可以被用来形成某种精神崇拜空间（图 2-50）。

2）水平线

与垂线相对的是水平线，水平线在空间中能形成安定、深远、平静、宽广的氛围。设计中往往会有效利用空间中的线脚、踢脚线、顶棚等一系列水平元素，在墙上设置富有节奏的水平元素与其相对应，形成和谐、平行、稳定的空间关系；同时，在空间中，设计上也会布置同高度的家具、装饰品等，因此形成充满水平韵律的空间感受（图 2-51）。

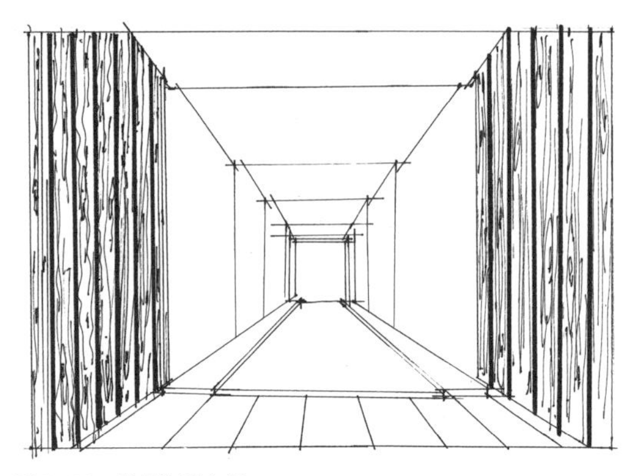

图 2-50　垂线构图空间

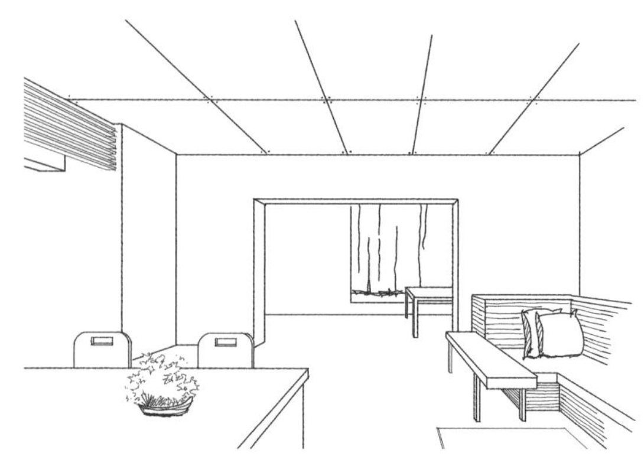

图 2-51　水平线构图空间

3）斜线

斜线如同镶嵌，会突然在各种元素中嵌入，给使用者带来打破秩序、节奏的感受，设计上通常用来强调某一领域的地位。或是打破单调的空间元素表现形式，比如运用斜线形成锯齿状和波浪状，从而带来视线上的引导和流动（图2-52）。

4）特殊形状和形式

特殊形状和形式主要体现在使用一些曲线、圆形、不规则形状，以及它们之间相互组合，这些形式可塑性强，流动感十足，在空间中能给人带来活泼、灵动的感受。同时弧线形式，以及组合形式在空间中也能界定不同的空间领域，如系列环形桌椅划分数个小环境，用多个不规则形式表达不同的功能空间（图2-53）。

图2-52　斜线构图空间

图2-53　特殊形状和形式构图空间

5）图案纹样

由于图案纹样具有一定的画面感和故事性，常使用在门窗、地毯、沙发、书桌、墙壁等位置，可以让使用者在日常休息时阅读欣赏这些图案，从而丰富空间的体验感。图案纹样一般包括植物、动物、人物、几何图案、抽线图案、完整画作、民族标志、宗教标志等，同时这些丰富的图案还可以与不同的色彩、组织形式构成各类丰富美丽的元素，将这些元素合理地布置在空间中，极大地提升空间的意境和内涵（图2-54）。

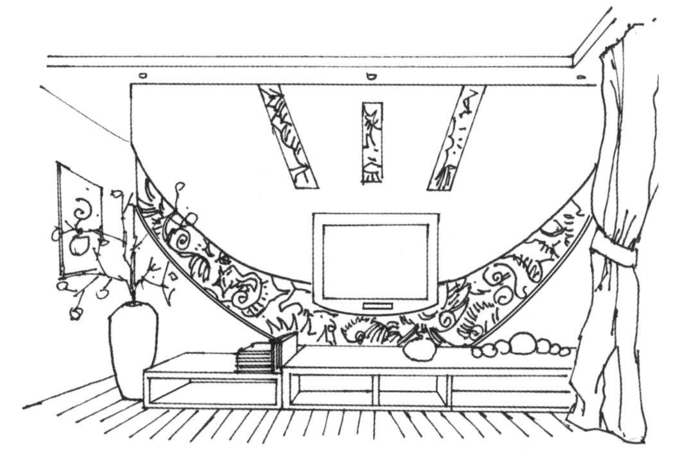

图2-54　特殊图案纹样构图空间

3. 利用心理感受设计空间

空间操作主要聚焦于具体的空间、元素操作，下面将介绍如何在空间中利用有效手段去营造出特定的空间感受，进一步去影响使用者在空间中的心理体验。

1）利用合适比例布置空间

比例与尺度是设计时必须考虑的原则，究其原因在于人的感官天然对适合人自身使用或体验的物体尺度感到舒适和安全，一旦该物件的比例和尺度超过了这个限值，使用者就会感到不适甚至想逃离。设计者应该利用合理的比例去设置这些空间的高度和深度，营造出安定、和谐的空间氛围（图2-55）。

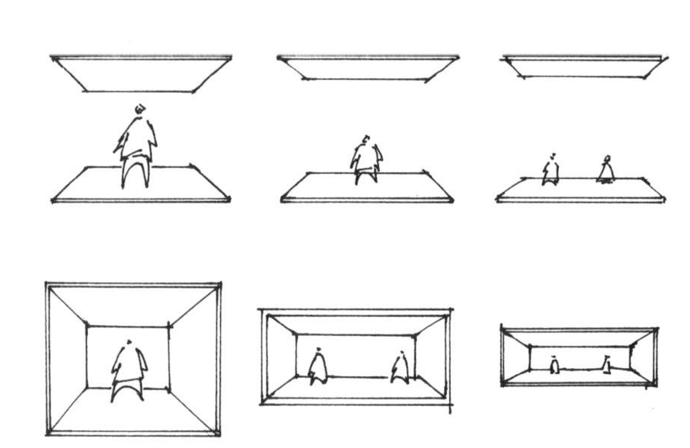
图2-55　不同空间尺度营造不同的心理感受

2）利用元素协调布置空间

利用元素去限定空间，就如同交响乐团将各种乐器和谐地组合在一起，音调的统一高低、音色的融汇交织，最终让人产生美妙的悦耳感受。同理，在空间设计中，各种元素的堆砌是必然的，但并非是无序的、混乱的布置，设计者首先要理解使用者的个体需求，运用协调的元素组合，营造出或温暖，或平静，或积极，或闲逸的空间感受（图2-56）。

图2-56　元素协调空间

3）利用平衡构图布置空间

平衡指在构图中，各元素环伺某一中心焦点并产生安定的状态时，可称之为平衡。在室内空间中，设计师常会遇到材料种类、构件质量、色彩明暗、家具尺度等问题，这些元素复杂且多样，如光的强弱对比划分出空间等级的差别，材料的粗糙、平滑可造成材料厚重感的不同；家具的尺度对比能够强调不同家具的等级等，这些手法皆以某一焦点为中心，并使周围元素紧密联系，相互呼应，从而形成一种和谐平衡的安定感（图2-57）。

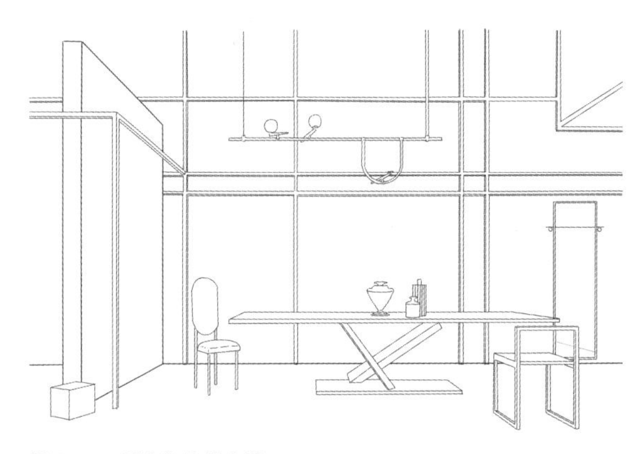
图2-57　平衡的构图空间

4）利用韵律感布置空间

韵律感是一种由设计元素的节奏、重复、连续而形成的美感，在布置室内空间时，设计者应考虑采用一定韵律感的手法去引导使用者视线移动和空间联系，一般采用的具体手法有：连续线条、重复构图、线条放射、图形渐变、元素交替等（图2-58）。

图2-58　室内韵律空间

5）利用色彩、质地布置空间

在室内空间中，不同色彩能够产生不同的心理感受，如饱和度高的色彩能让人感到明艳、活泼；饱和度低的色彩能让人感到冷峻、严肃。同理，不同材质的质地也会影响使用者在空间中的体验，如粗糙的材质能感到厚重；平滑的材质能感到轻巧。所以可以合理地利用这些色彩和质地且能够与空间相辅相成，以构成舒适宜人的室内空间（图2-59）。

图2-59 和谐的质地布置空间

6）利用光线布置空间

光是室内空间体系的重要元素，光在空间中构成的面积大小能够形成不同的空间感受。少许的光亮能营造出神秘、静谧的感受；中等照度可以带来有效采光，符合人的正常采光需求；大面积的光照会营造出明亮、积极的室内感受。所以在设计室内空间时应合理运用光线，并与材质、家具和谐的联系在一起，让使用者感受到空间的美好与灵动（图2-60）。

7）营造共享的趣味空间

马克思主义哲学中，人是一切社会关系的总和，具有天然的社交属性，社交又具有共享属性，所以在室内空间中可以有意地设置共享空间为使用者提供娱乐、交谈、玩耍的场所，这类空间可以设置得较为通透明亮，如开大面积玻璃窗、设置通高空间（图2-61）；可以设置得较为安定缓和，如设置下沉空间（图2-62）；也可以设置得较为出挑明显，如抬高空间、悬挑空间（图2-63）。

图2-60 光线构成空间

图2-61 共享通高空间

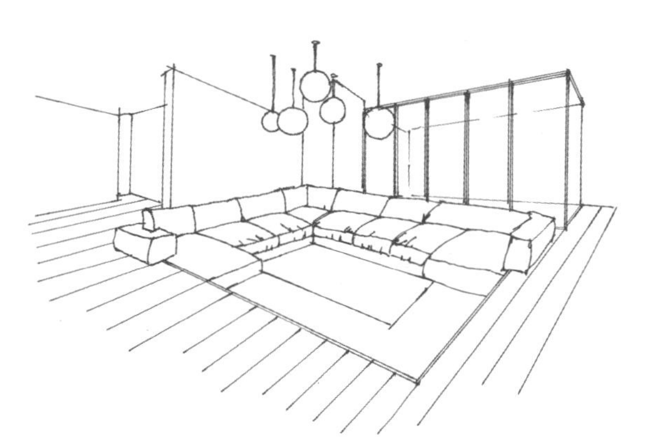
图2-62 共享下沉空间

图2-63 共享悬挑空间

2.1.5 空间的序列

室内空间是精神性、时间性、物质性的结合产物，并且室内空间应当是流动的，具有引导性的。室内空间设计如同导演设计电影桥段一般，都需要经历起始、过渡、高潮、终结四个阶段，当人处于室内空间时，空间就是故事的框架，空间内各类限定元素就是触发剧情的关键点，使用者就是故事中的主角，优秀的设计师会巧妙利用空间和各类元素，让使用者感到空间的流动，从而不由自主地去和空间产生互动，逐渐从空间的入口走向相应的高潮空间，再从高潮空间走向终结空间，结束完整的空间叙事。

1. 起始阶段

空间的起始阶段往往被认为是从空间入口门厅或入口大堂开始，但实际上，空间的起始阶段从室外便开始了。当人们置身于建筑外环境领域入口时，便开始在空间引导下进行流动，此时可以利用雨棚、围墙或走廊等一系列界定元素去引导人们走向需要到达的功能空间，此阶段入口空间就显得格外重要。一般来说，入口空间既可以是半封闭空间也可以是全封闭空间（图 2-64、图 2-65）。

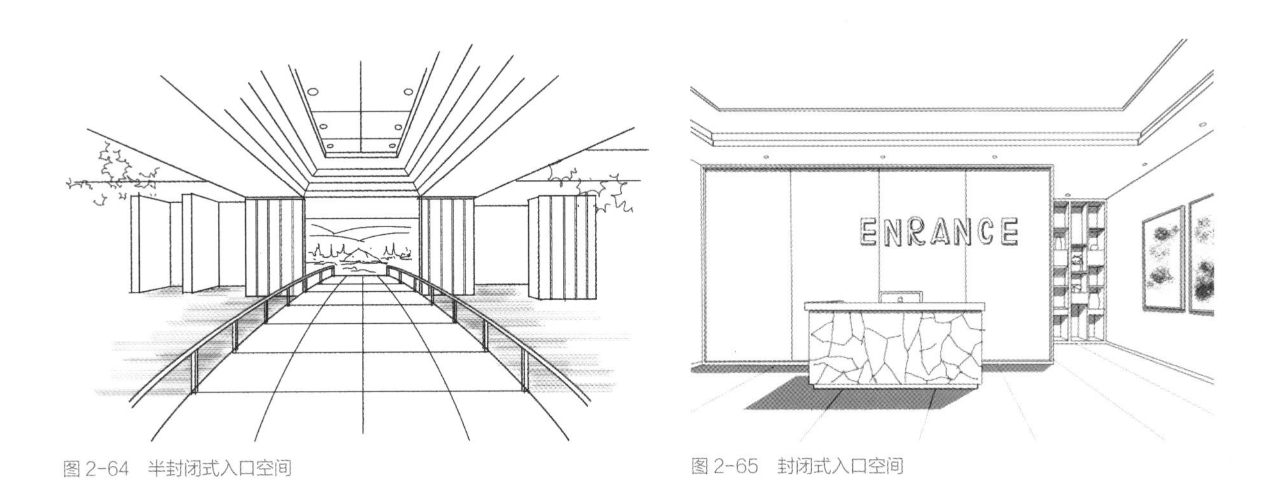

图 2-64 半封闭式入口空间　　图 2-65 封闭式入口空间

1）半封闭空间

当人们置身于此时，可以清晰地感受到空间领域并没有被完全围合，此刻入口空间能营造出自由且具有可选择性的氛围，人们不必被空间强制引导到某一高潮空间，他们可以在此休憩、等候，还能与室外环境产生互动。这样的起始空间比较适合运用在私密性较弱的公共空间，如半开放服务区、公共餐厅、展厅、图书馆等。

2）全封闭空间

全封闭空间并不意味着围合的全封闭或者利用墙体将人强行界定在室内，而仅是与室外环境的直接联系被阻断，人们暂处于一个内向的，但可以观察到室外的领域，此领域可以用来集中人流、引导流线，是一切室内功能的开端，它像一处服务站，人们可以短暂停留，也可以借用它到达想去的高潮空间。此空间比较适合运用在私密性较强的空间，如住宅、酒店、医院等。

2. 过渡阶段

过渡空间承接着入口空间和高潮空间，该空间在整个序列中起着入口终结和高潮前奏的作用，所以这是一段十分重要的空间。首先，过渡空间应当处理得相对低调、静谧，即欲扬先抑。人们通过这一系列的空间引导，内心已经变得沉静和平缓，当到达开阔、积极的高潮空间时，前后的反差感便被无限放大。其次，过渡空间还应处理得相对曲折但又具有明确方向性和引导性，让使用者在这一阶段既感受到空间叙事的曲折性，又能明确感知路径的正确性，而不至迷失在过渡空间。这一阶段在实践中可以充分利用各类限定元素、结构、色彩、照明等去影响过渡空间的使用体验（图2-66）。

图2-66 过渡式空间

3. 高潮阶段

高潮阶段无疑是整个空间序列中最重要的部分，正如故事的高潮是所有人最期待的部分，它表现得好坏决定了使用者对该空间的最终印象。一般来说，通过过渡空间的引导，当人们到达高潮空间时，其环境表现力、艺术感受与过渡空间形成的强烈对比，会令使用者完全沉浸其中，如展馆的主展厅，须经过一系列序厅最终达到高潮空间（图2-67）。

4. 终结阶段

这一阶段是空间序列的终章，是使高潮回归平静的空间。终结空间在风格和艺术上应和高潮空间保持统一，形成余音绕梁的空间氛围，但是空间的尺度、大小、地位等应该比高潮空间弱化，使整个空间营造出趋向平静、回归稳定的空间感受。最终形成完整的空间故事叙述（图2-68）。

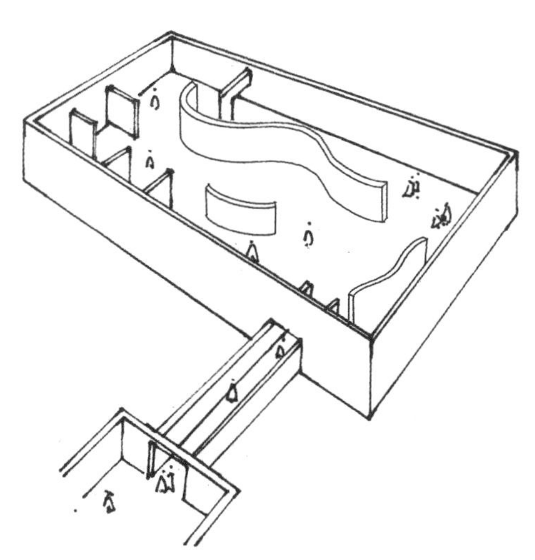

图2-67 高潮空间

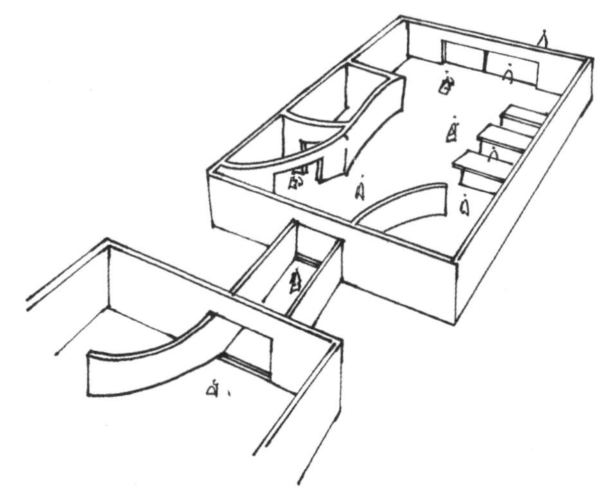

图2-68 终结空间

2.2 元素

作为室内设计师，不仅要面对不同室内空间的结构特点，设计出合理的空间环境，还要面对人们不同的使用需求，设计出满足需求的感受空间，这就涉及“室内元素”这个概念。

什么是室内元素？就是既要满足人们在室内空间中基本行为需求的具象物质，又要满足感官审美和精神需求的抽象元素。具象元素主要包括硬装元素（墙面、顶面、地面等）、软装元素（家具、灯饰、窗帘、装饰品等）这两类。而抽象元素则包括形态、色彩、质感，以及光线这四类。

认识了解这些元素，会使我们对室内空间有一个更深层次的认知，并且促使我们在设计中能灵活运用这些元素，从而创造出优秀的作品。以下将对这两大类元素进行解析。

2.2.1 抽象元素

在室内空间中形态、色彩、质感、光线等组成了抽象元素。它们各不相同，但彼此呼应、相互协同。这些元素对人们在室内空间中的感官、情态和心理活动等有着重要影响。正确认识这些元素能使设计师创造一种更符合人的生物性与精神性的室内空间。

1. 形态

“天空与河流融为一体，一个骷髅一般的人，双手放在耳朵上，声嘶力竭地大声尖叫”。这就是挪威画家爱德华·蒙克（Edvard Munch）的绘画作品《呐喊》（图2-69），这幅画最令人震惊的地方是作者对画中人物形态的刻画，通过扭曲的人物形态和色彩表现对比，可以带给观众从视觉到心理的极大震撼。在室内设计中亦是如此，丰富的形态表现，可以帮我们创造表达充分的室内空间，从而带给使用者视觉和心灵的满足。

图2-69 呐喊

1）形态的构成

形态通常由点、线、面、体（图2-70）四类元素构成。熟练运用这四种基本元素，就可以创造出我们想要的造型和室内空间。

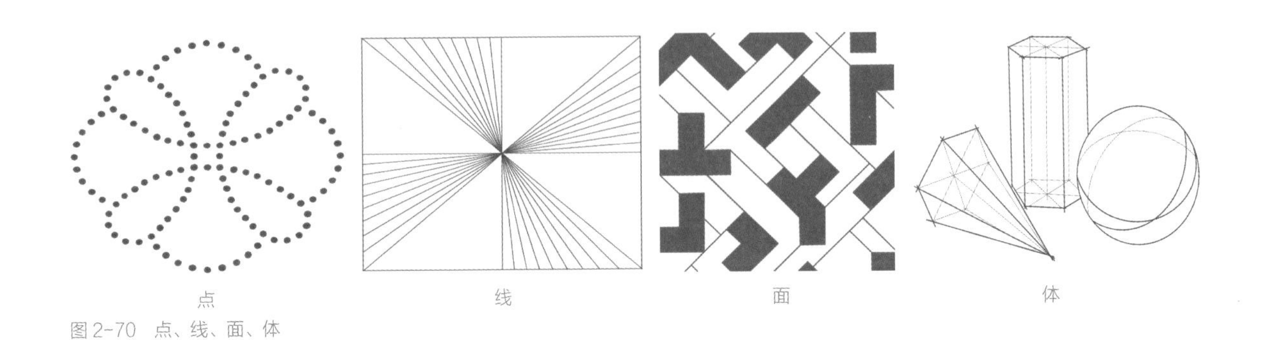

图2-70 点、线、面、体

（1）点

从概念上来说，它是没有尺度的，代表物象在特定空间中所处的位置。作为形态的基本要素，点表示线段的起止和末端，也可以标明两条线的交汇处，同时用线条连接各个点可以组成限定的图形。在室内空间中任何细小的形状都可以被概括成一个点。（图 2-71）。

当点位于特定的空间时，基本上是固定不变的，并可与周围的元素产生关联。当它被移动时，仍有一种中心感，或成为视线的端点。在室内空间中，诸如圆桌、灯具类的东西，都具有这种特点。

在室内设计中，较小的元素形态都可以被称为点。如在一个大的室内空间中摆放的花盆、墙上挂着的装饰画都可以被称为点。尽管这些点微乎其微，但是它在室内空间中的作用可谓画龙点睛。点在空间中最大的作用是标明位置或者吸引人的注意力使其聚集于该点。如某休息大厅内的万花筒装饰，凭借其奇特的形状以及新颖的艺术造型成为一处引人注目的景观（图 2-72）。

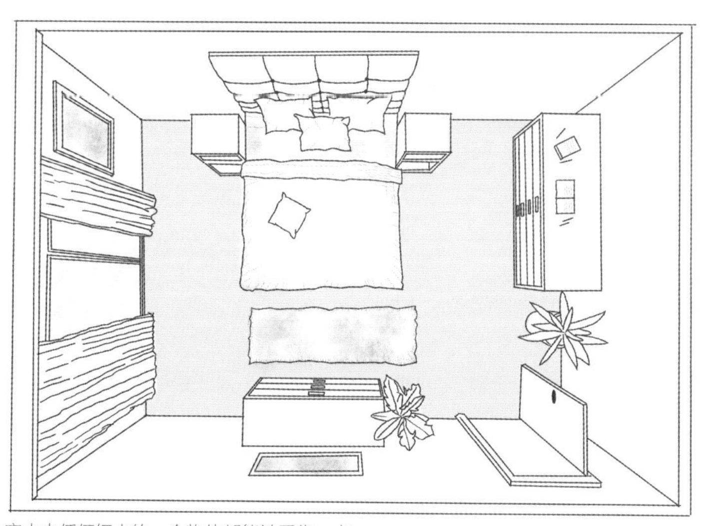

室内中任何细小的一个物体都能被看作一点

图 2-71　点的位置

图 2-72　万花筒装饰

（2）线

一个点向四周延伸运动，成为一条线。线与点不一样，点是静态的，无方向性；而线则是运动的、有方向性的。作为一种肉眼可见的形态，一条线的视觉特性取决于它的长度及形状所带给人的感觉。

较常见的线的种类有直线（横线、竖线、斜线等）、几何曲线（圆、弧线、抛物线等）、不规则曲线（螺旋线、旋涡线、异形线等）等（图 2-73）。

每一种线都有其重要的特性。直线的特性是方向性和平衡性，它往往能带给人一种安全、稳定和安静的感觉，曲线则表现出一种柔和的运动感。不同的曲线可以带给人不同的想象，如螺旋上升的曲线，有一种生成、向上升腾的感觉，可以带给人希望感；优美的弧线则是柔美、温馨的，可以让人赏心悦目。但是室内空间中任何元素的使用都要掌握适度的原则（图 2-74）。

（3）面

一条线段或多条线段围合成的形态可以称为面。在概念上，面只有长度和宽度，无厚度，是二维

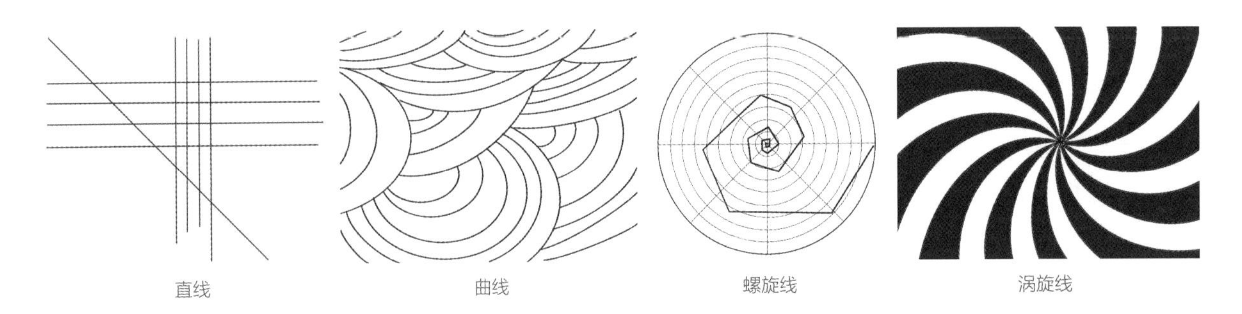

图 2-73　线的种类

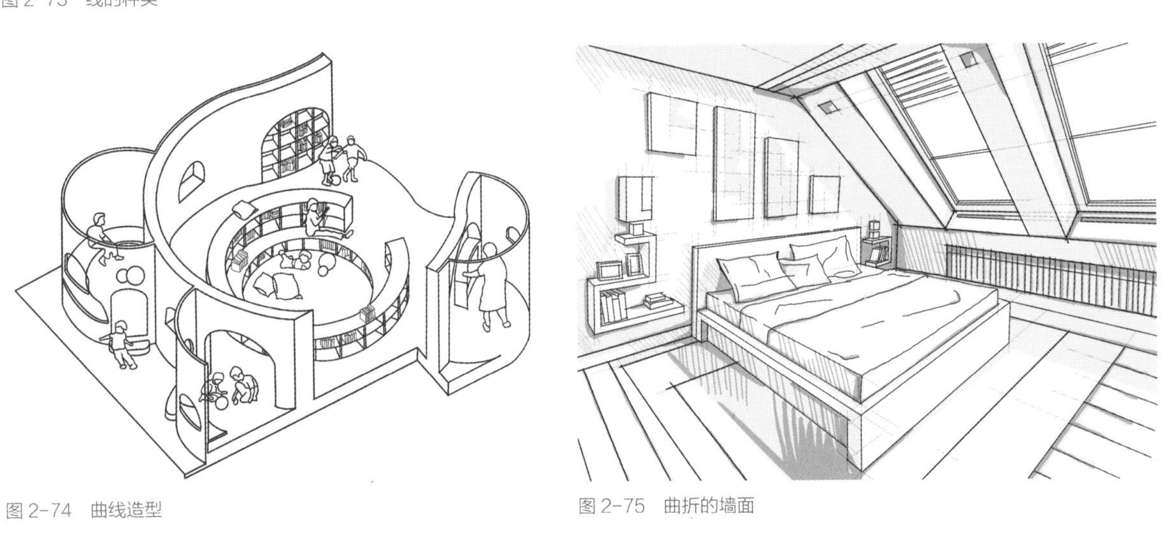

图 2-74　曲线造型

图 2-75　曲折的墙面

元素。面的特征主要在于其形态。常见的形态有：平面（垂直面、水平面、斜面）及曲面（直纹曲面、非直纹曲面、螺旋面、非螺旋面、自由面）两大类。

不同的面能给人带来不同的感受。比如水平的面形式比较简单，可以给人带来一种平稳、安宁之感；垂直的面会让人有紧张之感；倾斜的面给人的感受比较强烈和灵动；曲面则常给人的心灵带来一种温馨、温暖之感，在此类元素中规则曲面较为平静，而活泼与奔放则是自由曲面的代名词。相较垂直面而言，曲面往往能给设计带来更好的效果，不同变化的曲面能带给人不同的视觉体验。在空间区域的划分和限定上，曲面更有上佳表现力，并具有视觉导向的作用（图 2-75）。

在室内空间的构型中，面，无疑是具有决定性的构型元素之一。在内部空间中，面所处的位置通常有三处，即顶面、底面与侧面。顶面通常是屋顶和顶棚，丰富的顶面形态亦可带给人不同的心理感受和丰富的空间感。底面及地面，通常为水平面；侧面通常为墙面。各个面的有序排布，在内部空间处理中处于重要地位，对人视觉和心理感受影响极其重要。

在室内空间中，面的组合丰富多彩，其空间效果总是引人入胜（图 2-76）。

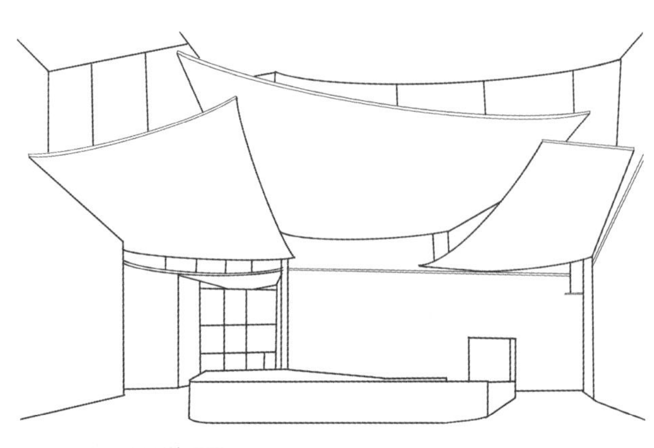

图 2-76　不规则的顶面

（4）体

体的形成可以看成不同面的自由运动。通常体大多以三维形式表现。一般情况下物体的外部形式可以用体来表现。物体的形态是由组成体的面的大小及其形状所决定的。体可以分为立方体、球体和圆柱体等。

体的构成可以是实质的物体，也可以是一个围合的空间（由点、线、面围合而成）。体，能表现出空间的基本特征。

2）形态的比例

在室内设计中，形态比例通常指空间、界面、家具等各空间元素之间的尺寸关系，或者各空间元素与其所处空间之间的尺度关系。

在室内设计中，往往需要在单个设计元素的各部分之间、几个设计元素之间，以及在不同元素与室内形态之间不断思考推敲各尺寸比例关系，只有达到一个合适点才能展现良好的设计效果。

不同的比例关系带给人不同的感受体验，在室内设计中通常运用不同的比例来渲染空间。比如：教堂又高又窄的空间所形成强烈而神秘、严肃的心理带入感；而对于较为宽矮的空间，则会带来一种向外延伸、蜿蜒曲折之感，运用这种特点，可以在视觉上形成一种豁然开朗的感受，该比例类型多为建筑的门厅、大堂所采用；另有一种空间的比例特点为细而长，这种空间会有一种引导人积极向前的感觉（图2-77）。

3）形态的尺度

尺度与上文的比例两者之间有很大的不同。尺度是指特定物体、空间、环境的大小，而比例则是指物体不同形态之间的关系。

我们通常把尺度分为两类，一类是视觉尺度，就是指一个物体与周围物体尺寸比较后做出判断；另一类是人体尺度，就是物体相对于人身体大小给我们的感觉。如果在日常室内空间中各物体的尺寸让人感觉很局促，或者感到自己很渺小，我们称之为缺乏尺度感，反之则是符合人体尺度。在一个空间中人们可以通过已知熟悉物体的尺度，来判断其他物体是否符合尺度。物体合适的尺度会让使用者体感舒服，反之则会让使用者感到负累、麻烦（图2-78）。

尺度会影响特定环境气氛的形成。例如，在小面积的室内空间，适宜尺度会形成一种安全祥和的

图2-77　比例的感受

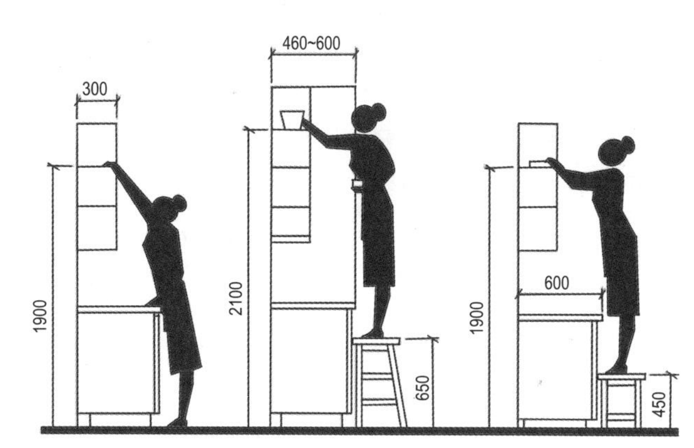

图2-78　物体尺度

氛围，亲朋在较小空间内聚会、交流，会产生惬意、温馨、安全之感；在面积较大的室内空间，则会让人感觉空阔、释放、孤寂。不仅空间，室内陈设的尺度跟人的心理感受亦有关系，如室内空间；布置尺度较小的植物，会产生开敞感，又如在儿童卧室布置太大的植物，则易在夜间使他们受到惊吓，给儿童心理造成不良影响。

4）形态与人的情感

人在空间内的情感表达与传递和形态要素（点、线、面、体等）有着密不可分的关系。这些具体的形态主要包括室内的地面、顶面、墙面、装饰及家具等，这些形态可以刺激人的感官，产生回忆联想等感受。

情感与空间形态之间是相互作用的，良好的空间形态可以带给人愉悦感从而产生积极的行为，反之就会产生消极的行为。当带着自身正面或负面情绪进入某一空间，空间形态通过、颜色、材质和功能等因素组合成的整体空间场，对其情感的影响会起到加剧或消减作用。

2. 色彩

在室内设计中色彩是起协调作用的重要元素之一，它既能起到优化室内空间的作用，又能渲染调节室内空间氛围。色彩的运用十分广泛，室内环境亦离不开色彩的运用。

1）室内设计中色彩的作用

色彩在室内设计中具有以下的作用：

（1）调节空间感

运用色彩可以最大可能地调节室内限定空间的大小感受，改善空间结构缺陷。如在狭长空间的顶部采用暖色，墙面采用冷色，就会减轻狭长的感觉。

（2）调节心理

色彩对人的心理有一定的刺激能力。如果使用过多浓艳的色彩会让人变得烦躁，如果颜色使用得过少会让人觉得寂寞和冷清。因此在设计的时候，要依据使用者的年龄、性别和文化程度等，对各个空间进行合理的配色。

（3）调节室内温度

随着色彩发生变化，人对室内温度的感受会随之改变。因此在进行色彩设计的过程中，运用不同的色彩配色方案是为了调节人对室内温度所产生的感受。如在寒冷地区，可以在室内多加入一些暖色，这样就可以使人在寒冷冬日里感受到整体的温暖氛围；在炎热的地区，可以多采用冷色，会让人有一种凉爽之感。因此，要因地制宜，采用适合地区气候特点的颜色（图2-79）。

图 2-79　暖色让人感到温暖

（4）调节室内光线

因为每种色彩拥有不同的反射率，所以，许多时候室内光线的强弱可以用色彩来调节。

如黑色的反射率在 10%以下，灰色在 10% ~70%，白色为 70% ~90%。因此设计师要了解室内的采光条件，来选择反射率不同的颜色。

（5）体现个性

性格迥异的人在色彩的选择上往往会大相径庭。比如，性格内向的人通常喜欢冷色，冷色能让他们感到安静，而活泼开朗的人则更喜欢暖色。

2）室内色彩的构成

室内色彩一般由主体色、陪衬色和点缀色组成。

（1）主体色

主体色在整个室内色彩中占比最大，居主导地位。主体色通常是指顶面、墙面、门窗、地板等大界面的颜色。主体色彩对空间结构及人的心理感受有着重要影响，因此它的选择需要尤为谨慎。如在个人住宅中使用纯度较低的色彩，能让人产生一种温馨和谐的感觉（图 2-80）；在公共空间中使用纯度较高的色彩，会使人产生激动和兴奋的感觉。

图 2-80　住宅里的淡色

（2）陪衬色

陪衬色主要是依据主体色来进行选择。如果主体色彩是鲜艳高亮或者高纯度的颜色，陪衬色彩可以选择有明暗变化的颜色，如果主体采用较暗的颜色，可以选择暖一点的颜色来陪衬。陪衬色是室内色调中不可或缺的一部分。在主体色和陪衬色的协同作用下，室内空间会带给人不同的内心体验，如很强的视觉冲击感抑或温馨平静感等。

（3）点缀色

点缀色是指在室内空间中颜色面积较小的，但却最突出的颜色，如一些装饰画、摆设、绿色植物之类。运用点缀色可以使呆板的空间显得生动活泼，但是不能过分使用点缀色，否则会使室内空间看起来杂乱无序。

3）室内色彩的处理手法

（1）色彩对称

对称是室内设计中处理色彩的常用手法。色彩对称可以给人一种庄重大方、安定平稳的感觉，但有时也显得单调、呆板，缺乏活力。

（2）色彩均衡

相比于色彩对称来讲，色彩均衡是非对称的。它具有自由多变的特点，同时又有非常好的平衡感。色彩均衡要比较全面，不能偏向于一方。如左边色彩有一定的亮度，右边就不能完全是暗色，也要有一定的明亮色。

（3）色彩比例

色彩比例是指色彩搭配的过程中，色块整体与局部，局部与局部之间的长度、面积大小关系。对于形态的整体美感有着重要的影响，所以在设计中我们要注重各种色彩的比例关系。

（4）色彩节奏

色彩节奏是指色彩可以呈现规律性变化，具有很强的秩序感。通过色彩的变换、叠加、渐变等方式，从而形成色彩韵律与节奏的美感。我们可以把色彩节奏分为三种：反复性节奏、多变性节奏和渐变节奏。

4）室内色彩的应用

在室内空间设计中对于色彩的应用非常广泛。它可以渲染氛围，也可以创造意境，还可以表达不同的空间情绪。

温馨的空间可以采用浅橙色，热情的空间氛围用大红色，清新的空间用白色和绿色，自然空间多用原木色，稳重的空间多用黑色、灰色、木色、卡其色、咖啡色等色调。可以根据不同的空间类别用不同的色彩来表现。如卧室空间可低纯度地采用冷色，创造出一种轻松舒适的感觉，还能营造出安静稳重的氛围；客厅空间若以高纯度高亮度为主，则可以刺激人的感官兴奋度（图2-81）。

图2-81　卧室冷色为主

3. 质感

质感通常是指人们用眼睛看、用手摸某种材料时，对材料产生的一种主观感受。质感实则包括两个方面的内容：一个方面是材料本身的结构表现和纹理质地；另一个方面则是在其一的基础上，人的感官引发的对材料的感受。

1）质感的特性

常见的室内空间装修和装饰材料的质感有以下特性：

（1）粗糙和光滑

质感粗糙的材料，如没有进行过加工的木头、有孔的砖块、凹凸不平的玻璃，等等；质感光滑的材料，如打磨的木材、瓷砖、有机玻璃，等等。

（2）软与硬

许多材料如棉花、麻布、人造织物等摸起来都非常柔软，尽管有些柔软的材料看起来很粗糙，但摸上去会给人一种舒适的感觉。质地坚硬的材料有金属、砖块、受外力击打而不发生变形的材料等。

（3）冷与暖

质感的冷暖表现在人的触觉和视觉感受上。一般来说，人的皮肤能触碰的地方要采用柔软和温暖的材质。

（4）光泽与透明度

光泽指的是材料有一定亮度，一般通过人为加工以及人工打磨会让材料更具有光泽度，如打磨的地砖、玻璃，等等。让材料富有光泽的好处是让其产生反射，从而起到扩大室内空间的作用，同时表面富有光泽的材料更加容易打理。

透明度是指通过材料可以看到其他东西，生活中常见的透明材料有：玻璃、塑料等，通过透明材料我们可以看到室内空间的深处。

（5）肌理

材料表面产生的不同结构变化就是肌理。材料的肌理有自然纹理和材料加工后呈现的纹理。肌理的运用不仅可以增强材料的视觉效果，也可以使材料的触感更强烈，但值得注意的是如果材料的肌理较为复杂，也存在让人产生不舒服感觉的可能。

2）常用的硬质材料

常见的硬质装修材料有木材、石材、金属、玻璃、陶瓷、塑料等。

（1）木材

木材是在室内设计工程中，运用最多的材料之一。木材具有材质轻、运输方便、容易获得等优点，其缺点是防火性差，容易引起火灾（图 2-82）。

①木材的基本性质

密度：因为木材的分子结构基本相同，所以不同木材的密度基本相同，约为 1.54g/cm^2。

导热性：木材由于密度小，孔较多，导热性差，是一种良好的隔热材料。但由于木材纹理的差异，不同木材的导热性也不尽相同。

含水率：木材的含水率是指木材中水的重量与其干燥后的重量百分比。

②木材的种类

在室内设计中木材可分为天然木材和人造板材两大类。天然木材是指由天然木料经过简单加工而成的线材、条材等。天然木材由于树木的生长环境不同会导致形态各异，从而在加工的过程中会出现大量的废料，为了减少浪费、降低成本，人们对天然木材加工过程中产生的边角料，进行处理制作而成了人造板材。

我们常见的人造板材有：纤维板、防火板、细木工板，等等。

图 2-82　木材纹理

（2）石材

石材一般分为两类，天然石材和人造石材。天然石材是指从大自然岩体中开采出来，经过简单加工而形成的装饰材料。人造石材则指对天然石质粉料及配料进行细致加工得到的石材，是一种节能环保的绿色建材。

天然石材一般有：大理石、花岗石、水磨石等。

人造石材一般有：人造大理石及人造花岗石等（图 2-83）。

图 2-83　石材

（3）金属

金属材料在室内装修中可以分为两类：装饰金属和结构金属。金属材料具有加工便捷、易获得、运输方便、防火性能好、不易老化等特点，其缺点是易生锈，保温性能、绝缘性能差等。

金属材料的主要种类如下。

普通钢材：这种材料强度和硬度较大，主要作用为承重。

不锈钢材：不锈钢是指不易生锈的钢，其具有较强的耐腐蚀性，在装修中应用广泛，但不锈钢并非绝对不生锈，因此保养工作十分重要。不锈钢饰面处理有凹凸板、拉丝面板、腐蚀雕刻板、半珠形板或弧形板等多种。

铝材：分为铝和铝合金。铝是一种较轻的金属，外观呈银白色，常常会被制成管材、板材等，但铝的强度和硬度较低。铝合金是在铝中加入合金元素，可以提高铝的强度和硬度，铝合金既保持了铝的轻质和可塑性，又具有一定的强度和硬度，其缺点是膨胀系数大、耐热性低等。

铜材：在建筑装饰中历史悠久，应用广泛。铜材具有优雅华丽、表面光滑的特点，其缺点是造价高、易生锈等。

（4）玻璃

以前玻璃多用于采光需要，经过多年发展，现在玻璃也成为常用的装饰材料，如许多办公大楼用大面积的玻璃来装饰。其优点是具有较高的化学稳定性、耐腐蚀、通透感好、阻燃性高等，缺点是易碎、运输不便、易造成光污染（图 2-84）。玻璃的品种有很多，可以分为以功能性为主的玻璃和以装饰性为主的玻璃两大类。

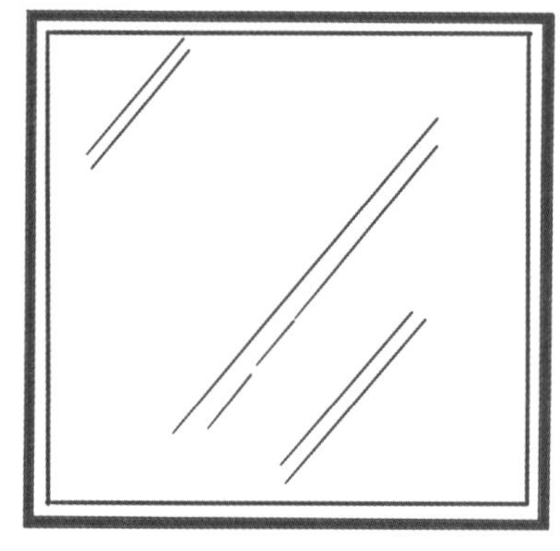

图 2-84　玻璃

功能性玻璃主要包括：平板玻璃、安全玻璃、夹层玻璃、防火玻璃、防盗玻璃、防弹玻璃等。

装饰性玻璃主要包括：磨砂玻璃、花纹玻璃、彩色玻璃、彩绘玻璃、玻璃空心砖等。

（5）陶瓷

在室内设计以及建筑施工中通常会使用陶瓷制品，主要包括一些地砖、墙面瓷砖等。陶瓷可以分为陶和瓷两类，在室内装修上陶一般用于建筑上的砖和瓦，瓷一般用于家庭里的碗、盘子、茶具等。

（6）塑料

塑料是高分子有机物加入其他原料，在高温下制成一定形状的材料。其具有质量轻、加工简单、抗腐蚀性好、使用寿命长等优点，其缺点是耐热性差和强度较低。

3）常用的软质材料

软质材料一般是指一些纤维织物。其在室内设计最终阶段有着重要的地位，不仅起到装饰作用，还可以起到保温、隔热和隔声的作用。它具有色彩艳丽、质感舒服、富有弹性等特点。既能给人们带来舒适的体验，也可以使室内空间看起来豪华气派或者清爽温馨等。

在我们日常生活中常见的纤维织物有：墙布、地毯、窗帘等（图 2-85）。

4）材料质感的运用

质感决定材料的使用功能，不同的材料其质感也不尽相同。设计过程中，设计师需要熟悉材料的质感，才能真正做到合理运用材料，才能充分发挥其使用功能。合理地运用材料可以平添室内的愉悦感、提升室内的艺术效果、增加室内的现代感等。室内空间设计中，材料质感决定材料的使用功能，而材料的使用功能可以影响人们体验，因此材料质感是影响人们室内体验效果的重要因素。在设计时，对于材料质感的运用应当考虑以下两点：①利用材料质感来营造带给人感官冲击力的空间；②要充分考虑人的使用感受，如在人能接触到的地方要运用软质材料。

4. 光线

光，自从人类诞生以来就一直如影随形，光线是人们生活中必不可少的元素之一。尤其是在室内空间中，它可以满足人们视觉、健康和心理、精神等方面的需求。

1）室内光线的组成

室内光线主要由天然光和人造光组成，在设计中只有正确地利用光，才能创造出理想的光影效果（图 2-86）。

图 2-85　窗帘

图 2-86　照进室内的光线

（1）自然光

自然光是指自然界中的发光体（一般指太阳或月亮）所产生的可用光。当今提倡绿色照明，自然光越来越受到人们的青睐，其优点是减少室内照明所用的能源消耗，清洁无污染，比人工光更加明亮，一般情况下自然光亮度要高出人工光亮度 10% 左右。自然光能带来多层次的室内光影效果，更有利于设计师的创作，自然光相比人造光能提供一个更为舒适的采光环境，更有利于缓解人的焦虑和压力。

但是自然光有着不稳定的因素，容易受天气因素的影响，如阴天的时候，在室内光线比较暗的情况下，就要采用人工照明辅助。

（2）人造光

人造光是指人工制造出的仪器、设备产生的发光源。它是随着人类文明的进步而逐步发明出来的。其种类繁多，早期有火把、蜡烛、油灯，后来有电灯（常见的有白炽灯、荧光灯、卤钨灯、LED 灯等）

等人造光源，与自然光相比，尽管人造光有着许多的不足，但它是室内照明中必不可少的要素。人造光具有能适应各种室内环境、设计布置灵活、全天候等特点，这是自然光无法相比之处。在设计中我们应该注重两种光线的互补结合。

2）室内光线的作用

光线是呈现视觉效果的关键因素之一，是室内元素中不可或缺的部分。在室内环境中光线具有以下的作用：

（1）室内空间的秩序可以用光线调节。从光线角度来说，室内设计应更加注重光线的变换效果，从而最大限度地创造出光线与空间互相结合的方式。为了让光线使室内空间表现得更加轻盈活泼或者丰盈唯美，因而在设计的时候，需要重视光线的把控，运用光线来调整空间、优化空间，以达到最完美的室内光影效果。光线作为室内空间的重要元素之一，对室内空间的效果表现发挥着举足轻重的作用。

（2）光线能呈现一个物体的形体。光线可以细致地描绘出空间内部物体的线条美。如果没有照度适当的光线，空间中许多元素细节未能充分展现出来，设计的美感势必无法尽情表达。

3）室内光环境的设计要求

为了营造良好的空间效果，增强室内空间的亮度，室内光环境设计具有以下的要求：

（1）我们在室内光环境设计时，一个很重要的部分就是如何让房间获得合适的光照和亮度，从而满足人们的日常需求。但是大多数室内空间中，并非光线越亮越好，室内光环境过亮会损害人的眼睛。

（2）光线亮度需要均匀，室内光照不仅需要让人看清室内实物，同时还需要考虑人视觉和心理上的感受。所以在进行设计的时候需要保证室内光线分布均匀。除非是对光线有特殊要求的房间，大多数房间都需要让光线均匀分散。

（3）需要选择合适的光源，并且要根据室内空间的大小、家具、人的感受以及室内环境等多方面因素来设置发射光源的位置，以达到照明、优化室内空间的目的。为了让室内光源布置地更合理，首要任务是确定光线照射的方向，既不能让光线的方向感过强造成视觉上的不舒服，也不能让光线太过分散导致物体的清晰度过低，引起视觉疲劳。所以设计师需要不断尝试调整光源的位置，从而达到最佳的光照效果。

4）光线营造室内空间的案例

（1）光之教堂

光之教堂（图 2-87）的设计者是日本著名建筑设计大师安藤忠雄（Tadao Ando），其主要结构是利用清水混凝土围合成的一个空间。

教堂的光线处理是在前面主墙上用十字裂口将墙壁分割开来，内有玻璃镶嵌，阳光穿过，给黑暗的角落带来光彩，使得十字架越发凸显，伴随日升日落，光影也发生着改变。光线在建筑内部不断穿梭，造就一场光与影的视觉盛宴。

（2）朗香教堂

朗香教堂（图 2-88）又称洪尚教堂，位于法国东部索恩地区朗香镇，浮日山区的一座小山顶上。由建筑大师勒·柯布西耶（Le Corbusier）设计建造。教堂造型奇特，界面不规则，墙体几乎全是弯曲的。

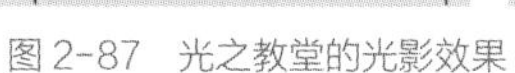
图2-87 光之教堂的光影效果

图2-88 朗香教堂光影效果

墙面上有许多大小不一的矩形小窗，窗子上镶嵌着彩色玻璃。光线通过不均匀的窗户照射到室内，与空间寂静构成了一种特殊的神秘氛围。神秘的光线在建筑空间中游走流淌，光影效果体现得淋漓尽致。

2.2.2 具体元素

室内空间环境包含了各种具体元素，包括软装元素、硬装元素和室内绿化元素等，都是实体景象的。它们除了具有实用的功能外，还有丰富空间、美化室内环境等作用。在布置这些元素时要根据环境特点、功能需求、审美水准等因素，来设计出富有特色的室内环境。

1. 室内软装元素

室内软装元素包括室内所有可移动的装饰物。主要有家具、灯饰、窗帘和装饰品等。这些元素能让室内空间变得舒服、温馨，同时也可以体现出居住者的品位与审美。以下将选取几个具有代表性的元素进行介绍。

1）家具

家具作为室内空间中不可缺少的功能元素，与人们的日常行为密切相关。家具主要包括床、沙发、桌椅、柜子、茶几等。家具主要是放在室内，具有提供休憩、收纳物品等功能。它既带有现实属性也带有精神属性，因此家具在设计和布置的时候要注重功能和环境格调的统一。

（1）床（图2-89）

床是最重要的室内功能性家具之一，一般使用在卧室、寝室、病房、酒店客房等场所，用以满足人类日常休息、睡眠。材质通常以木材、不锈钢、金属为主。

①床的位置

室内中床放置的位置应该尽可能地私密，同时要避免光源的直射，以免影响人的休息。一般在床的左右两边布置床头柜，床前布置电视柜，床不宜直接对着空调的出风口。

图2-89 床　　图2-90 沙发

②床的种类

罗汉床：为榻类家具的一种，一般形体较大，基本元素是三面围屏加一个床面围合而成。罗汉床的名称由来，被推测与弥勒榻有关。其演变到明清以后，变成待客家具之一，人们可以斜倚其上谈天说地，功能类似现代的双人沙发。

平板床：其常见式样的基本结构由床头板、床尾板、左右护挡、床腿，加上骨架或床板组合而成。虽然简单，但床头板、床尾板的形式稍加变化，却可营造不同的风格，如床头具有优美弧线的雪橇床，造型简洁且倚靠舒适。若空间较小也可去掉床尾板，使空间感觉更大。

双层床：上下床架堆叠在一起的床，通常只占据一张床所需的地板空间。一般为多人居住空间所使用，为了节省空间而产生，常见于多人家庭、学校、军队、旅馆、宿舍等。

沙发床：能变形的沙发和床的结合体，可以根据不同需求对其进行组装重构。既可变化成沙发，又可以组合为床使用。是为方便小空间利用而制作的家具。

（2）沙发（图2-90）

沙发为一种装有软垫、弹簧，软性填充材料的，两边有扶手的多座位背椅，属于软装家具中的一类。

①沙发的位置

沙发一般放置在客厅中，有时可以放置在书房，在商业空间中多放置在办公室。

②沙发的种类

按照功能分类，沙发可以划分为功能沙发、固定背沙发、气动沙发、电动沙发和沙发床等；

按照材料分类，沙发可以划分为皮沙发、布艺沙发、木质沙发、藤编沙发等；

按照风格分类，可以分为美式沙发、日式沙发、中式沙发、欧式沙发、现代沙发等；

按照使用人数分类，可以分为单人沙发、双人沙发和三人沙发等；

按照使用场所分类，可以分为家用沙发、办公沙发、会所沙发、餐饮沙发等。

③沙发的布置形式

常用的有三种布置形式：第一种是L形布置，这是客厅空间惯常的沙发布置形式，这种形式能有效利用转角空间，适合使用者较多的、客厅面积较小的室内空间摆放；第二种是U形布置，这种布置形式在我国传统厅堂家具摆放中较为常见，在现代室内陈设也很普遍。其特点是节省空间，同时可以营造出亲密、温馨的交流气氛和轻松自在的休闲氛围；最后一种是围合式，这种布置形式是以一张大沙发为主体，辅助放置两把或多把扶手椅，在主体沙发位置固定后，辅助椅的位置自由摆放，目的在于配合主体沙发能够形成一种聚集、围合的形态即可。围合式家具布置适用于空间尺度灵活的区域，在家具形制的选择上也趋于多样性。

（3）桌椅

桌椅是指桌子和椅子的组合，桌子上有平面，下有支柱，桌面上用以放置东西或器物。椅子为有靠背的坐具，一般放置在餐厅、食堂、酒店等需要吃饭、交流的地方。

其分类按设计方式不同可以分为：连体桌椅和分体桌椅；

按每个桌子设计的使用人数一般可分为：双人桌、四人桌、六人桌、八人桌和十人桌；

按照材质可以分为：木质桌、钢制桌、大理石桌和塑料桌等；

按椅子设计方式的不同可分为：可折叠的、不可折叠的、圆形的和带靠背的等。

（4）柜子

柜子大多数形状为长方形，少数设计为椭圆或者圆形，体积较大，可以用来放置物品，一般为木制或铁制。

按照其大小分类，可以分为大衣柜和小衣柜，两者深度一般均不小于 530mm，挂衣棍至衣柜底部的距离均不小于 900mm；大衣柜主要用于存放大衣物类；小衣柜主要用于存放日常衣物类。其次还有斗柜，斗柜是一种有很强收纳力的柜子。通常情况下是由很多小柜子组合而成，一般用来存放小的物品。

按照使用功能，可以分为衣柜、床头柜、书柜、酒柜、电视柜、厨房柜、鞋柜等。

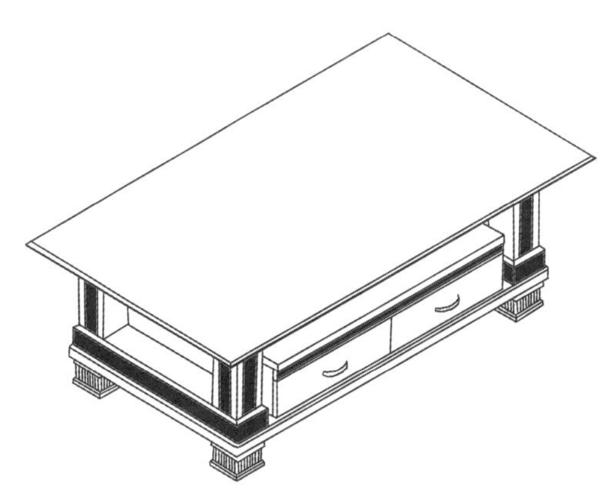

图 2-91　茶几

（5）茶几（图 2-91）

茶几是放置茶具随手物件等日常小件物品的家具，一般造型为方形、矩形，少数为圆形和椭圆形。形体小于桌子，与扶手椅的扶手高度近似。在现代家居中，茶几的摆放位置很灵活，但多数放置在客厅的沙发前。茶几的设计紧跟软装设计的潮流，一些茶几还增加了储物的功能。

茶几的设计要注意几个要点：造型需要简洁；色调要与周围的家具相协调；可以自由搭配，不仅用来放置东西和储物，也可以用作装饰。

2）灯饰（图 2-92）

灯饰在室内家具中起着无可替代的作用，它不仅可以点亮室内空间，为黑暗的室内环境带来光明，而且也可以美化室内环境，所以在进行设计的时候，需要合理

图 2-92　室内灯饰

选择灯饰。采用形式较好的灯饰，既能起到照明的作用又能更好地烘托室内环境。

（1）灯饰的分类

按照灯饰的功能一般可分为：

①吊灯，是生活中常见的照明工具，通常情况下悬挂在房间的顶棚上，又分间接照明、直接照明等灯型。

②吸顶灯，是一种形式较小并平贴着房间顶部安装的灯，其光源主要是一些普通灯泡、荧光灯，以及 LED 灯等。吸顶灯多用于办公场所及娱乐场所等，有时也会家用。其特点是灯光较亮，但要避免产生炫光影响人的视觉。

③嵌顶灯，指安装在屋顶内部看不见的灯具，灯口与顶棚相连接，属于向下照射的直接光灯型。

④筒灯，筒灯和嵌入灯大体相同，都是一种嵌入式的灯具。筒灯造型简单，亮度高，通常在家庭装修时使用较多。

按照材料分类，主要可以分为：

①水晶灯，其特点是富贵、豪华、大气，但价格相对较高。

②布艺灯，氛围感强，温馨浪漫，风格突出。

③石材灯，其形式庄重典雅，适合面积较大的房间。

④木制灯，复古典雅，诗意天然，适合中式或日式空间设计。

⑤纸质灯，环保多变，造型独特，适合简约个性空间风格。

此外，还有金属灯、亚克力灯、PVC 灯、树脂灯等，材质运用丰富，可满足不同的设计需求。

（2）灯饰的特点

灯饰不仅具有实用功能也具有很好的装饰功能。它作为室内空间中的提供光源的工具，既能点亮室内空间，也能成为一种装饰，为平淡无奇的顶面增加绚丽的色彩。实践中，常采用设计光源的安装位置、选择灯的尺寸规格、灯的造型变化、光源照度强弱等方式，达到营造室内气氛、改善空间感觉的作用，其华丽的材质、优美的造型、炫目的光彩，成为点亮和修饰空间不可或缺的元素。

（3）灯饰的设计要求

①公共空间：灯具的选择与放置应该为人们创造一个舒适、明媚的室内环境以增加空间的亲切感。

②居住空间：居住空间是作为人们日常生活休息的重要场所，应给人一种安静平和的感觉，所以要避免使用亮度较高的灯饰。

③阅读空间：阅读空间作为学习和工作的场所，对灯饰产生的亮度需求较高。一般以功率较大、光线较亮以及不易散光和频闪的灯饰为主，并可根据人们学习和工作的具体要求改变放置位置。

④卫生间：卫生间应采用光线不是很强的灯饰，同时需要灯饰满足防水、防潮以及不容易结霜等要求。

3）窗帘

窗帘的材料主要是布和麻，少数会有木制、金属、PVC 等材质，其具有遮蔽太阳光线、保护室内隐私的作用。窗帘的颜色、花纹、材料大为不同，因此，在进行设计的时候需要根据不同的室内环境选择不同风格的窗帘。

窗帘主要起阻光以及与外界隔声、隔热、保温的作用，同时还能保证房间的私密性以及作为房间中的装饰用品。如在冬季，窗帘可让室内环境变得更温暖温馨，正是因为它的保温隔风的作用。在空间构成中，窗帘既可以阻光，以达到人对不同光照的要求；又可以防尘、阻风、防火、保暖、隔热、除声降噪、防辐射等，极大程度上改善室内的环境。因此，实用与装饰，是窗帘的最大特点。

4）装饰品

装饰品是指装修完成后，为了进一步优化空间环境，而摆放的一些可自由移动的物品。主要有：艺术摆件、挂画、植物，等等。

将美术作品、艺术品、灯饰、植物花卉、盆栽等装饰品进行自由地、有机地组合，从而室内空间审美品位得以有效提升。

2. 室内硬装元素

硬装元素是指为了空间的结构、布局、功能、审美等需要，设置构建在建筑物表面或者内部的固定装饰构件。主要包含了对墙面、地面、顶面及水电的一些改造。硬装元素与软装元素最根本的区别是基本不可移动与基本可移动。

1）室内墙面

墙面是指墙体的表面，墙面形式是室内设计的组成部分。现代室内墙面不仅需要采用不同材质以及墙面颜色的变化来优化室内空间、调节光照，也需要选择合适的、容易打理的，以及各种性能较好的材料来组织墙面形式。

（1）墙面装修的种类（图 2-93）

①饰面石材

石材作为墙面装饰材料主要分：天然和人造两类。天然饰面石材常用于内部墙面的装饰，材质多为大理石。

②釉面砖

釉面砖是一种表面经高温、高压，烧釉工艺处理的瓷砖，常见的釉面砖有白色、彩色、印花、拼图等多种，图案色彩丰富多样。釉面砖防水防潮、容易清洁，所以常常被用在厨房、卫生间等地方。

③硅藻泥

硅藻泥不仅外观朴素、质感细腻，还具有净化调节室内空气的作用，所以近些年来硅藻泥材料在

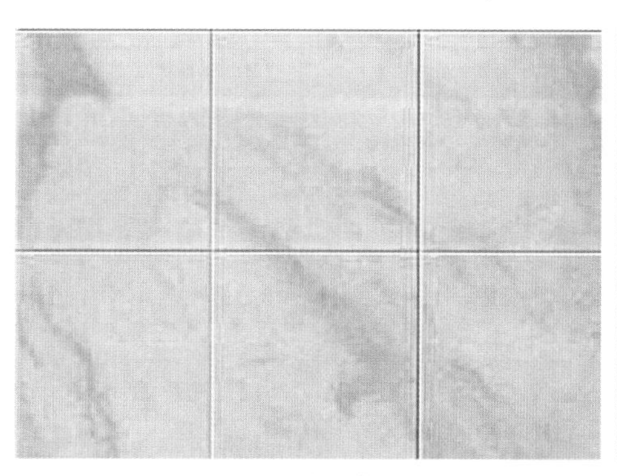
釉面砖

硅藻泥

图 2-93　墙面装修的种类

室内墙面上被频繁采用。

④墙贴

墙贴是一种贴在墙上类似于壁纸的材料，具有防水防潮作用。与手绘墙面相比其最大的特点就是方便，可以直接贴在墙上。

（2）墙面装修所用材料

①纸面石膏板

纸面石膏板是以建筑石膏为主要原料，掺入适量添加剂与纤维作为板芯，以特制的板纸为护面，经加工制成的板材。纸面石膏板具有保温、隔声、隔热、制作方法简便、材料价格相对较低的特点。

②石膏砌块

其大多是以建筑石膏为主要原材料，经加水搅拌、浇筑成形和干燥制成的轻质建筑石膏制品。它具有降噪防火、绿色环保、施工便捷等特点。石膏砌块是近年来建筑行业大力推广的材料之一。

2）室内地面

室内地面是与人接触时间最长、最紧密的元素之一，地面装修可以帮助空间营造出舒适的环境。

常见的地面装饰材料如下。

木地板：是人们日常生活中最常见的也是使用较多的地面装修材料，其具有自然美观、舒适、温馨的特点。

石材：在地面中使用较多的主要是花岗石和大理石。其具有造型优雅，装饰性强等特点，但是它的价格一般较贵。

陶瓷地砖：陶瓷地砖具有美观耐用、容易打理、防火、防潮、耐磨耐腐蚀、重量较轻等特点。

地面涂料：具有造型简单、价格相对较低等特点。

塑料地板：与涂料、地毯等地面材料相比，其具有容易清洁、不易腐蚀、种类繁多、价格较为便宜等特点。

地毯：其具有质地柔软、手感舒适、适合行走、价格较贵、不易清理等特点。地毯也是室内地面装饰选择较多的材料之一。

3）室内顶面

室内顶面指的是房间最上面的一个面，顶面是室内设计不能忽略的较为重要的一类界面。顶面的形式分为平面吊顶、凹凸式吊顶、悬挂式吊顶、穹形吊顶等。顶面的分类构型将在本书第 2 章中第 2.3.6 节加以专述。

2.3 界面

2.3.1 问题

空间之所以能成为空间，无疑是由实体界定出虚体，围合出的虚体领域便成为人们所感受到的空间，那么界定虚体的实体又是怎样的形式呢？实体又是如何影响虚体形态的呢？在室内设计中，界面便是我们在学习室内设计时需要研究的实体，界面的位置、方向、材质、结构、色彩、装饰等都是影响空间形态、氛围的关键因素，那么在室内设计中如何具体定义界面、分析界面呢？这都是需要设计师深入研究和实践的课题。

2.3.2　基本概念与特点

1. 界面的基本概念

界面指在室内领域中将空间虚体围合出来的实体部分，其主要分为顶界面、底界面和侧界面。顾名思义，顶界面指位于空间顶部的界面，主要由顶棚层及装饰层组成；底界面指位于空间底部的界面，主要由楼板层或地板层组成；侧界面指位于空间四周能进行围合的部分，其主要由围护结构、隔墙、隔断、立柱等构成（图2-94）。

2. 特点

因为室内界面构型是由不同位置的界面组成的，所以界面既具有共性特征也具有各自所在位置相对应的功能特点，以及当面对不同功能需求时，界面会被赋予不同的材质构件，其材质也会产生不同的特质（图2-95）。

1）共性特征

无论是处于哪个位置的界面，毫无疑问都具有一些共性的特征，以满足使用者的基本使用要求。其中包括：

（1）具有一定的耐久性、耐火性和使用期限的特征。

（2）具有安全可靠、坚固的特征。

（3）具有一定保温隔热、吸声隔声的特征。

（4）具有美观且满足装饰的特征。

（5）具有便于施工，经济效益最大化的特征。

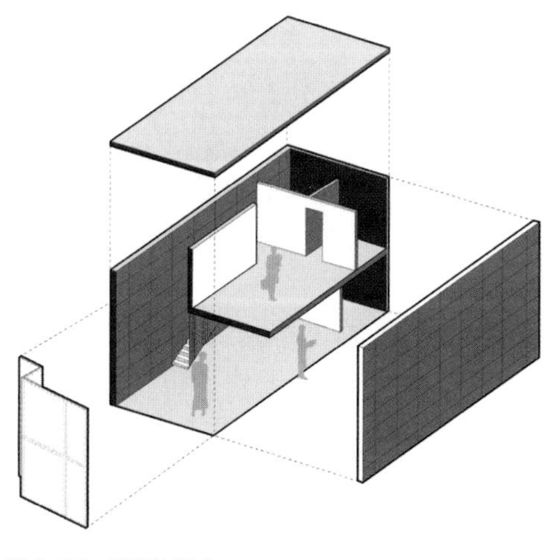

图2-94　界面的组成

图2-95　界面的特异性

2）功能特点

不同位置的界面具有不同的功能要求，我们可从顶界面、底界面、侧界面三类界面分别介绍其特点：

（1）顶界面：顶界面主要指室内空间的顶棚层，具有结构稳定坚固、质地轻巧、光反射率高且保温、隔热、隔声、吸声能力强的特点（图2-96）。

（2）底界面：底界面主要指室内空间的楼地层，具有防潮、防水、防静电、耐磨、易清洁的特点（图2-97）。

（3）侧界面：侧界面主要指室内空间的墙面、隔断等，具有有效维护、围合空间，以及保温、隔热、隔声、吸声能力强的特点（图2-98）。

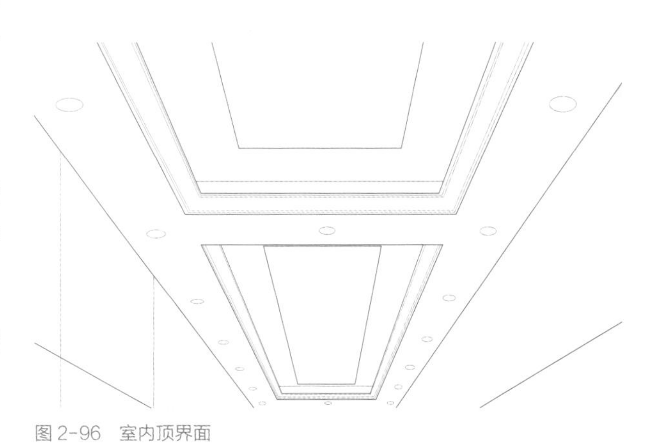

图2-96　室内顶界面

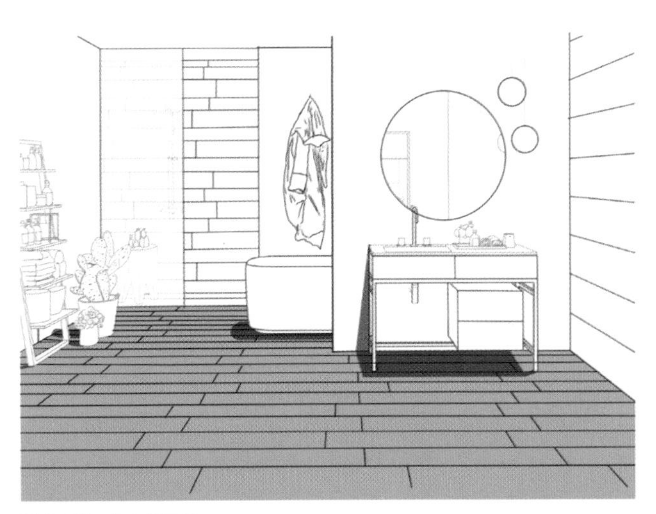

图2-97　室内底界面

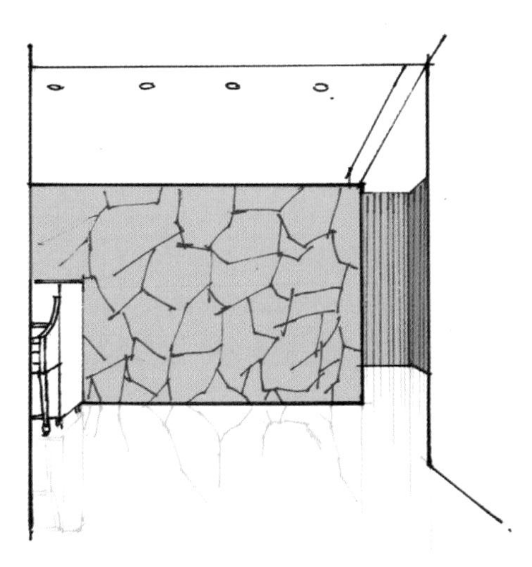

图2-98　室内侧界面

3）材料特点

室内界面的材料选取直接决定了空间的氛围和使用感受，合理地选取对应功能的材料，可以极大程度地满足使用者的生活需要以及对审美的需求，所以熟知界面所对应材料的特点十分必要。同时界面材料应包含以下特点：

（1）满足室内空间的两种功能需求

材料的质地、色彩会极大影响室内空间的特性和氛围，所以需要选取能同时满足该空间使用功能和引领感受的材料。如幼儿园建筑要求空间氛围活泼、愉快、温暖、轻松，于是会采用纹理细致、质地柔软、色彩饱和度高的材料；相反办公建筑需要营造出安静、严肃、稳定的氛围，材料则偏冷峻、饱和度较低。

（2）材料适应对应的功能部位

材料的选取不是任由感性指导随意选择，而是针对不同的部位选取合适的材料以保证这些部分能被正常使用。如室内地板应具有良好的防潮防湿能力，所以应选取保温能力较强的材料；隔墙应具有良好的隔声吸声能力，所以宜采用一些吸声能力强的材料，如轻质墙或者质地柔软的材料。

（3）形式美观且符合时代发展

材料的种类多变、形式丰富，所以在选取时，应考虑界面与空间的联系，使空间和各界面共同营造出某种美的氛围，这种美不只能呈现出时代传承的美，还应是能面向普世的美。如既能表现传统对秩序、尺度、比例的追求，也能表达未来对回归自然、节约资源的趋势倡导，并随之发展变化。

2.3.3　分类及设计要点

界面可分为顶界面、侧界面、底界面，接下来将具体介绍各位置界面的功能要点、装饰设计，以及设计手法的区别。

1. 顶界面

顶界面即空间的顶部层，主要由平顶（楼板下直接用喷、涂的方式进行装饰的顶棚）和造型吊顶（楼板下由特殊造型变化的顶棚）组成。

1）顶界面的功能要求

顶界面作为室内空间最容易被观察和感知到的部分，它能够极大影响空间的听觉感受和使用效果，所以顶界面的功能要求主要针对照明和声学方面。良好的照明效果能塑造出不同的空间性格，如舞厅的顶界面会布置各类不同的装饰灯，以及发射不同颜色的光线以营造出迷幻、热闹、喧嚣的感受（图 2-99）。

同时良好的声学布置也可以建立某种适宜、和谐的抽象氛围，如音乐厅需要布置特殊角度的反射板以保证室内的声音效果饱满有力，从而形成某种被声音萦绕着的力场（图 2-100）。

图 2-99　舞厅顶界面及空间效果

2）顶界面的装饰设计

顶界面的装饰也与其他位置的界面有所区别，首先，顶界面就像室内空间的容颜，顶部的装饰效果直接影响着人们对室内空间的观感和印象。顶界面的装饰需考虑的部分主要为顶棚层、装饰层，以及附带的限定元素，如灯具、通风口、自动喷淋、管道、线路、扬声器，等等。这些元素需相互有机地调配在一起，并根据相应的使用需求去进行

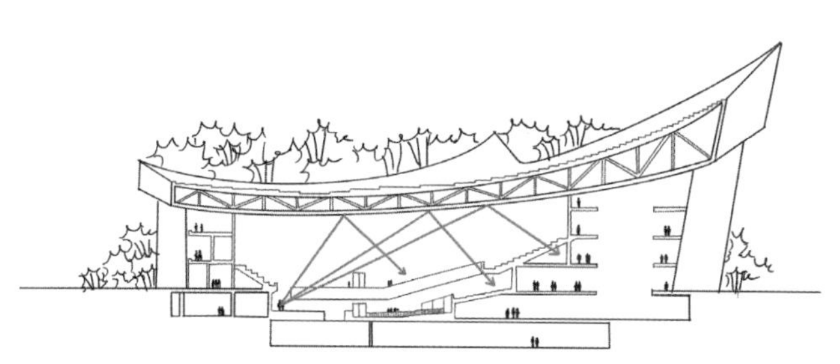

图 2-100　音乐厅的音量力场

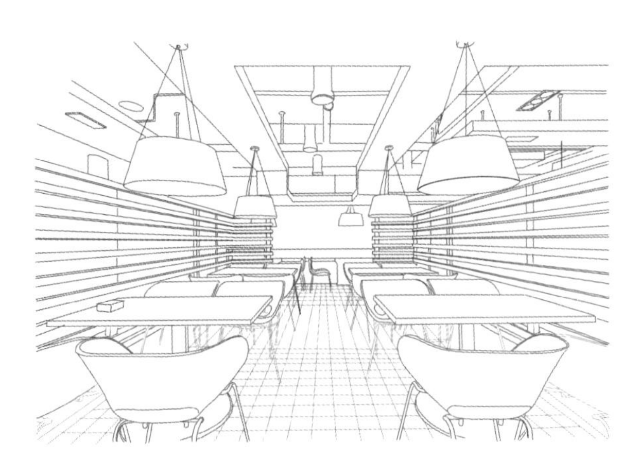

图 2-101　顶界面的结构与装饰

修饰、组合，最后呈现出或豪华，或朴实，或活跃，或平和的空间形象（图 2-101）。

2. 侧界面

侧界面即空间的垂直层，主要由各类围护结构、隔墙、隔断，以及能围合空间的界定元素组成，这些界定元素将空间进行划分，形成或封闭或半开放的领域。侧界面的形式、材质、色彩无疑能让使用者感知到空间的叙事性。

1）侧界面的功能要求

侧界面的功能根据不同位置的排布而产生相应的改变，由此我们可以先把侧界面分为封闭和半封闭两部分。封闭空间侧界面需要满足隔声、吸声、防潮、防火的功能，其目的是构建安全、静谧、稳定、温暖的空间领域（图 2-102）；半封闭侧界面需要满足美观、渗透、交流等功能，它既可以是固定空间（图 2-103），也可以是拆卸式空间，用以满足临时共享的要求（图 2-104）。

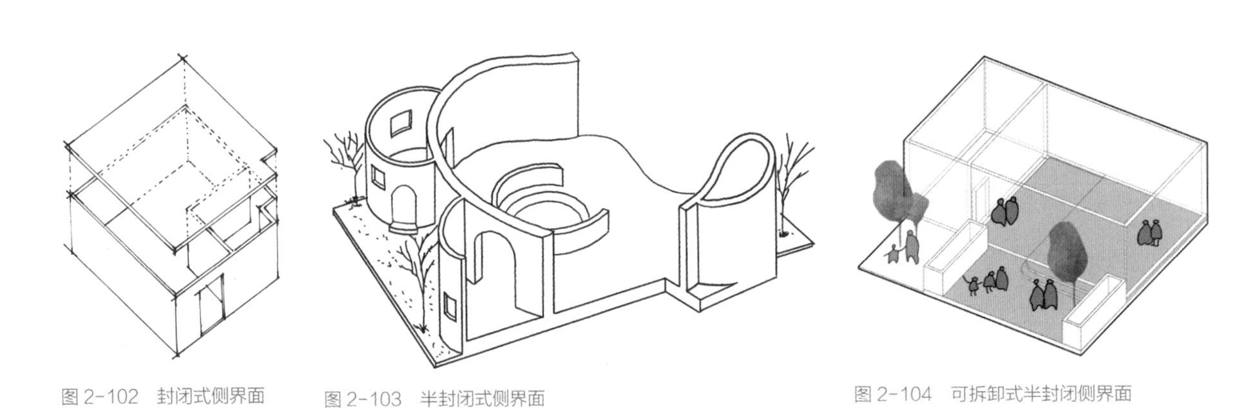

图 2-102　封闭式侧界面　　图 2-103　半封闭式侧界面　　图 2-104　可拆卸式半封闭侧界面

2）侧界面的装饰设计

侧界面如同室内空间的肢体，它限定了空间领域，又如肢体般为空间提供着灵活性，同时也赋予空间故事的叙述架构。侧界面不仅是界定室内的元素还是其他各类界定元素的背景。它的材质、装饰、结构变化都会对空间感受产生不同的体验，如通透的玻璃会让空间产生渗透感（图 2-105）、柔软的毛毯能提供亲近感（图 2-106）、丰富的壁画会带来身临其境的故事感（图 2-107）。同时侧界面的结构也可以产生变化，伸缩式或推拉式的侧界面能为空间带来更多的互动可能性（图 2-108）。所以侧界面是空间故事的框架及背景，对侧界面进行有效装饰能产生不同的空间叙事性。

3. 底界面

底界面即空间的底部层，主要由楼地层及其装饰层组成。楼地层不仅需要考虑位于地面的底层部分，还需考虑位于垂直方向上的楼板层，不同位置的底界面，在设计上既有共性要求也有各自的特点要求。

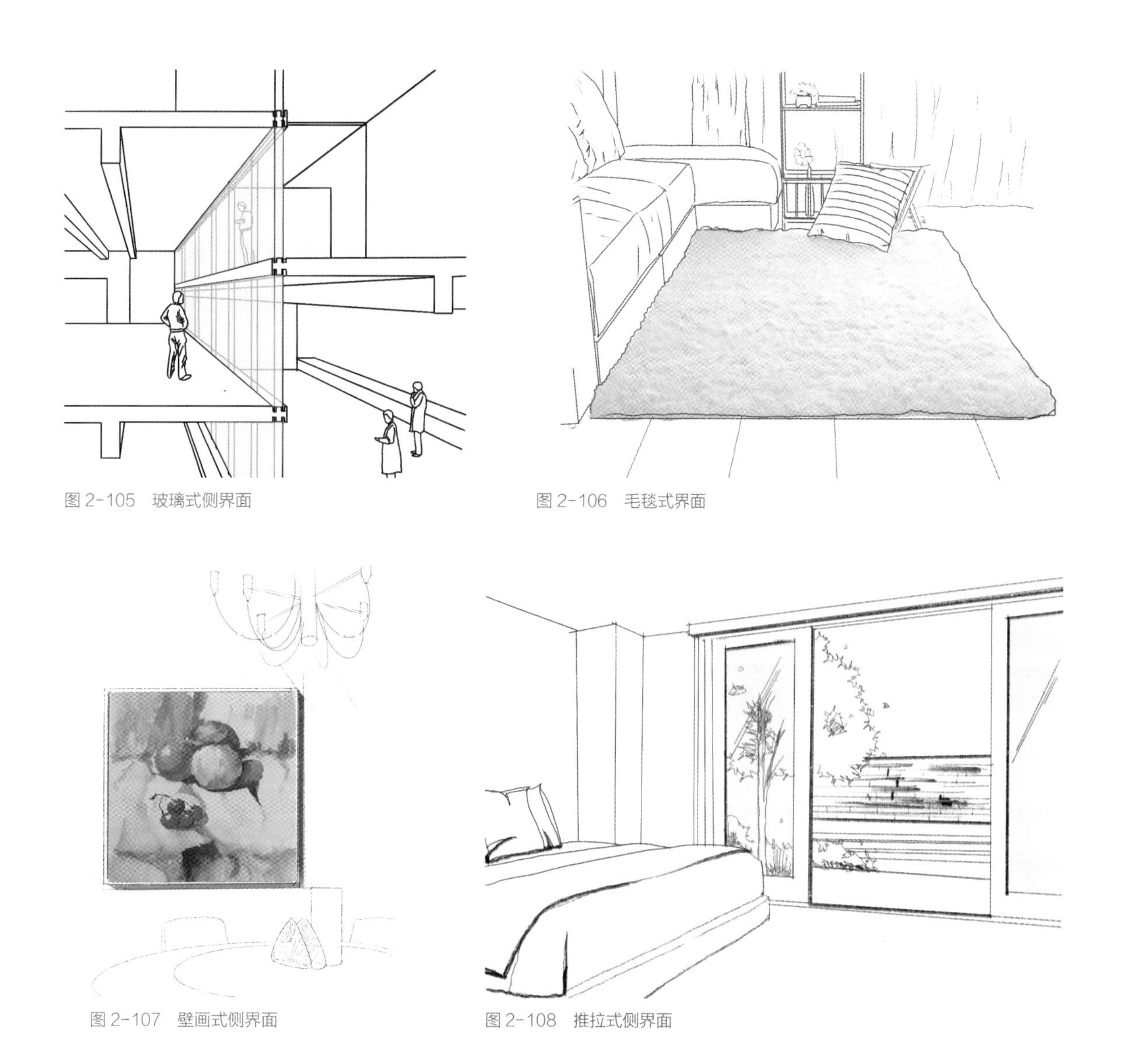

图 2-105　玻璃式侧界面

图 2-106　毛毯式界面

图 2-107　壁画式侧界面

图 2-108　推拉式侧界面

1）底界面的功能要求

底界面首先分为楼板层和地板层两部分。二者的功能共性主要体现在能够满足耐磨、防水、防潮、方便清扫、方便布置室内元素、方便人进行停驻等（图 2-109）。但对比来看，楼板层位于二层空间或以上，因此需要注意考虑楼板结构层的坚固、安全性、同时还应该具有较强的隔声、吸声能力，既增加楼板的弹性和密实性，又避免上下层的噪声交叉；而地板层需要考虑地面返潮的现象，应该保证地面具有较小的传热性，从而避免地面产生潮水（图 2-110）。

2）底界面的装饰设计

底界面面积较大，是与人直接接触最多的部分，如同室内空间的衣服，底界面的设计会直接影响到使用者在空间中的体验，即“穿衣”的体感。一方面，楼地层一般是由结构层、找平层、隔声层（地面层一般没有）、保温层、防水层、装饰层等系列结构层组合而成的，结构层的不同会影响地面的接触感受。如石材和木材的地板会分别造成冷峻和亲切的感受（图 2-111）；凸起或下凹的底界面能界定不同的空间氛围。同时，装饰层是最直观表达地面性格的部分。如铺设地毯会让人感到温暖和亲近；

图 2-109 楼板层与楼地层空间场景

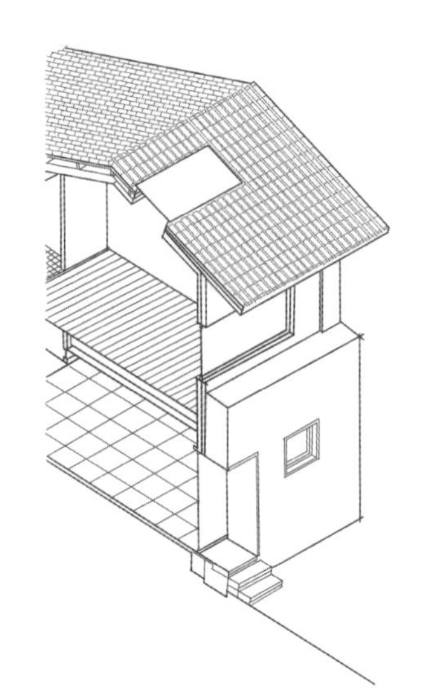

图 2-110 楼板层与楼地层

图 2-111 石材和木材底界面

图 2-112 地毯式底界面

铺设瓷砖会呈现时尚和精致（图 2-112）。所以，底界面的装饰设计强调的是接触的感受，利用装饰去营造空间的体验感。

2.3.4 处理方法

界面设计如同绘画创作一般，界面的形态、风格、营造的氛围，都需要实施一定的操作手段和技法，最终形成犹如一幅能让人置身其中，高于普通维度，直达使用者内心的高维画作——室内界面，而设计师便是创作这幅高维度画作的画师。所以学习界面设计，除了要了解它的特点与原则，还需了解一些具体的操作方法，唯有熟知方法，才能利用它们在实践中构建出美观、适宜、理想的界面。

1. 合适的材料选取

前文所述，不同位置的界面在空间中产生的作用不尽相同，同样，各类材料在不同的界面位置所表现出的气质与感染力有所不同。在室内空间中，材质根据其产生方式及特性一般可分为：天然材料与人工材料，硬质材料与柔软材料，精致材料与粗犷材料（表 2-1）。

不同界面配以不同的材料所营造出的感受表　　表2-1

材料 界面	天然材料	人工材料	硬质材料	柔软材料	精致材料	粗犷材料
顶界面	精致、地域化、保温、隔声、造价高	精致、美观、周期短、价格低	冷峻、高级感、严肃、精密	温暖、强烈的空间紧凑感	高端、奢华、时尚感十足、高科技感、造价高	整体性强、有地域特征、原始感、造价较低
侧界面	亲切、温和、保温、隔声、造价高	精致、易拆卸、价格低	围合感强、严肃、精密、有力、产生距离感	温暖、亲切、易靠近	时尚感十足、画面感强、造价高	特殊工艺感、亲近自然、造价较低
底界面	地域化、保温、隔声、亲近、造价高	精致、美观、适应性强、价格低	严肃、精密、易清洁	温暖、柔软、强烈的内向安定感	迷离感、精致感、奢华感	易靠近、传统感受、造价较低

2. 图案与线形的处理

界面的气质和性格很大程度上是和相应的空间图案、空间线形呈正相关的，界面中存在纷繁多样的图案以及线形。

关于图案，空间的图案可以是抽象或具象的、无彩或多彩的。但从根本上来说，图案的选取取决于空间的主题，当空间需要提供一定的叙事性时，图案可以伴随界面的设计呈现一定的主题图案（图2-113）；或者当空间要表达一定的地域特征时，可以将图案设计成抽象的地域形象或是具象的地域形状，同时赋予一定的地域色彩以强化该地域特征（图2-114）。

图2-113　空间图案叙事

图2-114　地域性图案叙事

再者，界面的线形就像各界面之间的桥梁，它的处理和谐与否影响着室内空间的整体性，以及和谐性。总体来看，在进行线形处理时需考虑空间的叙事整体性，如界面之间趋向于精致、现代化风格时，线形可以采用隐去式处理，来营造出空间的精密感（图2-115）；或是界面之间趋向于雍容奢华的高端风格，线形可以被放大，同时加以进一步修饰，从而使各界面的装饰过渡自然，丰富空间的表现形式（图2-116）。

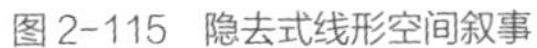

图 2-115　隐去式线形空间叙事

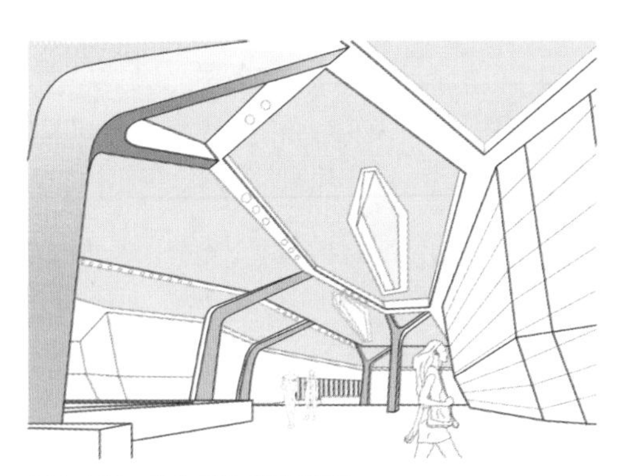

图 2-116　扩大式线形空间叙事

3. 界面的形状处理

图 2-117　暴露式空间结构叙事

界面的形状变化是使空间产生系列变化的直接手段，前文提到过的空间操作手法（详见本书第 2 章第 2.1.4 节），空间可以形成凹空间、凸空间、悬挑空间等，这些空间的形成皆是依靠界面的结构变化，构建对应的形状以满足空间的变化。

其一，界面可以通过消解的手法，去掉修饰层，直接暴露空间结构以彰显空间的工业感和力量感（图 2-117）；其二，界面可以变成拱面、折面、曲面等以满足类似歌厅、剧场这样对声学反射有要求的空间（图 2-118）；其三，界面可以改变自身的结构构件，或搭接凸出或消解开洞，由此去满足空间内不同叙事的要求（图 2-119）。

4. 利用构图形成不同的视觉感受

界面构图不同于图案的选取，它是一种整体性表达，主要是利用构图与建筑本身进行综合性视觉表达。构图手法一般可分为：竖向划分、横向划分、对比彰显、整体统一、空间叙事。

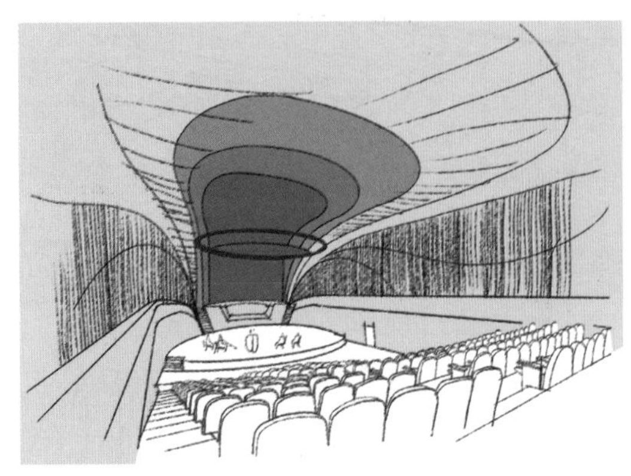

图 2-118　曲面式空间结构叙事

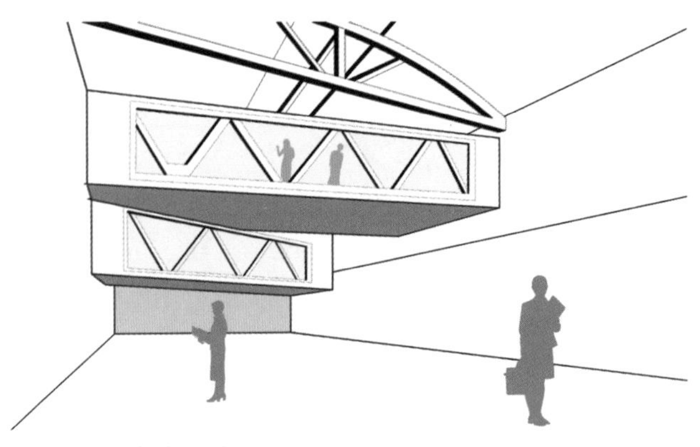

图 2-119　悬挑式结构叙事

1）竖向划分

该手法主要指对各个界面进行统一的竖向表达，当较多的竖向元素布满界面时，可以扩大空间的纵向感受，无形中提升心理空间层高（图2-120）。

2）横向划分

同理指对各个界面进行统一的横向表达，横向元素能为空间带来安定、稳定的感受（图2-121）。

图2-120　竖向划分界面

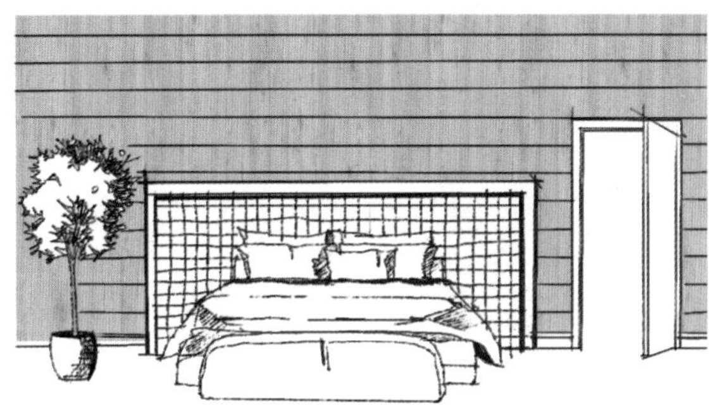

图2-121　横向划分界面

3）对比彰显

当空间缺少某种感受时，对比手法的运用无疑能够最大化反衬并引导出所缺少的空间感受。如利用色彩对比，可以强化某一界面的元素；利用材质，对比可以有效界定空间使用人群；利用尺度对比，可以反衬空间的尺度感（图2-122）。

4）整体统一

该手法主要营造空间节奏的和谐统一、使空间如乐曲般地给予人和谐的美感。例如，材质的统一、界面与家具的有效结合、色彩饱和度与色系的和谐搭配等（图2-123）。

5）空间序列

空间是具有序列感的。在进行界面设计时，应考虑界面的色彩、材质、限定元素是否能充分表达出界面对应的序列空间（图2-124）。

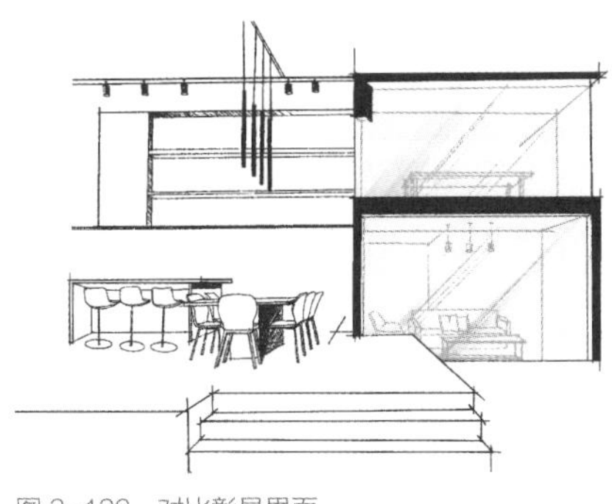

图2-122　对比彰显界面

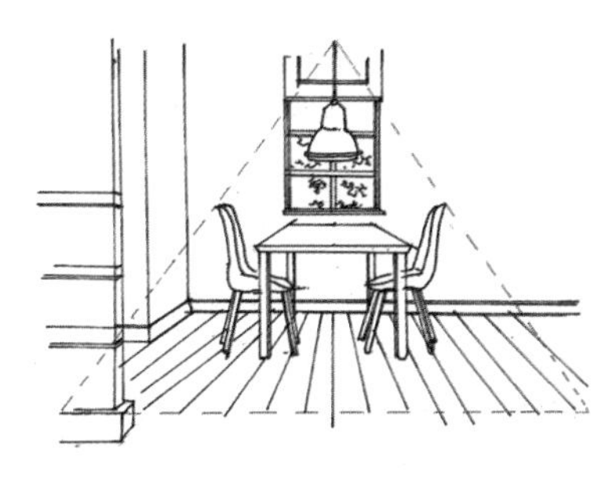

图2-123　构图整体统一界面

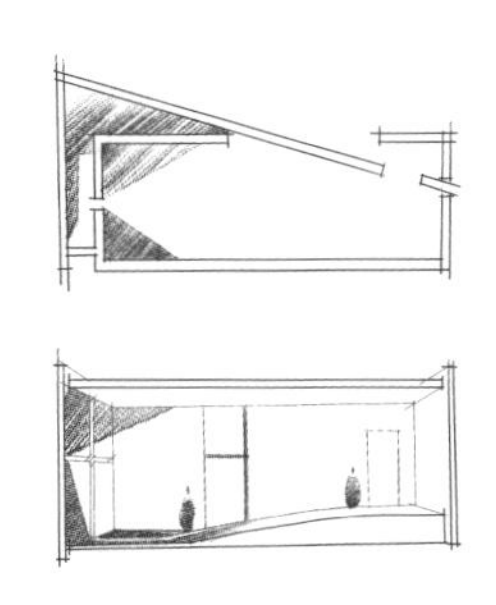

图2-124　界面进行空间序列

图 2-125 界面中的天然材料

2.3.5 材料

本段主要介绍在进行界面材料选取时，不同材料的在空间中的特性与自身的特质。

1. 天然材料

天然材料主要指可在自然界中直接获取，不用加工或基本不用加工就可以使用的材料。在界面中，常使用木材、石材、金属等用作界面材料。这些材料能够在空间中产生亲近、自然的感受(图2-125)。

2. 人工材料

人工材料指非天然存在的，须经人工制作或合成后才能使用的材料。人工材料的造价较低、施工周期较短，还可以进行废物再生利用。这些材料能够使界面产生环保节能、手工感强的氛围（图 2-126）。

3. 硬质材料

硬质材料并不特指某种单一性质的材料，而是一系列性质相似的材料，即坚固、耐磨、耐热抗腐蚀等一系列优良性能，其中包括金属、石材、合金、瓷砖等，这些材料可使界面产生富丽、静谧、华贵、高端等质感（图 2-127）。

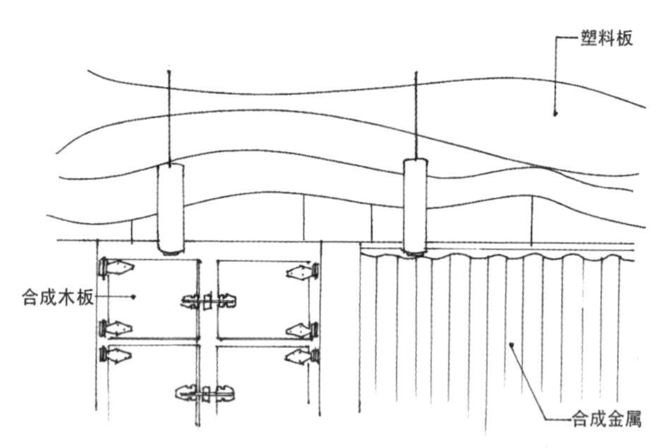

图 2-126 界面中的人工材料

图 2-127 界面中的硬质材料

4. 柔软材料

柔软材料是相对硬质材料而言的，柔软的材料一般弹性较高、可塑性强、柔软度高。大体包括：布质材料、皮质材料、草料、毛织材料以及一些无机材料等，这些材料可营造出界面的温暖、亲切、安定的气息（图 2-128）。

5. 精致材料

精致材料通常指能在界面上形成精密精巧、整体感强、高端感受的材料，这些材料往往反射率较高、制作工艺较复杂，大体包括玻璃、瓷砖、石材、金属等材料等（图2-129）。

图2-128　界面中的柔软材料

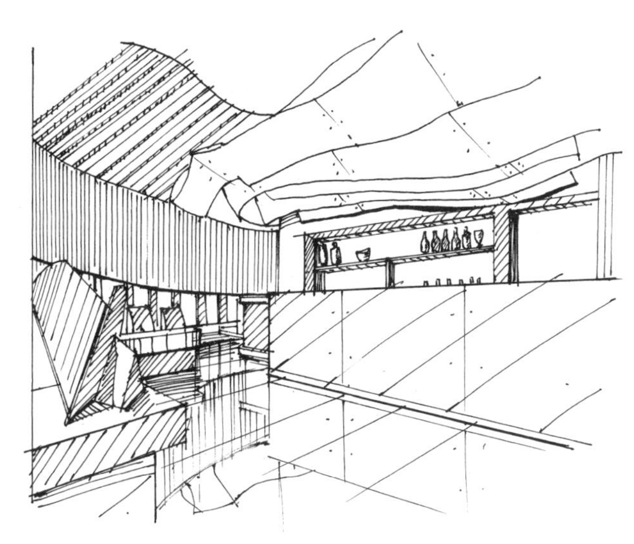

图2-129　界面中的精致材料

6. 粗犷材料

粗犷材料能够为界面带来力量感、自由感，还可以营造出一些乡土气息。粗犷材料多指清水砖、水泥抹灰、清水混凝土等材料，这些材料被直接运用在界面上，完全暴露在视线中，让界面的力量感扑面而来（图2-130）。

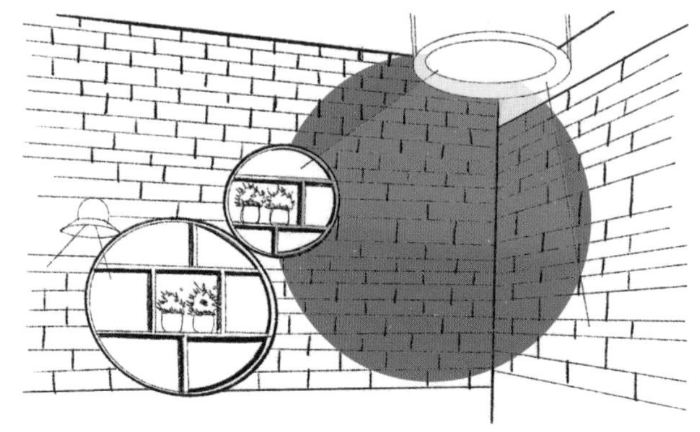

图2-130　界面中的粗犷材料

7. 涂料

室内涂料即室内装修中对界面进行粉刷的漆料。涂料一般可分为液态涂料和粉末涂料。液态涂料常指乳胶漆，是一种以水为介质，加入多种化合物形成的液体涂料，其特点是施工方便、安全、耐水洗、透气性好。粉末涂料则是将硅藻泥、海藻泥、活性炭墙材之类的材料与水直接搅拌形成涂料，这种涂料的特点是相对比较环保、安全。

8. 壁纸

壁纸也称为墙纸，是装裱于室内墙面的装饰材料，壁纸具有色彩纷呈、图形丰富、高雅精致、安全性高、施工简单、价格适中等特点。常见的壁纸类型有：纯纸壁纸、金属壁纸、塑料壁纸、发泡壁纸、纺织物壁纸、天然材料壁纸等（图2-131）。

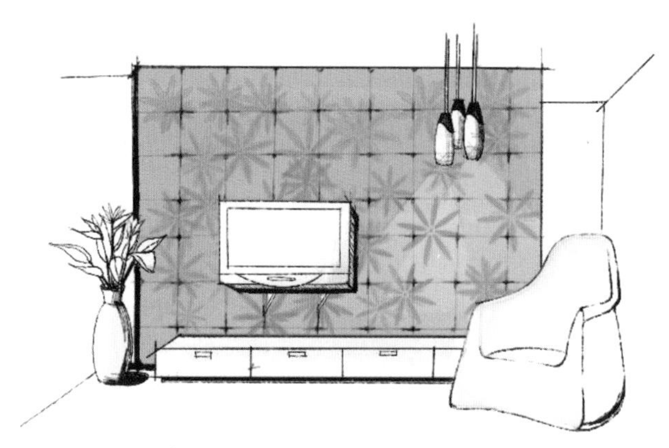

图2-131　界面中的壁纸布置

2.3.6 构件

1. 顶界面

1）平顶

平顶是室内最常见且最简单的吊顶形式，平顶一般直接布置在结构层之下，其面层可以进行装饰，如抹灰、刷漆、裱糊、喷涂等。具体做法是先用碱水清洗表面油腻，然后刷素水泥砂浆用作底层抹灰层、继续刷中间抹灰层，最后在表层刷油漆或涂料或裱糊以进行装饰（图 2-132）。

2）造型吊顶

吊顶由吊杆、龙骨、面板三部分组成（图 2-133），构型时可根据结构、材质、布置方式的不同形成种类多样、造型美观的吊顶，以下对一些生活中较常遇到的吊顶种类进行介绍：

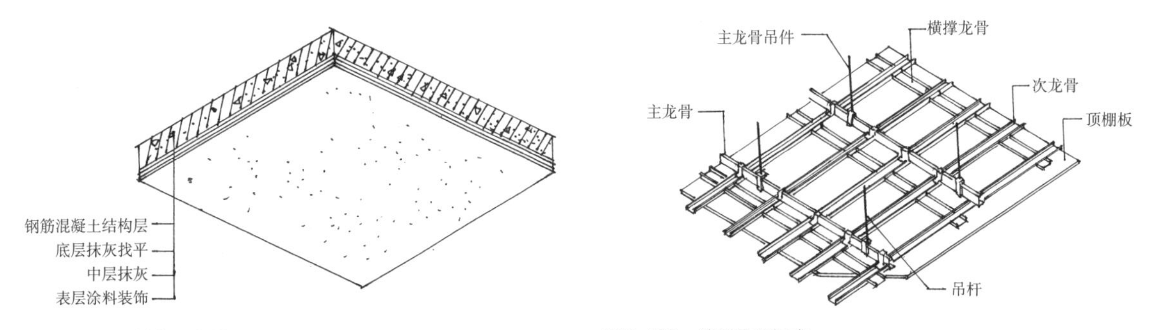

图 2-132　平顶结构示意图

图 2-133　造型吊顶组成

（1）平面吊顶

平面吊顶是直接给空间的顶面加一个平板，同时在平板与顶面之间还会加一些辅助光源。平面吊顶多用于门厅以及过厅等空间面积比较小的区域。这种类型的吊顶采用的板材多为轻钢龙骨和石膏板（图 2-134）。

（2）凹凸式吊顶

这类吊顶的造型通常情况下是呈现四周高，中间低的凹凸格局，多用在面积比较大的室内空间中，比如门厅或接待厅等（图 2-135）。

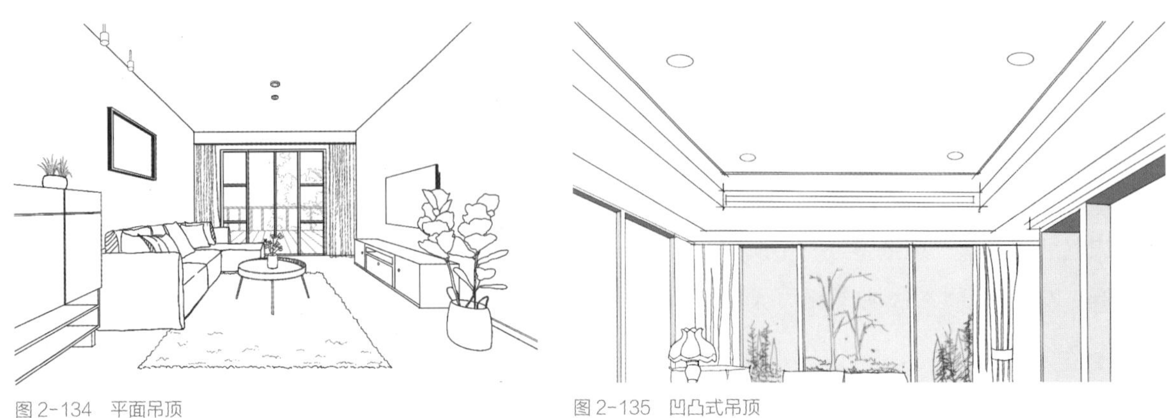

图 2-134　平面吊顶

图 2-135　凹凸式吊顶

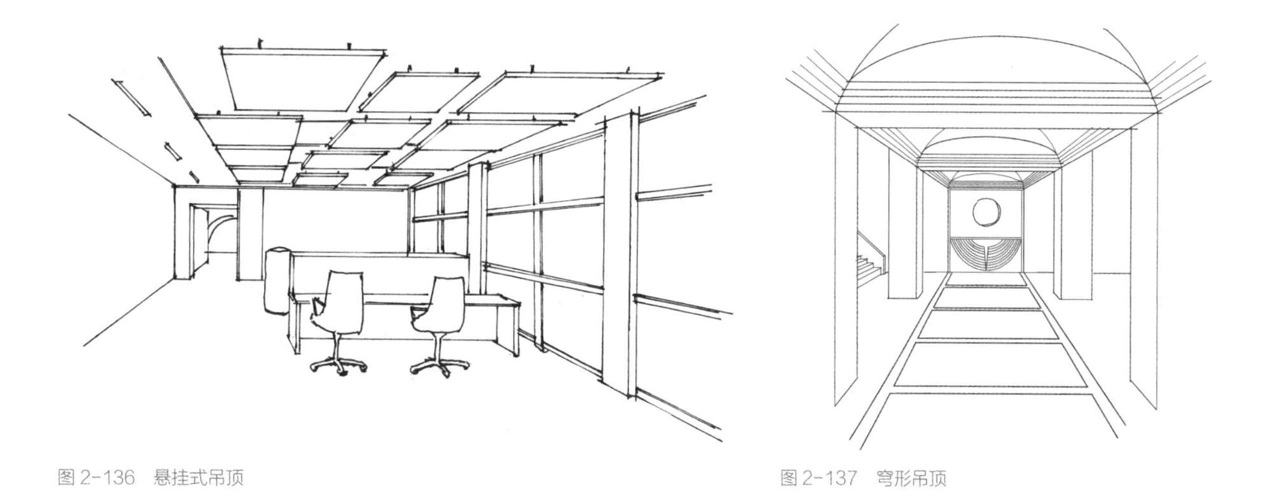

图 2-136　悬挂式吊顶　　图 2-137　穹形吊顶

（3）悬挂式吊顶

悬挂式吊顶是在室内屋顶结构上悬挂板材，这种吊顶方式能够让顶面呈现动态美感，另外，如果能够与灯光进行恰当配合，会更加具有画面感（图 2-136）。

穹形吊顶是一种外形呈盖形或者拱形的吊顶，能产生某种古典建筑意向，增加空间精神属性。这种类型的吊顶多出现在欧式别墅中，适合空间层高比较高的户型（图 2-137）。

2. 侧界面

1）墙面

墙面主要由抹灰层、装饰层组成（图 2-138）。墙面的装饰丰富，应对不同功能或具体使用需求时，可以组成不同种类的侧界面，形成美观、舒适的空间环境。

（1）抹灰类墙面

抹灰墙面由内至外分为结构层、保温层、防水层、找平层，主要运用砂浆涂抹。这样的墙面质感粗犷、朴素自然，造价较低，施工方便（图 2-139）。

（2）石材类墙面

一般来说，装饰墙面的石材有天然和人工之分。天然石材经过抛光处理后，宛如镜面，整体效果富丽华贵、精致高端，但造价较高，且施工成本高。人工石材主要利用水泥和石渣为原料再辅以树脂为胶粘剂，最终形成美观的墙面饰材，这种石材造价相对较低，呈现出来的效果往往更优于天然石材（图 2-140）。

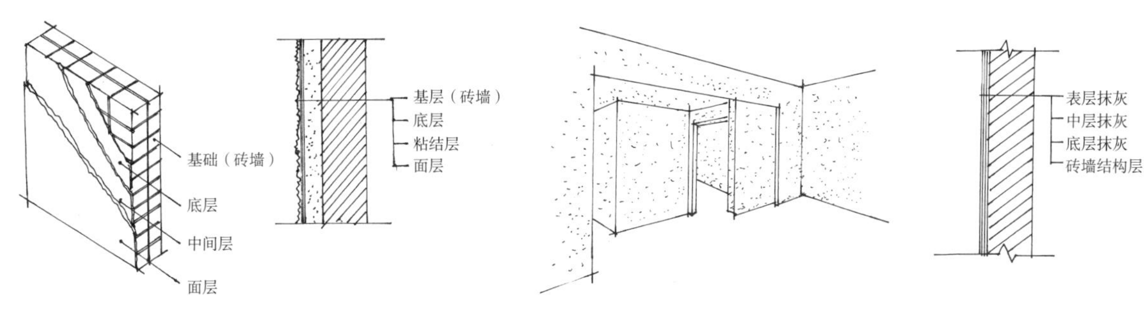

图 2-138　墙结构层示意图　　图 2-139　抹灰类墙面

（3）瓷砖类墙面

由于瓷砖形式丰富，种类繁多，可以构成多种样式、美观悦目的墙面。同时瓷砖具有吸水率小、表面光滑、易于清洗、耐酸耐碱的特性，常常被使用在浴室、厨房、餐厅、实验室等功能用房中（图 2-141）。

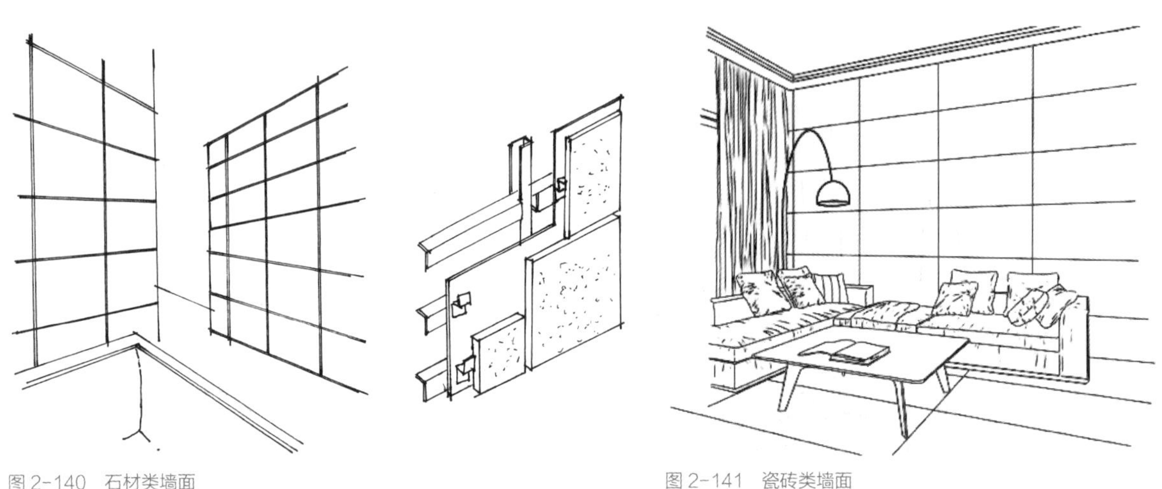

图 2-140 石材类墙面

图 2-141 瓷砖类墙面

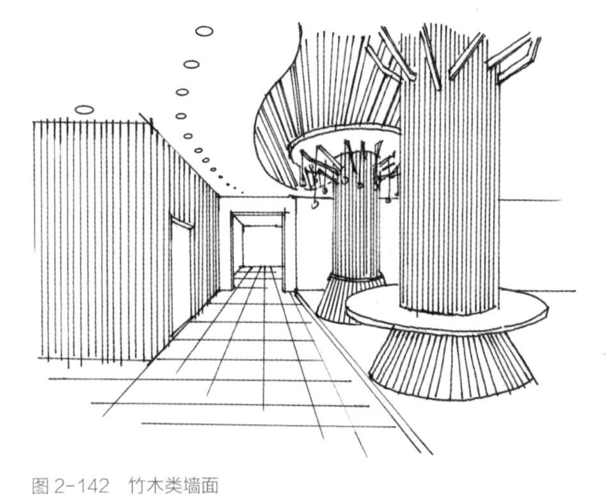

图 2-142 竹木类墙面

（4）竹木类墙面

竹木类墙面能营造出一定的地域性氛围，其低传热性，能较为有效地进行保温隔热，同时竹木类墙面经过人工处理之后，能够提升其吸声性能从而提高侧界面的吸声、隔声能力（图 2-142）。

（5）裱糊类墙面

裱墙纸的图案繁多、色泽丰富，通过印花、压花、发泡等工艺生产，是质感丰富的墙面饰材。这类材质饰面造价相对便宜，施工周期快且成本低，亦能够形成美观多样的墙面形式，但若维护不当或墙面防潮能力低，则墙面容易被破坏（图 2-143）。

2）隔断

隔断同墙体一样都是在空间中用来限定范围和界定领域的元素，但不一样的是隔断并不都会直接连接到顶，它相较实墙更加灵活、易拆组装，很多时候隔断是临时性、共享性的。如可以利用书架、植物、屏风、格栅、槅扇、玻璃（图 2-144）等物件去临时性围合出某一领域或者作为动线的导向。隔断在功能上相比实墙较弱，它无法有效隔声、隔热，甚至无法完全阻挡视线，但正是它的灵活性，往往能在空间中最大限度地满足人们对空间进行界定的要求。

3. 底界面

底界面主要指室内地面，以下将对室内地面的一些常用种类进行介绍。

图2-143　裱糊类墙面

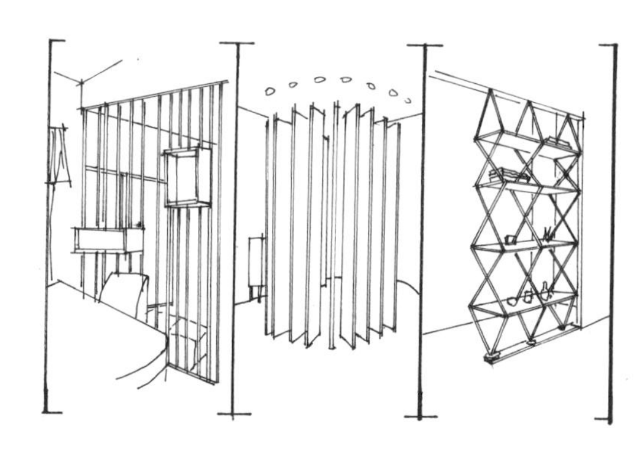

图2-144　三种类型隔断

楼地层一般是由结构层、找平层、隔声层（地面层一般没有）、保温层、防水层、装饰层等序列结构层组合而成（图2-145）。楼地层的面积大，与人直接接触，楼地面的形式、色彩表达、材质表现都影响着使用者的空间感受。

1）瓷砖地面

瓷砖经过处理，可以制作成普通、抛光、仿古、防滑的形式，可满足室内绝大部分功能房间地面的使用要求（图2-146）。

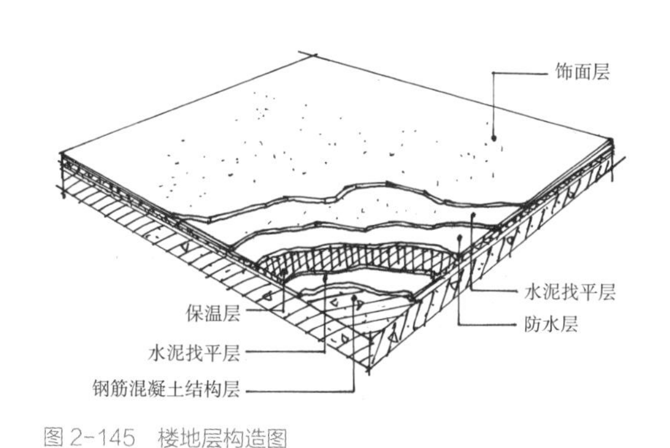

图2-145　楼地层构造图

图2-146　瓷砖地面

2）马赛克砖地面

这是一种尺寸很小的瓷砖，可以拼成多种图案。马赛克砖具有一般瓷砖的优点，但由于其面积较小，常使用于卫生间、实验室、餐厅等房间局部地面装饰（图2-147）。

3）石地面

石地面形式丰富，色彩优美且能营造出华贵大气的质感，同时其光滑、美观、华丽、平整的特点，使其常用于大厅、过厅、餐厅等房间（图2-148）。

4）木地面

木地面同样可以营造出一定的地域风格特征，其高保温性和舒适脚感，也成为被采用的重要因素（图2-149）。

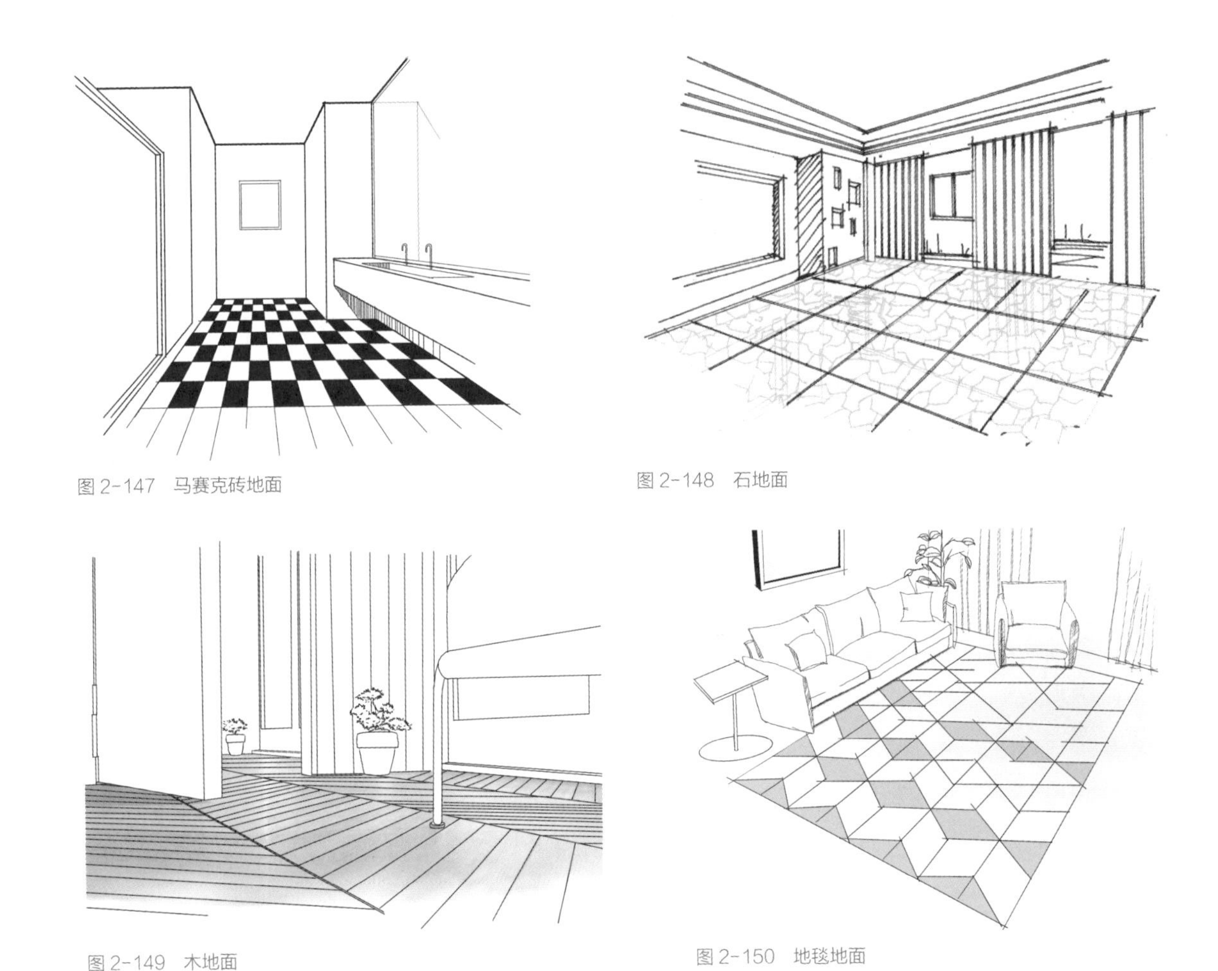

图 2-147 马赛克砖地面

图 2-148 石地面

图 2-149 木地面

图 2-150 地毯地面

5）地毯地面

地毯具有吸声、柔软、色彩图案丰富的优点，利用地毯作为地面的装饰层，形式美观、使用舒适，能营造亲和的氛围，更重要的是地毯具有良好的吸水性以及低传热性，可以有效地防止地面返潮（图 2-150）。

2.4 反思

本章节主要介绍并探讨了室内空间的相关定义、元素、界面、构成等。作为室内空间设计者应该具有敏锐的观察力和空间感知力及空间塑造力。空间的变化是无穷尽的，犹如抵达不到时光的尽头，在面对不同或不断变化的空间需求时，设计者应该用心钻研，夯实自身基本功，对空间的基本概念和操作有一个系统性的认知，在此基础上去应对不同的空间需求，满足使用者不同的空间感受。但是归根结底，以上的论述不过是帮助学习者对空间设计树立起设计观念，室内空间设计是复杂且多样的，设计师应该有意识地去开发自身的潜力，以人为本，真正关注使用者的身心需求，并结合自己学习的知识进行设计，这样才能构建出满足人们物质及精神双重需求的室内空间，从而契合空间设计的本质——虚实共生。

第 3 章

构成与方法

第 3 章　构成与方法

3.1　概念及方法

3.1.1　问题

世界是由物质组成的，这些物质以不同形态构成了周遭的环境系统以及我们的感知系统。那些与生活息息相关的物质，无论有机还是无机，如：生物、建筑等，无一不是以某种构成形式而存在。在目力所及的立体环境中，这些形态终究离不开最本质的构成元素：点、线、面，这些基本元素逐步堆叠反馈到我们脑海中，进而我们对世界的认识逐渐清晰。所以，从根本上来说，构成是一种由抽象（图 3-1）和具象（图 3-2）组合而成的认知反馈，物质构成首先与人产生联系，对现实的反馈进一步在精神世界中进行修饰，最终完成对环境或物质的认识。对构成有了基本了解后，那么构成与室内空间的关系又是怎样的呢？

图 3-1　抽象构成

图 3-2　具象构成

3.1.2　构成的含义与要素

首先，物质元素——各类点、线、面、体构成了界面，因此界面是物质的，继而界面构成空间，因此空间也是物质的。其次，空间构建出的领域，不仅是供人简单使用的场所，其背后还蕴含着潜在的精神暗示，这种抽象空间同样是经过一系列物质构成并借由人的精神感受反馈出来的。所以，室内构成离不开三个必要元素，即空间、构成元素、人。

1. 室内构成的含义

前文对室内构成进行了简要描述，接下来将对室内构成的含义进行进一步介绍。首先我们可以观察并体味一下日常生活中的空间：紧促的空间，给人压抑的感受；高挑的空间，让人心情舒畅；色彩

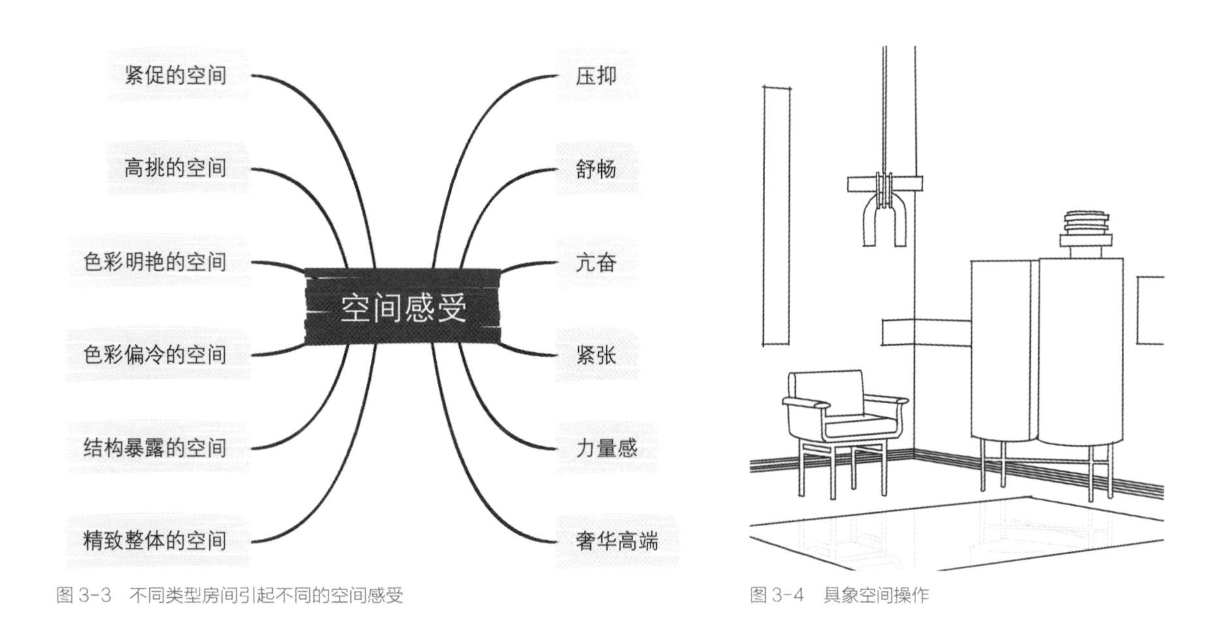

图 3-3　不同类型房间引起不同的空间感受

图 3-4　具象空间操作

明艳的空间，让人亢奋；色彩偏冷的空间，使人紧张；结构暴露的空间，让人感到力量感十足；精致整体的空间让人感到奢华高端（图 3-3）。综上所述，空间的存在需要物质构成去界定，同时界定的空间并不是孤独存在的，它需要和人产生联系和互动，让人感知到抽象存在，才能称之为空间。其中，构成是建造空间的手段和桥梁。所以，室内构成是营造具象空间领域和感性空间领域的门径，该门径可以是具象的色彩、结构、材质体块等元素的组合（图 3-4），也可以是抽象的空间操作手法（图 3-5）。

2. 室内构成的必备要素

室内构成是通过各类元素关系表现的，所以，其形成必然离不开相应的必备要素。由此，我们可以把室内构成划分为具象构成和抽象构成，具象构成又可分为具体形态和非具体形态，抽象构成可分为单维构成和多维构成（图 3-6）。

图 3-5　抽象空间操作

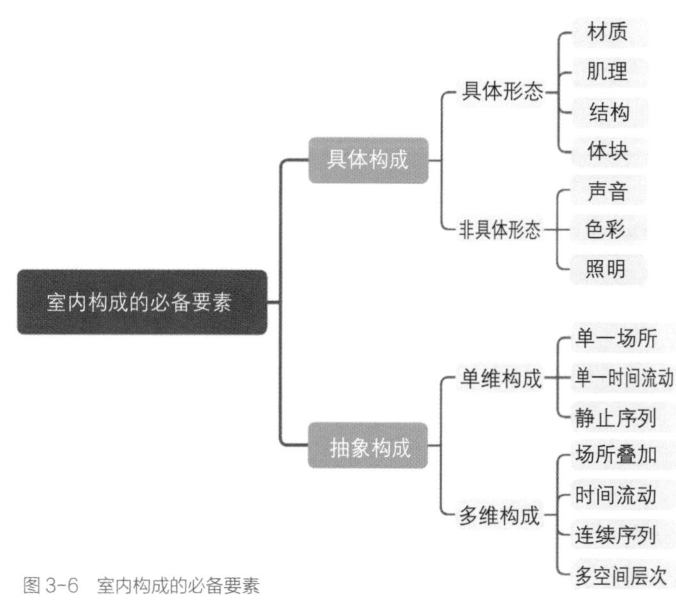

图 3-6　室内构成的必备要素

3.1.3 构成的内涵

通过对空间构成基本含义的了解，以及对其必备要素的介绍，室内构成的概念和呈现形式已经逐渐编织出一个较清晰的框架，接下来将具体介绍室内构成与空间的关系以及构成空间的分类。

1. 构成与空间的关系

1）具象关系

室内空间通过多种元素组合，可以营造出或紧张或亢奋或静谧或肃杀等多样的空间氛围。室内构成无疑便是这些元素的综合表达。即构成与空间存在一种可直接感触的具象关系。人类主要依赖视觉通道获得和感知外部世界信息，辨别物质属性和用来空间定位，从而形成内心的情感反馈及情感表达。

（1）色调对比

色彩的对比变化能构成空间的不同氛围，如深色屋顶和浅色地面能够表现出屋顶的厚重感（图3-7）；高饱和度的空间搭配低饱和度的空间，能营造出迷幻、夸张的气氛（图3-8）。

图3-7　室内色调深浅对比

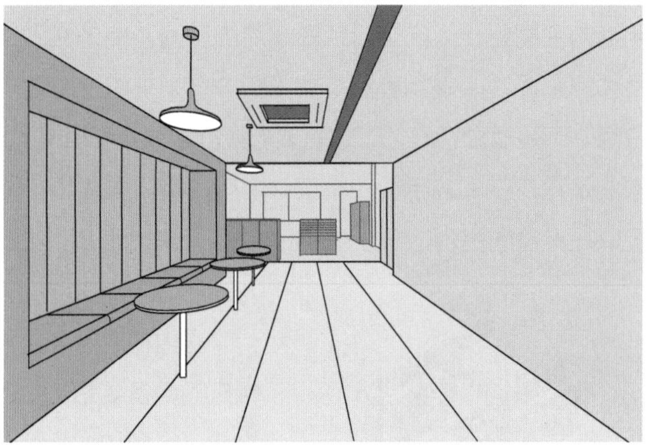

图3-8　室内色调饱和度对比

（2）结构构成

利用结构在空间中展露或隐蔽，能够展现物与界的关系。如暴露的结构可以完整体现技术感和制作感，构成一种原始感受的空间（图3-9）。

（3）体块排列

利用体块排列或有秩序放置可以构成空间的界定或引导（图3-10）。

（4）限定元素

限定元素可以是家具、隔断、隔墙、通高、内部庭院、装饰品等。

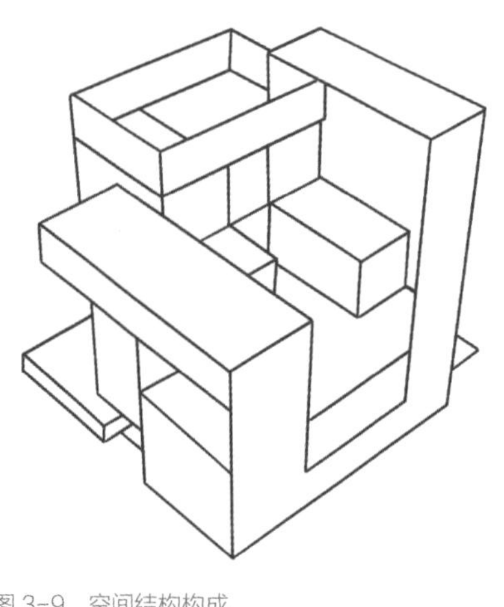

图3-9　空间结构构成

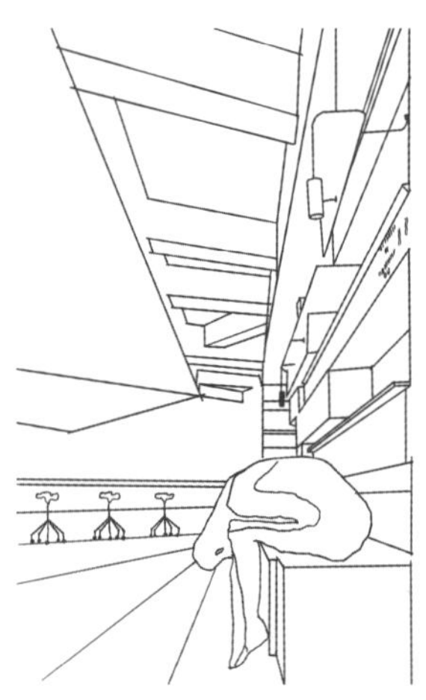

图3-10　体块排列构成空间

这些限定元素与界面可以构成空间的功能场所（图3-11）。

（5）声光表达

声光可以产生室内能量场，可以辅助构成或安定或喧嚣或通透或严密的空间（图3-12）。

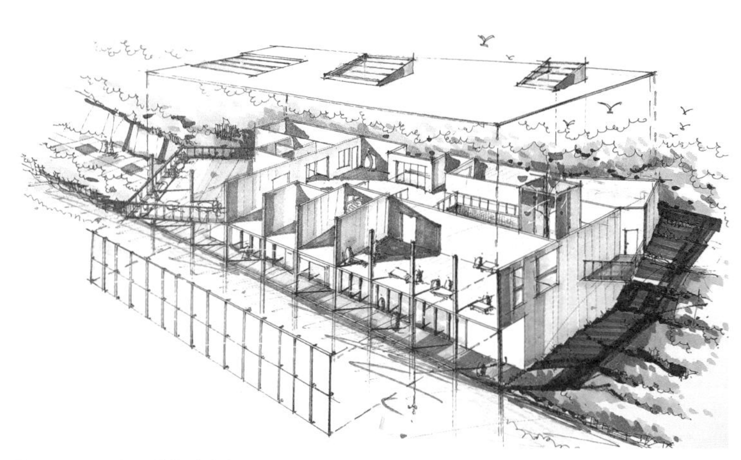

图3-11 限定元素构成空间

图3-12 光影变化构成空间

（6）材料肌理

材料与肌理能够营造室内的绘画感，这种知觉可以界定功能分区、可以形成互动场所（图3-13）。

2）抽象关系

室内构成与空间的抽象关系是一种精神上的组织，当通过一系列空间操作后，能形成某种空间秩序感和空间多样性。

（1）场所叠加

场所叠加简而言之便是通过设置不同的场所空间进行平行空间或垂直空间上的组合、叠加（图3-14）。最终形成人们感受丰富的空间形式，从而构建场所的多样性。

（2）时间流动

时间流动是通过材质的新旧对比、光线的明暗对比、声音的强弱对比，从而让使用者感知到时间

图3-13 多种肌理构成空间

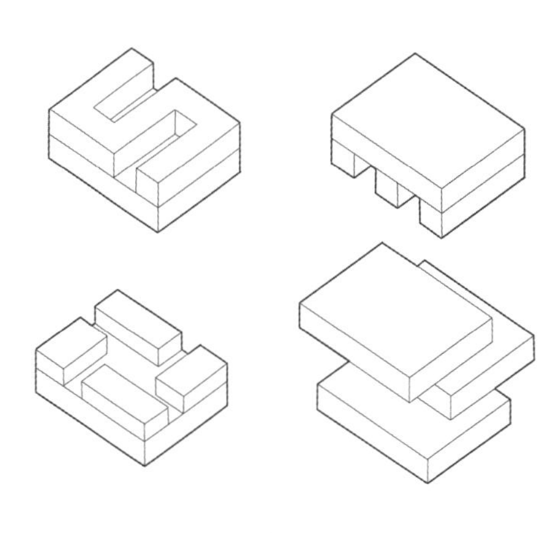

图3-14 场所叠加构成空间

的流转（图 3-15）。

（3）连续序列

空间设置连续的序列，能让人在空间中连续流动，从而感受到空间的叙事性（图 3-16）。

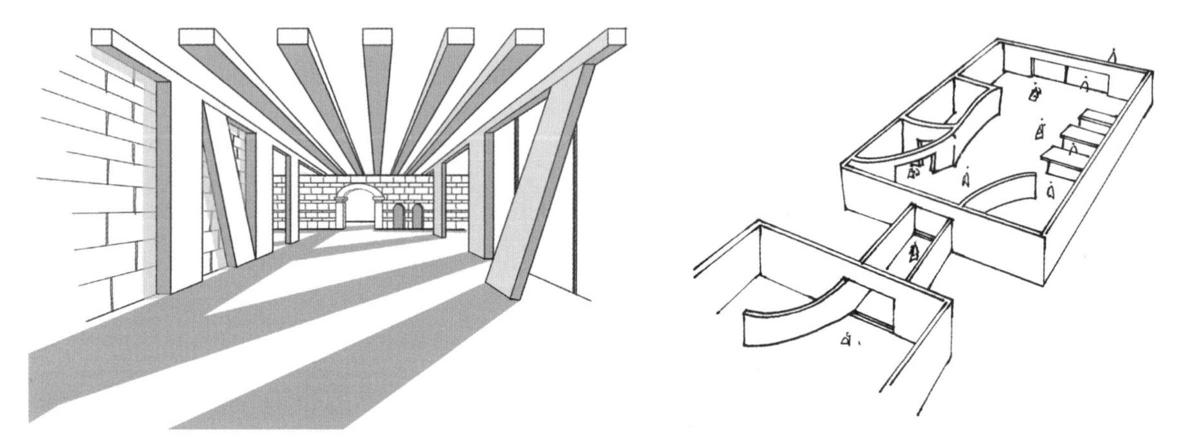

图 3-15 时间流动构成空间

图 3-16 序列构成空间叙事

（4）多空间层次

通过改变空间的尺度、比例、大小、层高等，可以构成主体与客体的关系，带来空间的层次变化（图 3-17）。

2. 构成空间的分类

构成空间根据其使用功能和使用要求，分为单维构成空间和多维构成空间。

1）单维构成空间

"维度"由物理学概念借喻而来，在空间设计中，所谓单维构成空间主要指由单体空间所构成的空间，相较多维构成空间而言，该空间是单层次的且场所能量较单质化（图 3-18）。

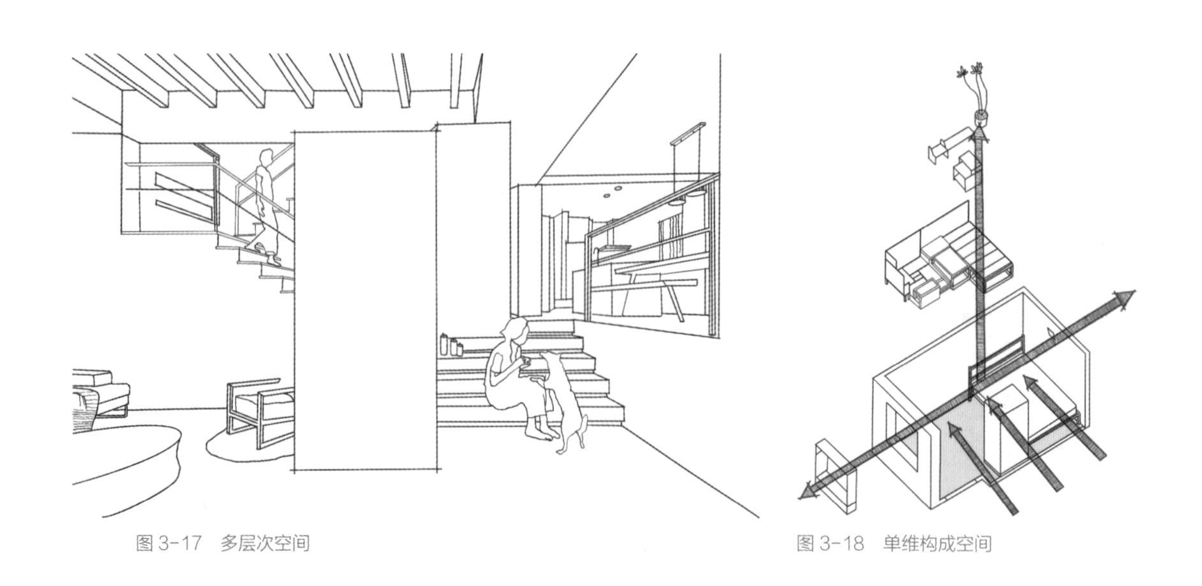

图 3-17 多层次空间

图 3-18 单维构成空间

2）多维构成空间

多维构成空间主要指由多空间构成的复合空间，该空间是多层次的且场所能量较多质化（图3-19）。

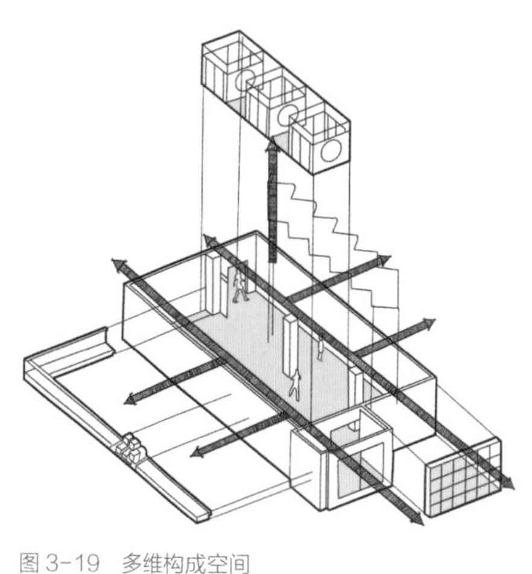

图3-19　多维构成空间

3.1.4　构成的操作手法

室内构成不是简单的元素拼凑，在组织空间构成时，需要运用一些相应的设计方法和操作手法来合理地营造室内空间。

1. 元素操作手法

1）串联

可以利用连续的体块进行串联，构成或并置或平行或流动的空间，形成某种方向感和连续互动（图3-20）。

2）共享

利用空间体块进行空间挖取或占领，围合出共享空间，为使用者提供聚集的场所（图3-21）。

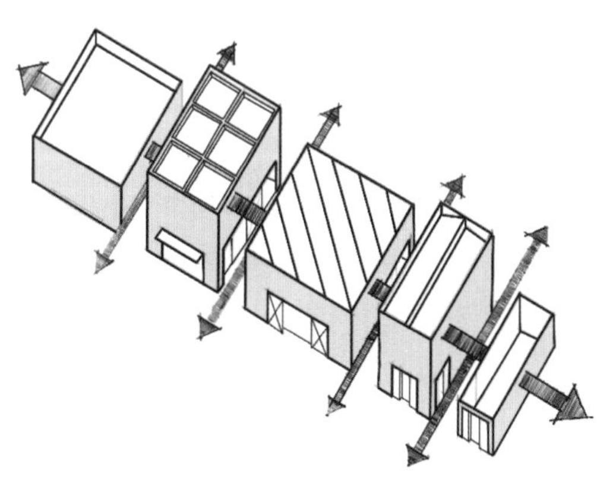

图3-20　空间串联

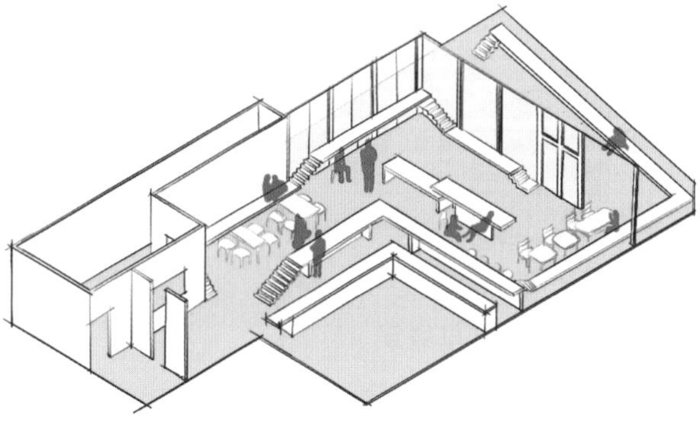

图3-21　空间共享

3）穿插

空间穿插可以构成许多嵌套空间，这类空间可以形成能量吸引，界定某种重点空间或需被强调的功能空间（图3-22）。

4）套叠

套叠空间可以是平行方向的，也可以是垂直方向的，平行的套叠空间可以形成内外空间的渗透，如外廊与主厅（图3-23）；垂直的套叠空间，不仅可以在平行方向上形成内外关系、还可以在垂直方向上增加空间的纵向层次感（图3-24）。

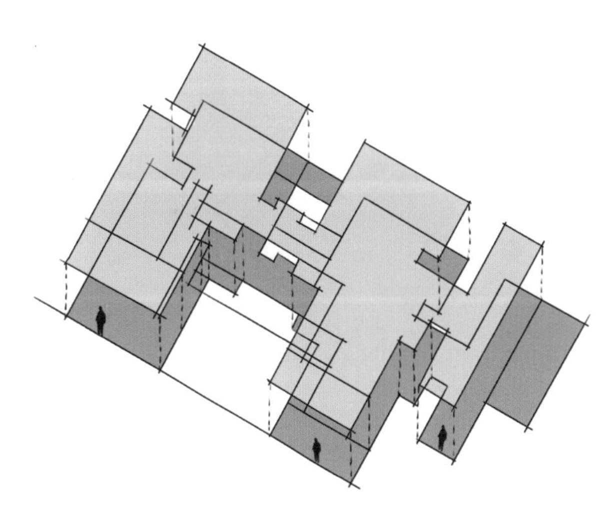

图3-22　空间穿插

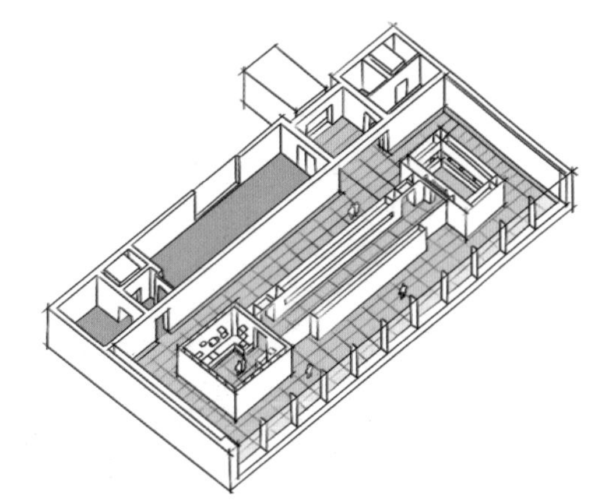
图 3-23　平行空间套叠

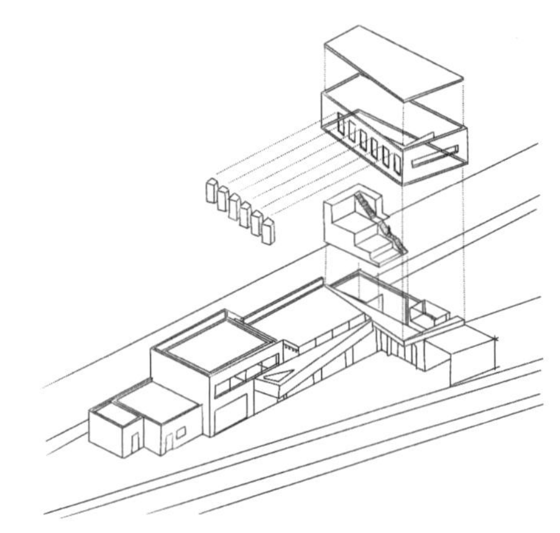
图 3-24　垂直空间套叠

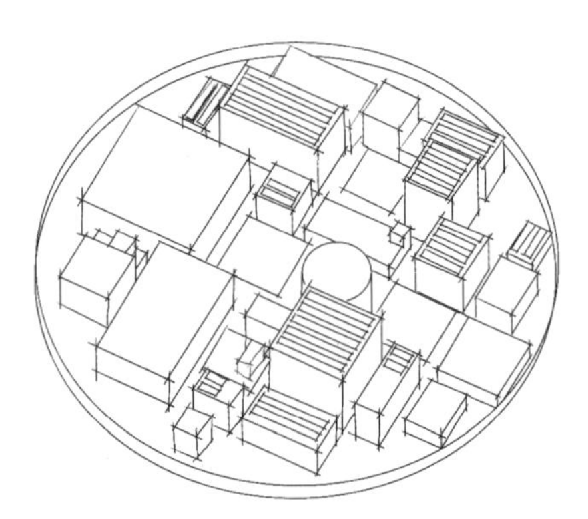
图 3-25　散点空间布置

5）散点

空间散点构成的主要特征为：主空间解体、空间等级弱化，各空间均质排布并相对独立对应其功能。承重结构消隐、空间界限弱化，但界定明确。空间关系呈网格化排列，看似自由松散，实则章法有序。较为典型的案例如 21 世纪金泽美术馆（图 3-25）

2. 场景操作手法

场景操作手法是一种更综合、更复杂的空间构成操作手法，它要综合运用空间各类构成元素，着意营造带有某种氛围或趣味性的，可让使用者沉浸式体验的空间。

1）空间围合与联系

围合是一种内向凝固的处理手法，空间的围合不是单独存在的，它还伴随着轴线的联系，反映在室内空间中，可能是走廊、过道等，该轴线结合单维空间能形成自我收聚的感受（图 3-26）；该轴线结合多维空间能形成扩散流动的感受（图 3-27）。

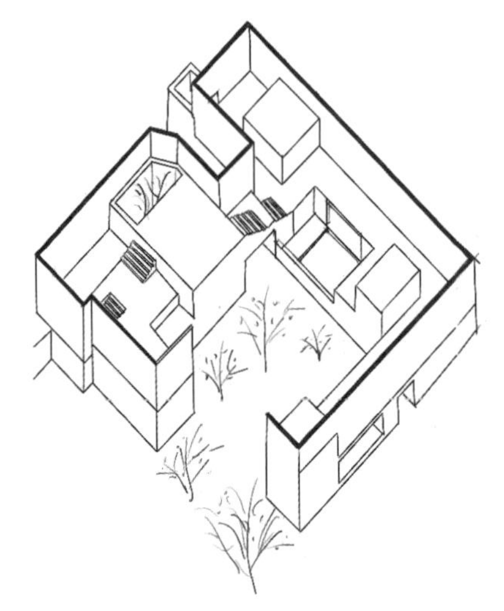
图 3-26　单维空间围合

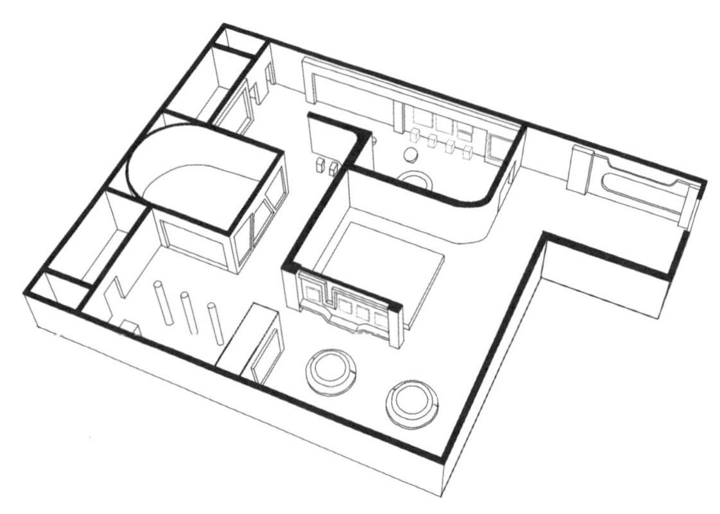
图 3-27　多维空间围合

2）元素介入与呼应

在室内空间中，元素是无处不在的，但元素的介入需要讲究和谐与理性，如色彩、材质、声光介入空间时，应该在空间中形成某种视觉焦点（图3-28），或视觉延伸（图3-29），或视觉平衡（图3-30）、抑或某种视觉冲突即割裂、突变等（图3-31）。

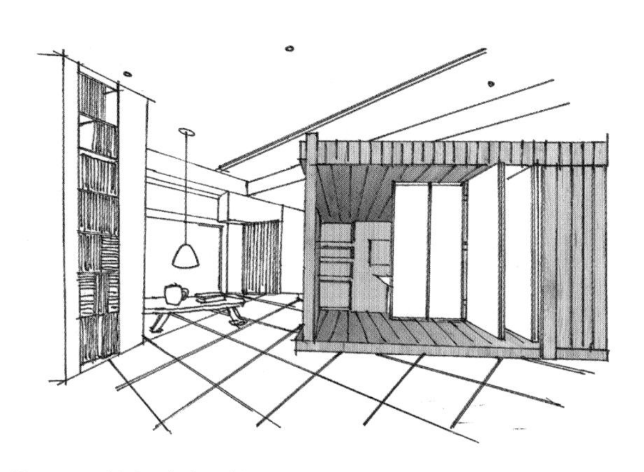

图3-28　材质元素介入空间

图3-29　视觉延伸介入空间

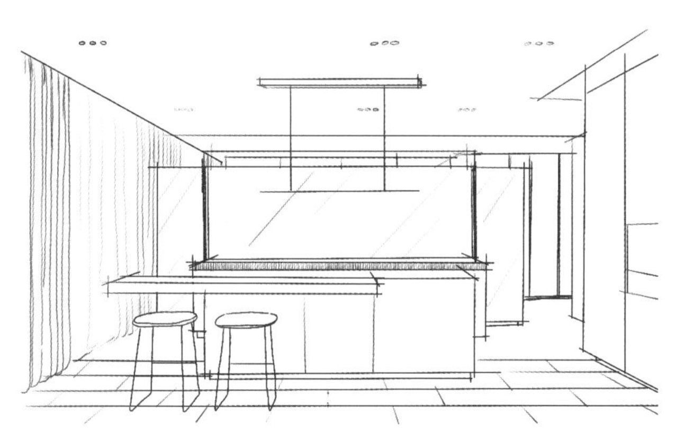

图3-30　视觉平衡介入空间

图3-31　视觉冲突介入空间

3）空间对称与对应

在纪念性空间中，往往可以观察到空间呈绝对对称，以产生某种权威性和集中性。需要注意的是：在处理其他类型空间对称时，并不是指任何元素都要绝对对称，即便仅是某种色彩形成对称感或场景布置形成某种对位呼应，也能构成和谐的对称感（图3-32）。

4）主体与客体联系

空间构成也是有主次之别的。首先，人置身于空间时是能够感受到空间的能量场的，如站在一处层高较高空间和层高较低空间的交界处时，能感到层高高的空间有种宏大、令人向往的感受（图3-33），所以，主体空间与客体空间往往形成呼应、对比、从属、反衬的关系。

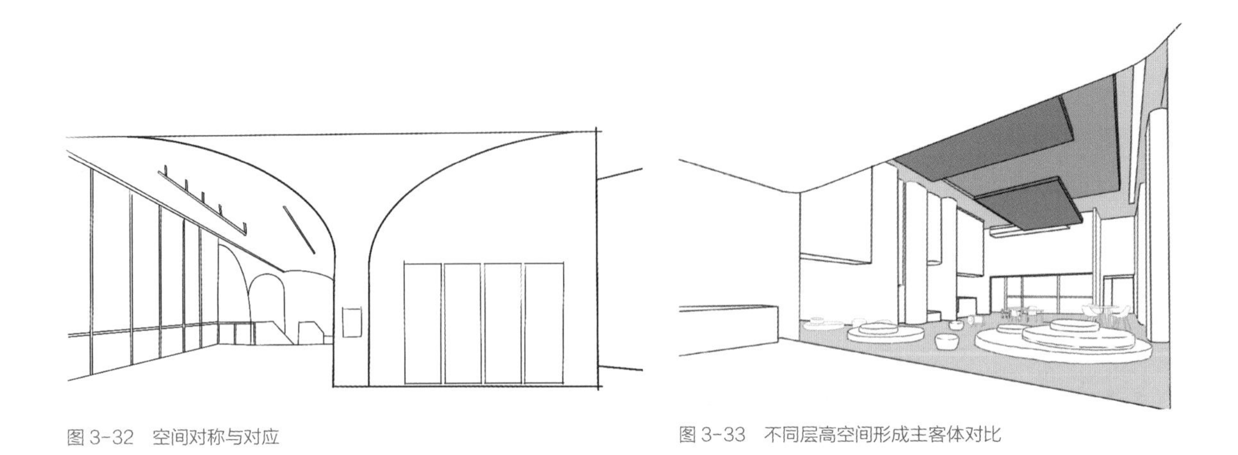

图 3-32　空间对称与对应

图 3-33　不同层高空间形成主客体对比

5）空间节奏与变化

从之前的学习中可以了解到空间是有叙事性的，在进行空间构成时，可以有意地对空间的比例、层次、大小、尺度、材料、肌理等方面进行对比。例如走过一处充满钢筋混凝土装饰的走廊来到一处全由大理石材质装饰的空间，心理会产生从粗犷原始到精致奢华的感受变化（图 3-34）。

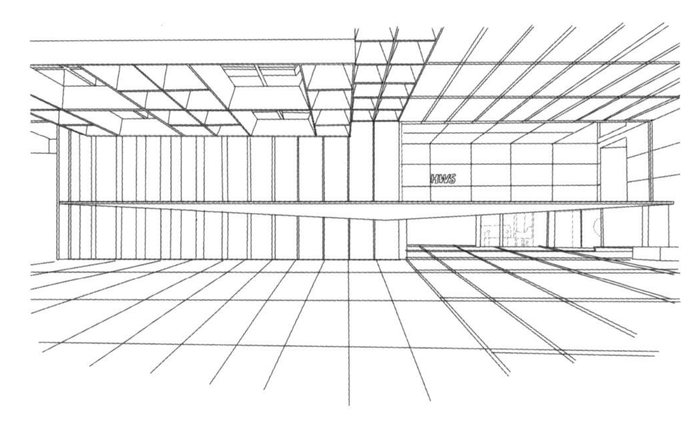

图 3-34　材质引起节奏变化

6）元素排列与放置

空间构成离不开利用界定元素去排列出空间的能量流动，如并列的元素布置可以促使使用者有秩序地去与空间产生互动（图 3-35）；相互对角的元素布置，能促使使用者更加灵活地挑选路线，在氛围上形成一种对峙的关系（图 3-36）。

图 3-35　元素并列布置构成空间

图 3-36　元素对角布置构成空间

3.2 室内构成系统

3.2.1 问题

通过前文学习可知，空间构成是各种空间关系的总和，这意味着，室内空间构成不仅包含元素构成和手法组合，它更涉及空间的历史、记忆和逻辑等一系列更为抽象的概念，在一个完整的室内空间中，构成空间的每一个部分如同是一台仪器中的各种零件，它们相互咬合、协同运作，最终呈现出具有特色和记忆感的室内空间。中国著名学者钱学森认为：系统是由相互作用、相互依赖的若干组成部分结合而成的，具有特定功能的有机整体，而且这个有机整体又是它从属的更大系统的组成部分。[①] 同理在学习室内空间构成时，我们不仅要关注构成的元素和操作手法，还应更进一步地去学习整个构成系统内部各个部分是如何相互影响、相互组织、相互形成的，并且它们共同形成了怎样的空间类型和空间记忆，由此更加深入地理解室内空间构成（图 3-37）。

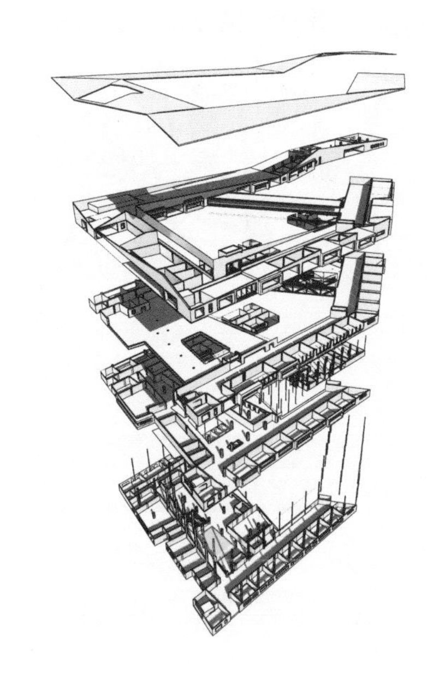

图 3-37 室内空间构成实例

3.2.2 构型系统

空间的构型系统指空间的类型与空间平面生成、立体构成、各维度组织共同搭建的初步空间构成系统，其主要包括空间类型和空间组织。

1. 空间类型

在搭建构型系统时，首先需对空间的类型进行选取，即确定空间的主题和风格，空间的整体风格会因不同地域文化、历史事件或者不同受众的具体需求等因素的限定而需进一步考量设计空间元素的构成形式，如空间的界面、陈设、色彩、照明等。再者当空间风格确定后，便需对其进行层次设计。通常先根据空间主题进行一次空间设计确立空间性格和结构划分，后进行二次空间设计以满足限定条件，最后确定空间造型，构建出空间雏形。

1）空间主题

空间主题奠定了空间的基调和设计方向。随之，界面、陈设、色彩、人文、照明等空间元素设计皆围绕着该主题不断进行补充和强调。空间主题作为与人类行为密切关联的风格体系，毫无疑问受到人文、地域和历史背景影响，从而形成具有代表性和凝聚性的空间。这里所讲述的主题空间主要指能够在历史环境下经久不衰，且被不断补充，可以表达人们生活方式和审美情趣的空间类型。下文列举几类主要的空间主题风格。

---

① 钱学森 . 论宏观建筑与微观建筑 [M]. 杭州：杭州出版社，2001.

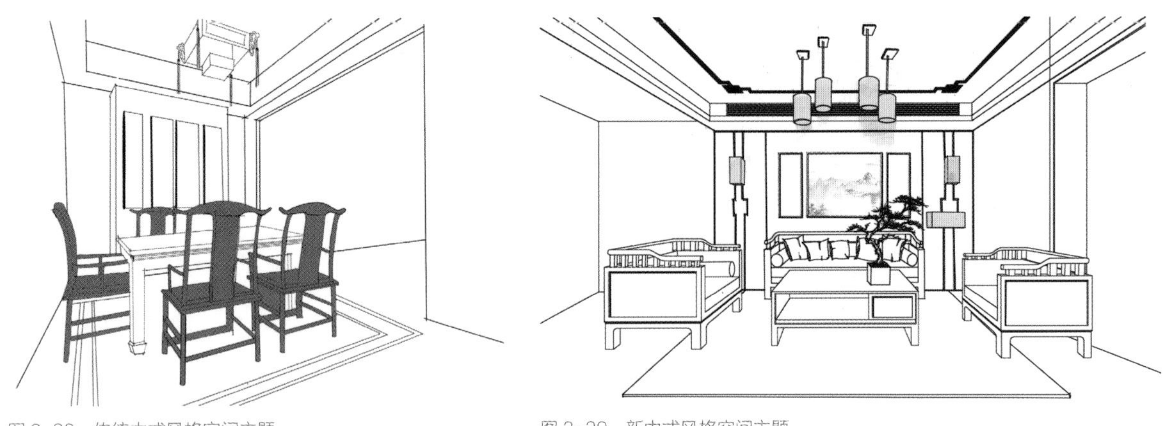

图 3-38　传统中式风格空间主题

图 3-39　新中式风格空间主题

（1）中式风格

中式风格从构成形式上可分为传统中式风格和新中式风格。传统中式风格主要采用传统的中式布局和陈设方法——即运用中国传统布局手法、榫卯结构装饰、中式家具装置等来构成室内空间，最终表现中国古典的家居风格和高雅趣味（图 3-38）；新中式风格是将传统的中式元素与现代材质、饰物进行巧妙结合，整体风格既延续了明清以来的室内家居理念，又引入现代的布局和装饰，使新中式风格更加符合当代人的审美和功能需求（图 3-39）。

（2）和式风格

和式风格源自日本的和式建筑，该风格的室内氛围清新淡雅、几何感强、禅意十足。室内构成强调空间的流动和分隔，连续的色彩和线条引导加强了流动性，门墙的分隔又划分出了具体功能。和式风格的空间利用率高，且与自然融为一体，同一空间下，放上几个坐垫和一张木桌就能成为一个客厅，放上一副茶具便能变身为一间茶室（图 3-40）。

（3）东南亚风格

东南亚处于热带雨林气候地区，对应着该风格的室内空间构成多利用木材、芭蕉叶、砂岩、壁纸等元素，手法多为手工，整体呈现出热情灵动，神秘火热的气氛，具有强烈的地域和民族特色（图 3-41）。

图 3-40　和式风格空间主题

图 3-41　东南亚式风格空间主题

（4）伊斯兰风格

伊斯兰文化深刻影响着相关室内空间的表达和构成，其中最明显的特征便是利用石膏浮雕、钟乳券作为装饰，彩色玻璃、马赛克镶嵌，雕花板材作为栏板等。呈现出华丽、自由、浪漫的空间感受（图3-42）。

（5）西方传统风格

西方传统风格包含了古希腊、古罗马、哥特式、巴洛克、洛可可、新古典等风格。其中古希腊风格主要采用古典柱式装饰，强调理性和对称（图3-43）；古罗马风格采用古罗马特有的多立克、科斯林、塔斯干、爱奥尼克及混合式等柱式作为装饰，整体展现出豪华、壮丽之姿（图3-44）；哥特式风格主要呈现出向上、动态的空间氛围，有时会采用骨架券去体现出空间的哥特特征；巴洛克风格强调动态感，利用各类宝石、金属、大理石等进行装饰，带来动态、变化、华丽的浪漫感受（图3-45）；

图3-42 伊斯兰风格空间主题

图3-43 古希腊风格空间主题

图3-44 古罗马风格空间主题

图3-45 巴洛克及哥特风格空间主题

洛可可风格对比巴洛克风格则更体现出轻盈、细腻之感，同时采用大量曲线、壁画、贝壳等元素去构成空间（图3-46）；新古典风格由古典主义和现代主义相互组合而成，利用现代的设计手法、布局、材质及工艺去表达出古典的严谨、均衡和历史痕迹，整体风格简洁、精致（图3-47）。

图 3-46　洛可可风格空间主题

图 3-47　新古典风格空间主题

（6）现代主义风格

现代主义风格以功能性、简约性为主，空间由简单的几何、线条和尽量少的色彩对比进行结合构型，整体氛围大气、宁静、祥和又具有几何的高级感（图 3-48）。

（7）后现代风格

后现代风格强调空间的个性化表达，讲究以人为本和历史延续性，批判现代风格中的纯理性主义倾向，从而展现自由意志、现代和古典共融的多元化统一的特征。反映在室内构成中强调打破现代主义的极简风格和功能至上，注重人情味和夸张的折中表达，常将古典元素直接套用在空间中，同时打破严谨的比例和布局，采用夸张的造型和色彩，体现出自由、轻松的空间氛围（图 3-49）。

图 3-48　现代主义空间主题

图 3-49　后现代风格空间主题

（8）地中海风格

顾名思义，地中海风格具有浓浓的地域气息，该风格色彩明亮、丰富，具有强烈的民族性和地域性，饰材取自大自然，常常模仿贝壳、流线、拱券等，色彩采用地中海特有的蓝、白、土黄、红褐、蓝紫、绿等颜色（图 3-50）。

图 3-50　地中海风格空间主题

2）一次空间设计

一次空间设计是在空间主题的基础上确定空间性格并进行初步的空间划分，即确定空间的具体表现形式和功能布置。

（1）空间性格

空间性格源自人对空间表现形式的抽象反馈，一方面空间主题会为空间性格定下基调，另一方面真正影响空间性格特征的则是空间的呈现形式。

①理性：理性空间多用于现代主义、古典主义式空间，呈现出严谨、庄严、沉静的氛围。主要表现形式为对称、均衡、讲究模数制（图3-51）。

②活泼：活泼空间并不拘泥于某几类空间，在多数空间中合理地运用节奏变化、曲线流动、光线变化等手段便能使空间充满活泼、惊喜的感受（图3-52）。

③积极：积极空间强调冲突与激情，空间内部形式往往反映在表皮的多元变化、结构的异变突出、垂直空间层次变化、灯光色彩的对比和凸显等，能让人产生积极探索、心向往之的感受（图3-53）。

④通透：通透空间并不特指视线可以瞬间将空间尽收眼底，而是空间流动畅通，各个功能区并没有被完全阻挡，无论是什么类型的空间都可以利用空间的流动体现出空间通透的性格特征（图3-54）。

图3-51　理性空间

图3-52　活泼空间

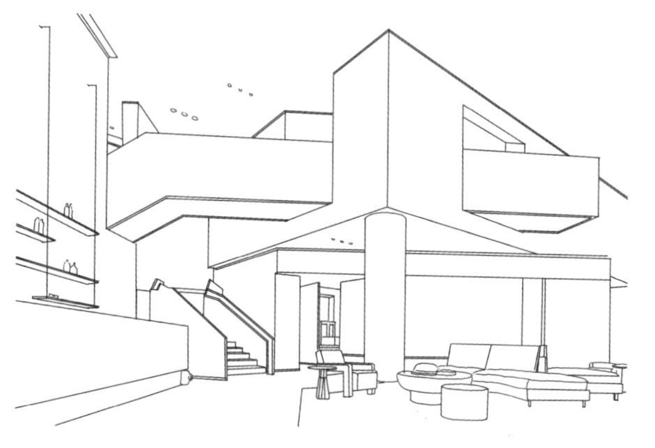

图3-53　积极空间

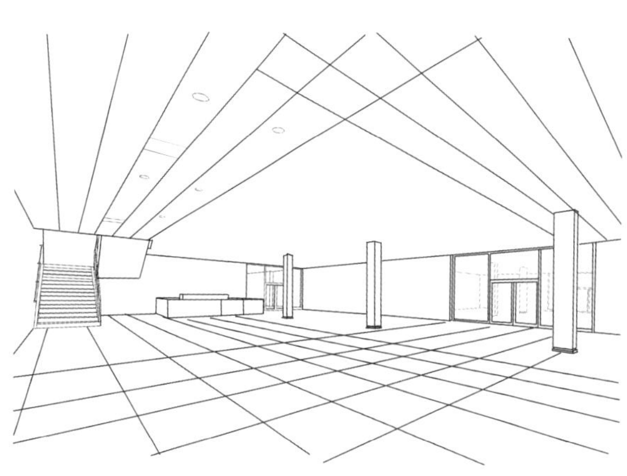

图3-54　通透空间

⑤含蓄：含蓄空间常常出现在中国传统形式空间中，强调曲折萦回、抑扬顿挫的空间构成，含蓄空间除了利用空间内部的隔断、结构、陈设营造含蓄婉约之感，还可以有效利用自然环境描绘出“犹抱琵琶半遮面”的诗意画面（图 3-55）。

（2）空间排布手法

确定了空间性格后，则需要对空间的具体功能进行排布，其表现方式为：将空间界面抽象化为平面结构，在此结构上针对空间的性格和具体功能赋予不同的平面设计手法：

①限定区域：将具体功能进行组团打包分别放置于具体的限定区域中，形成明确的功能分区（图 3-56）。

图 3-55 含蓄空间

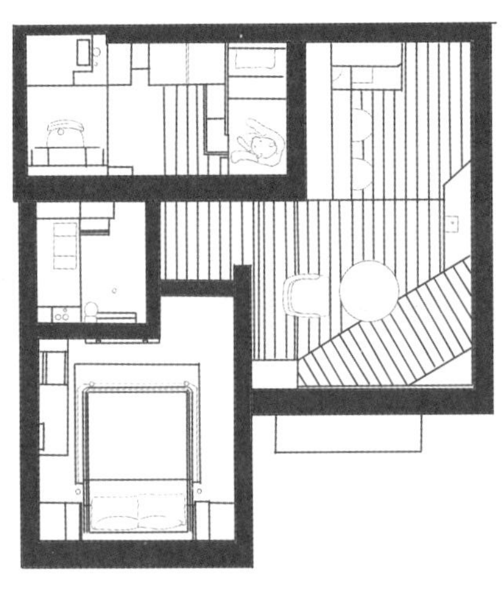

图 3-56 限定区域式平面

②消解边界：一些空间需要连续的功能衔接或是通透的视线连接，所以需要打破界面的边界，使功能连续（图 3-57）。

③创造领域：空间的趣味性需要空间唤起惊喜和兴趣，所以当确定好功能对应的区域后，还应额外构建某些特殊区域，例如错落空间、庭院空间、共享空间等由此增加使用者的心灵满足感（图 3-58）。

④疏密有致：平面结构是二维空间，在面对功能紧凑、连续的情况下需要集中布置紧密的空间区

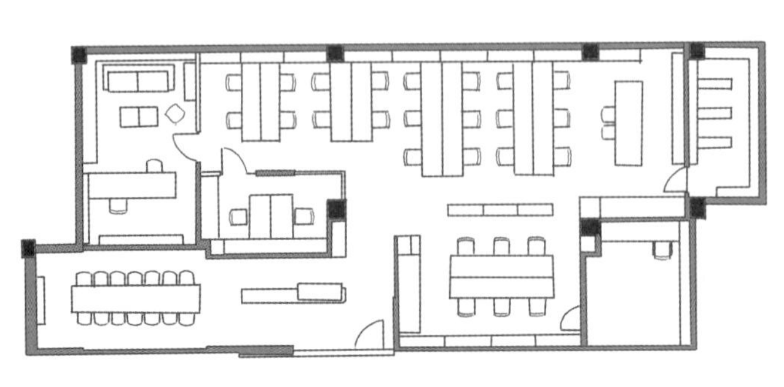

图 3-57 消解边界式平面

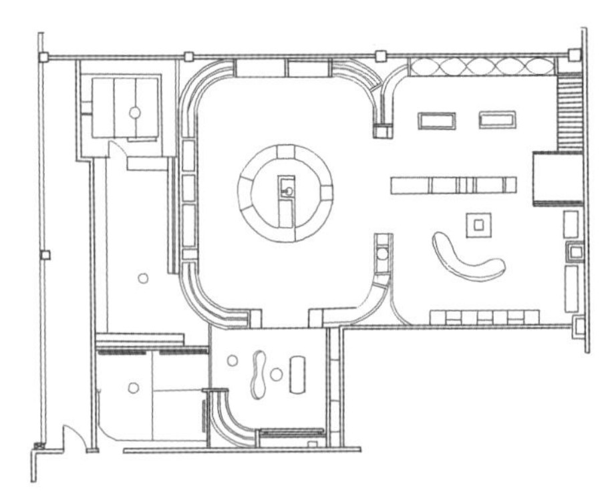

图 3-58 创造领域式平面

域，同时也需要保留开阔的空间领域提供疏通、聚集的场所用以构建功能紧凑和开阔舒缓的空间结构（图3-59）。

⑤节奏变化：平面营造应该是充满和谐的艺术感的，领域布置可以具有一定节奏感，这种节奏感和三维空间节奏变化相似，既有同等序列的排列，也有不规则但和谐的错落布置，最终呈现出充满节奏感的韵律空间（图3-60）。

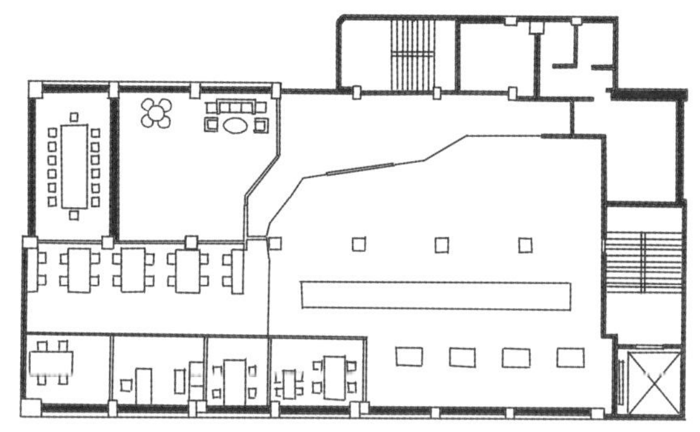

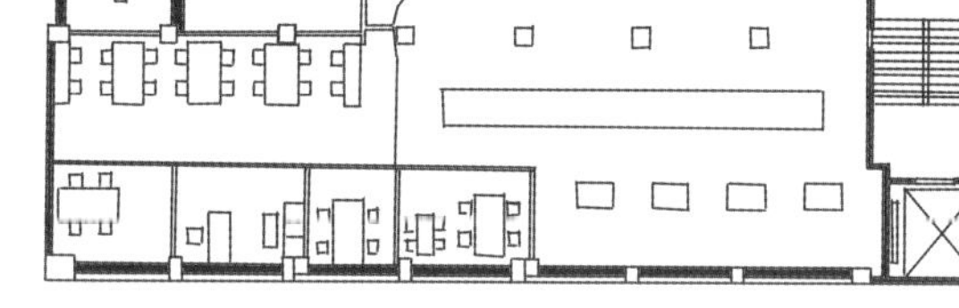

图3-59 疏密有致式平面

图3-60 节奏变化式平面

3）二次空间设计

如果说一次空间为室内构成的“母空间”，那么二次空间便是一次空间的“子空间”。二次空间创作从一次空间出发，依据其功能和性格赋予空间结构和陈设布置。二次空间结构特指将原有建筑结构和室内界面、陈设共同结合，形成大空间下的数个小空间。二次空间构成分为以下步骤：空间平面结构划分——空间结构立体化——结构置入——陈设布置（图3-61）。

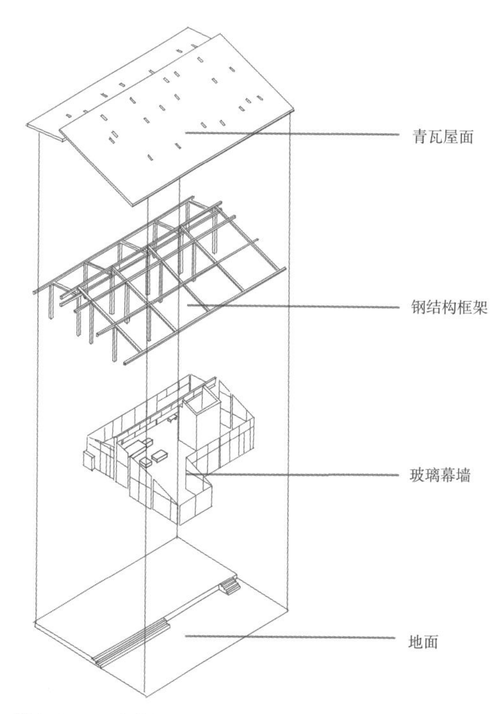

图3-61 二次空间构成

4）空间造型

通过以上步骤的构成操作，空间构型系统已经初具雏形，如果说空间的主题类型、平面组织、子空间构成是空间构成系统的底层发动机，那么空间造型便是包裹发动机的机箱，机箱的设计优劣能够极大程度地影响发动机的使用效率。同样，空间系统亦是如此，该阶段，空间造型的选取更多是将造型合理化凝练，使造型变为某种原型，并将此运用到空间构成系统中。

（1）基本型

基本型指从二维平面直接生成，是不加以修饰和重组的空间造型，基本型空间是特征最简单且最为整体的空间造型，它最直观地呈现出二维平面和空间的关系（图3-62）。

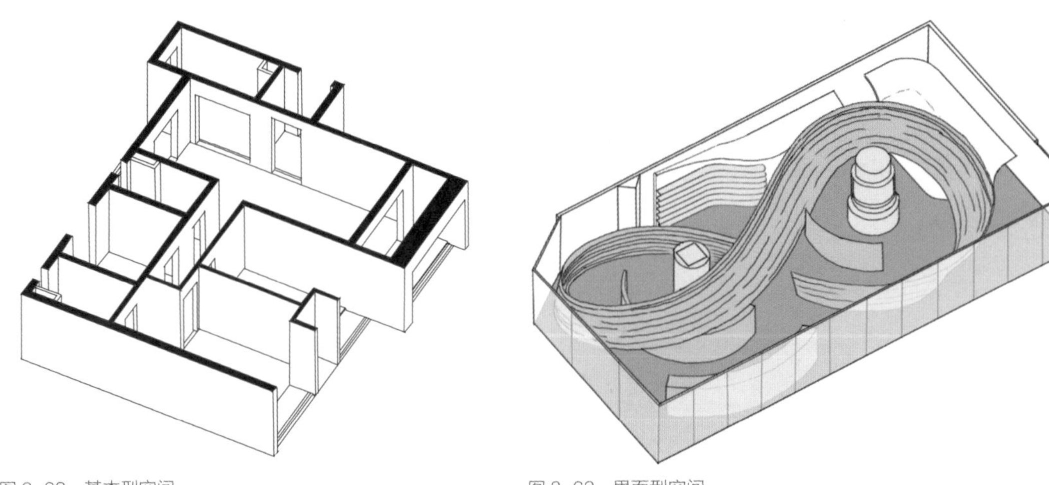

图 3-62 基本型空间　　图 3-63 界面型空间

（2）界面型

界面的造型变化能带来多样的空间情绪，为了令使用者在空间游历的过程中，能从各个界面上体验到不同的感受，构成手法通常采用可以让平整界面进行起伏变化、消解变化、虚实变化、解构重组变化等（图 3-63）。

（3）雕塑型

雕塑型空间并不是指纯粹在空间中堆叠雕塑形式，而是将整个空间当作被雕塑的对象，空间或突出或收缩或折叠或变异，在二维平面的基础上进一步呈现出立体空间的故事化体验（图 3-64）。

（4）结构型

结构型是一种多元对立的空间型，从不同视角出发，结构既可以是稳定的也可以是波动的，转译至空间表达，通常为稳定构型，即将空间的结构放大或在空间中设立特殊的结构空间；也有解构型，即将空间打破，用看似凌乱和不稳定的结构形式组合空间，但其本质是和谐且稳定的（图 3-65）。

（5）破维型

在室内空间中，通常空间是三维的，但如将空间打破，变换材质、引入阳光及自然事物则能将时间维度带入。该空间常利用灰空间，或采用较多的透明材质，如玻璃等，使空间更加自由灵动（图 3-66）。

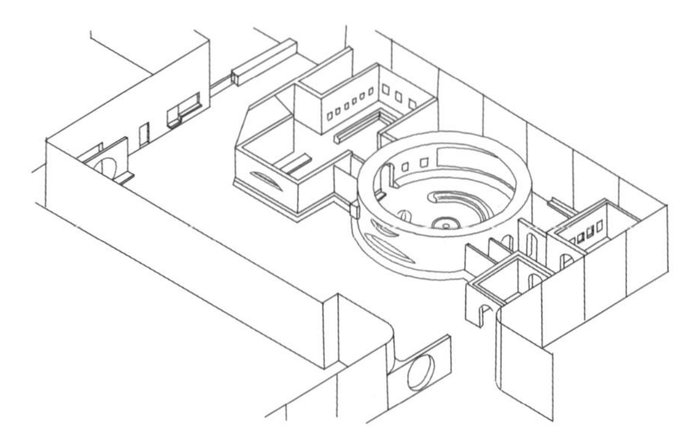

图 3-64 雕塑型空间

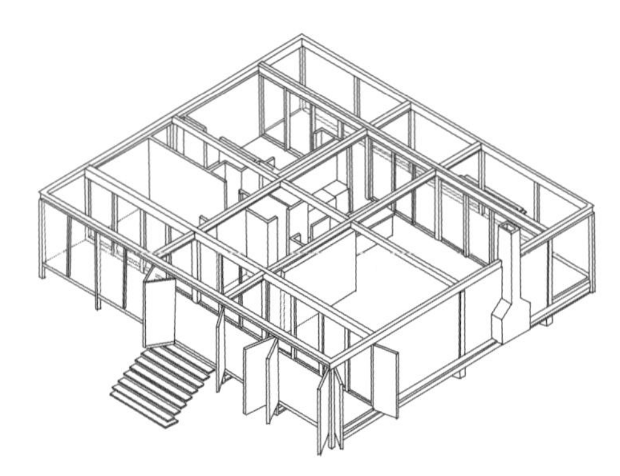

图 3-65 结构型空间

2. 空间组织

室内空间构成经过类系选取之后，下一步需要对具体空间进行组织，构成系统中的空间组织方式有别于本书第 3.1 节的具体操作手法。下文讲述空间组织方式从三种维度空间元素间的抽象关系开始。

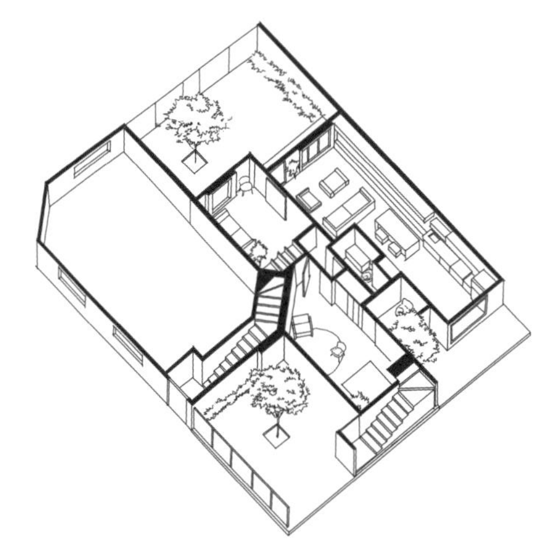

图 3-66　破维型空间

1）二维空间组织

二维空间的元素关系象征着空间构造的图底关系，首先将空间的底界面看作表空间，布置在平面上的各个功能房间看作里空间，接着二维平面上的表里空间分布构成了空间基本量的分布，不同的空间量分布会极大地影响下一步的三维空间组织及破维空间组织。

进行具体组织时，需要为平面引入正交坐标系，四个象限中由里空间构成的空间量分布在不同的空间区域，能产生不同体验效果或空间需求。

（1）象限均衡分布

整个象限的空间量均衡分布时，整体空间功能分布比较分散，缺少中心空间，但空间划分相对均质，能满足较多人的使用需求（图 3-67）。

（2）象限对角分布

二维平面的空间量较集中地分布在对角象限中，这类布局形式意味着空间存在两个较重要的集中性空间，这两个集中性空间分别扮演着整个空间的两个相反区域的集散、过渡、共享功能需求的角色（图 3-68）。

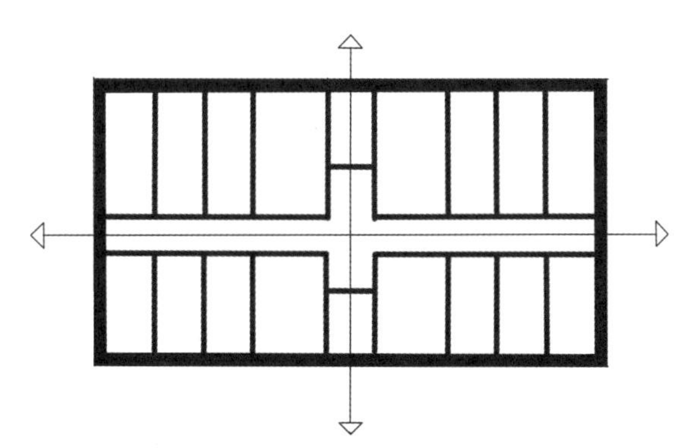

图 3-67　象限均衡分布

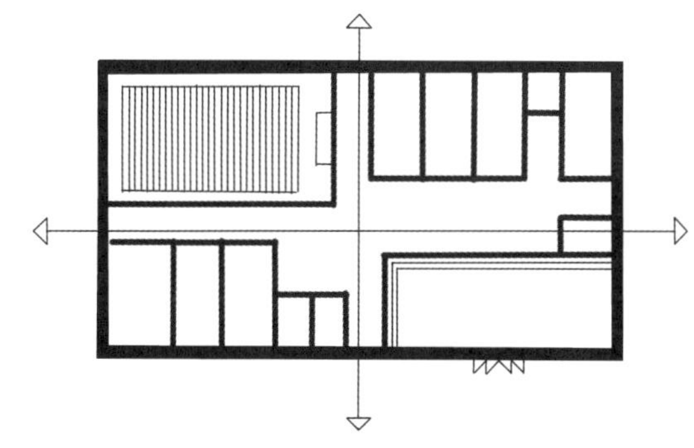

图 3-68　象限对角分布

（3）象限一核多元分布

当平面上需要组织一个主要核心功能空间兼辅助空间布局时，可以采用象限一核多元分布，使某一象限集中布置核心功能，其余布置辅助功能，或者将核心功能布置在原点处，其余辅助功能围绕原点进行布置（图 3-69）。

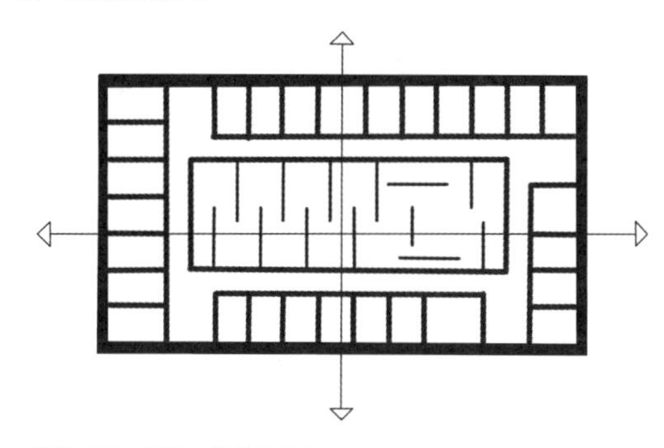

图 3-69　象限一核多元分布

2）三维空间组织

三维空间组织在二维空间组织的基础上，将二维平面进行 Z 轴上的堆叠，使之形成立体空间，此时二维平面的表里空间由墙体或隔断、陈设等元素进行划分。此阶段继续借用坐标系去进行空间构成系统的三维空间组织。

（1）Z 轴平行分布

在二维基础上将平面等距离堆叠，使各个里空间平面分布，此时空间量不会受到 Z 轴的影响，功能权重保持不变（图 3-70）。

（2）Z 轴波动分布

当Z轴分布产生波动时，意味着空间的地位同样开始产生波动，距原点较远距离的里空间相对强势、紧密；距原点较近距离的里空间相对弱势、开放，同时空间也会产生不同的视线交集（图 3-71）。

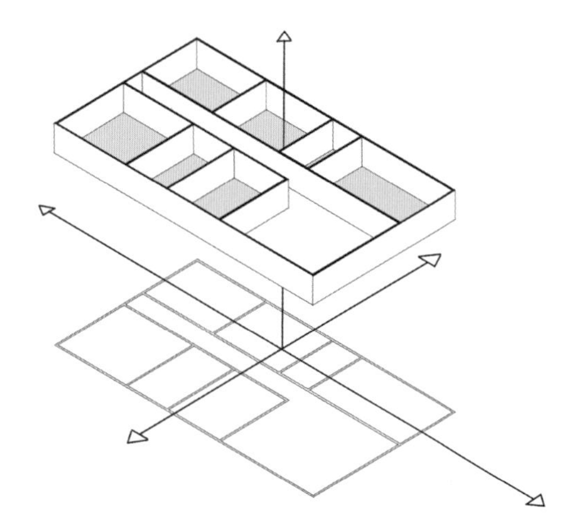

图 3-70　Z 轴平行分布

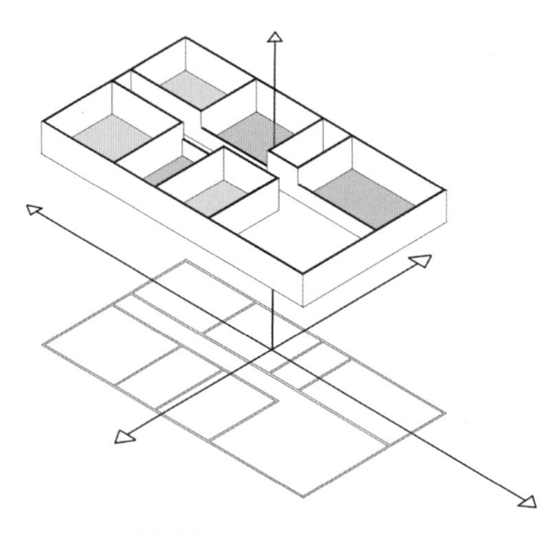

图 3-71　Z 轴波动分布

（3）Z 轴生长分布

Z 轴生长分布指空间中部分里空间得到生长，形成立体空间，其余里空间则没有生长，保持二维形式。生长空间可以构成内向、私密空间；未生长空间可以构成外向、共享空间（图 3-72）。

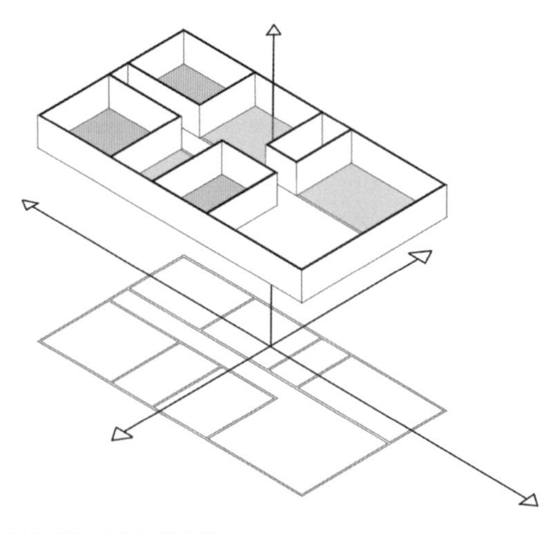

图 3-72　Z 轴生长分布

3）破维空间组织

室内空间构造不只存在二维和三维的空间组织方式，还可利用时间维度和环境维度进行架构。

（1）时间维度

在两种维度空间基础上，打破空间象限，将代表时间流动的光、材质、色彩映射在表里空间上，使表里空间在空间象限中产生运动，由此在二、三维空间系统中引入时间维度（图 3-73）。

（2）环境维度

将室外的环境纳入室内空间，或是在空间中置入庭院，即灰空间的利用，使室内空间构成系统变得多元，既有表里空间构成的内部系统，也有外部环境引入和外部系统的交融（图 3-74）。

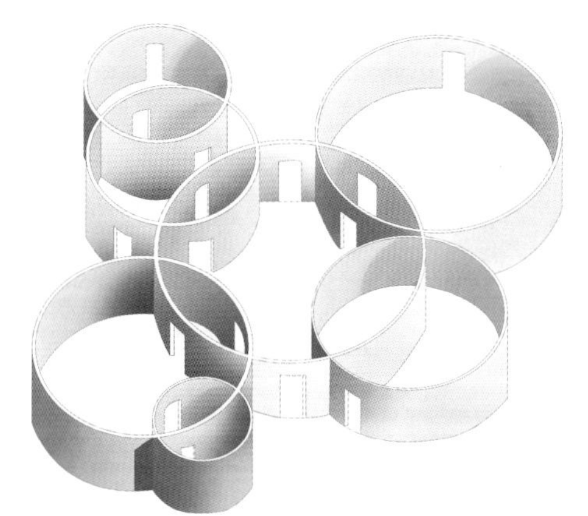

图 3-73　时间维度空间

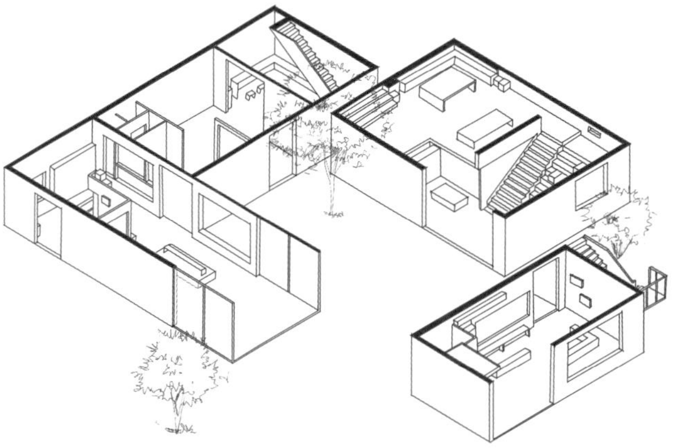

图 3-74　环境维度空间

3.2.3　构造系统

空间构型的搭建构成了空间构成系统的初步框架，构造系统则为该系统提供了配件和构件类型选取。构造系统通常包含结构型、门窗型、界面型、交通体型。

1. 结构型

结构型为空间提供了受力支撑结构原型，不同的原型能组成不同的空间功能、空间尺度、空间体验。结构型主要有：

1）砖混型

砖混空间横向承重采用钢筋混凝土结构，包括梁、板体系；竖向承重主要采用砌块或构造柱或砖。由于砖混型结构主要利用砖墙进行承载，导致承重能力有限，灵活度较弱，所以砖混型结构通常被选取入跨度较小、层数较低的空间（图 3-75）。

2）拱券型

拱券型空间结构主要由拱和券组成，其砌筑方法称为“发券”，即利用块料建成跨空的承重结构，结构间通过侧应力相互稳定，拱券型空间具有强烈的西方古典形式和哥特形式的特征。拱券在竖向空间有良好的承重性，且具有一定的美化、装饰空间的作用（图 3-76）。

3）框架型

框架型空间由梁、柱、板进行承重，该空间体系中，框架型的墙体仅起围护和分隔的作用，由于摆脱了墙体承重的束缚，该空间型可以灵活地划分功能空间，建立上下层空间的联系，加快施工周期（图 3-77）。

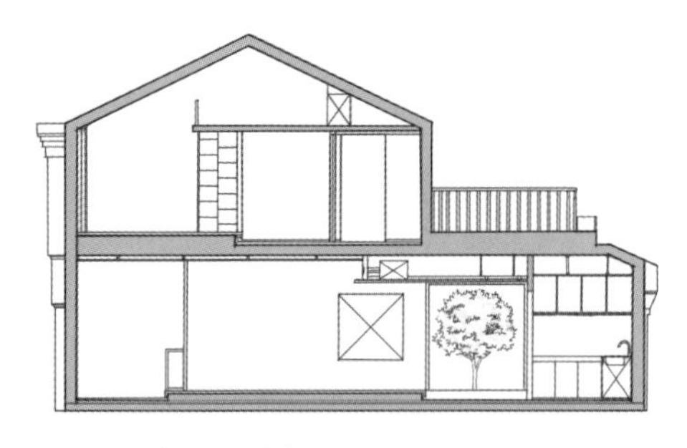

图 3-75 砖混承重式空间

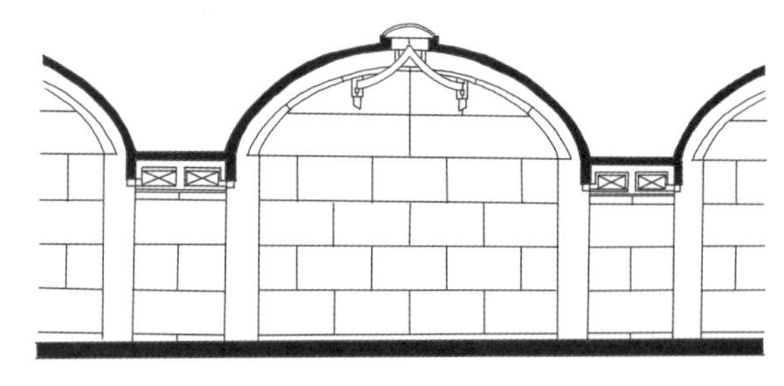

图 3-76 拱券承重式空间

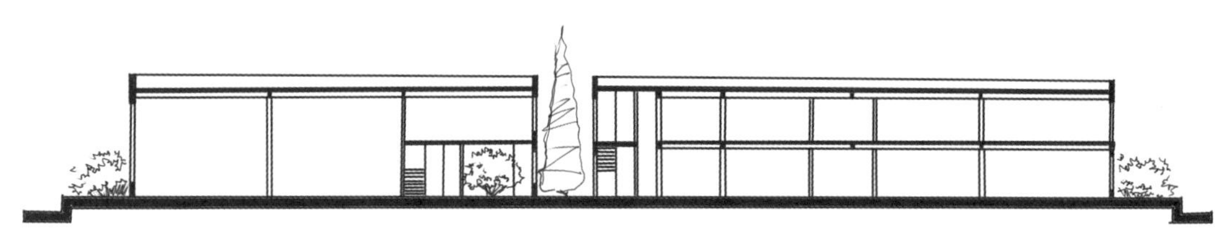

图 3-77 框架承重式空间

4）桁架型

桁架型空间结构因其结构特性而常用于大跨度的空间。该结构依靠杆件相互用铰链连接而成，桁架结构可以减轻结构自重且充分发挥材料的特性，节约材料（图 3-78）。

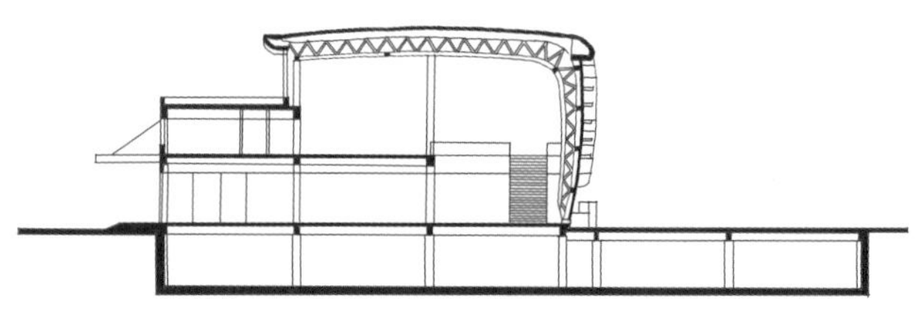

图 3-78 桁架承重式空间

5）悬索型

悬索型空间结构由边缘构件、拉索及下部支承结构组成，该结构具有高强的抗拉性能，其特性是自重小、易施工、跨度大、材料省。悬索型结构主要运用在较大跨度空间，使空间整体性增强（图 3-79）。

6）壳体型

壳体型空间结构是一种空间曲面结构，其主要由边缘构件或曲面型板构成。壳体型空间能够将荷载进行良好地传递，这样的结构可以覆盖和支撑大跨度的空间，又没有柱子穿插进空间，所以壳体型空间有着十分独特的曲面空间表现，而且整体性较好（图 3-80）。

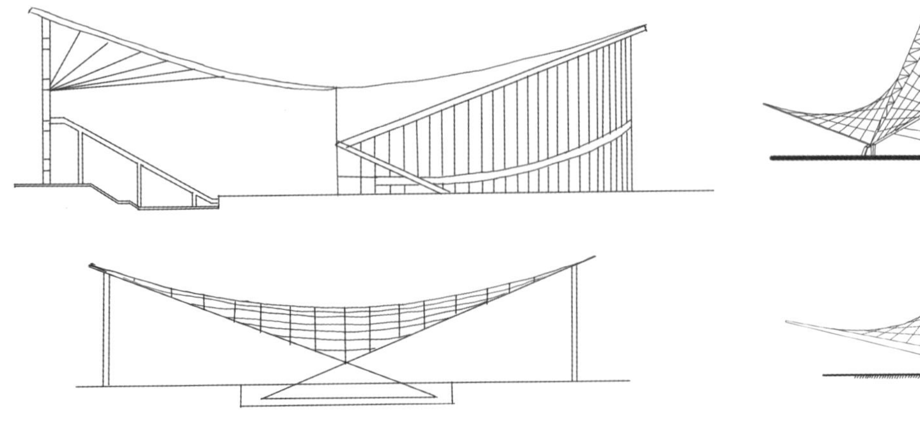

图 3-79 悬索承重式空间

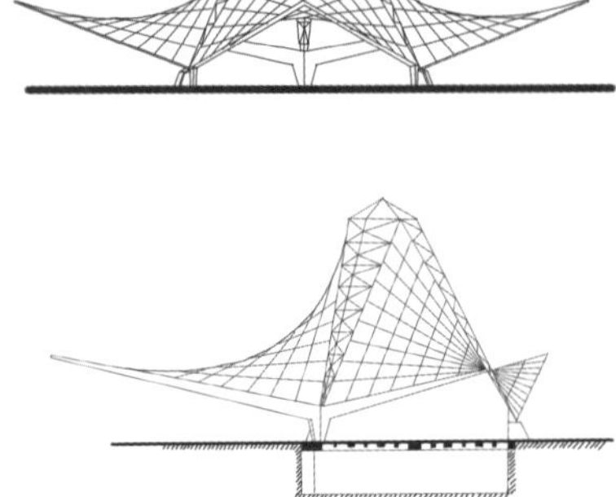

图 3-80 壳体承重式空间

7）膜结构型

膜结构型空间是依靠一定预张应力形成某种空间形状的覆盖式空间，空间具有良好透光性、环保性、隔热性。在构成上，空间由 PVC 或 Teflon 等薄膜材料及钢架、钢柱或钢索等金属构件组成，其空间结构轻盈、优美且能满足大跨度的空间使用需求（图 3-81）。

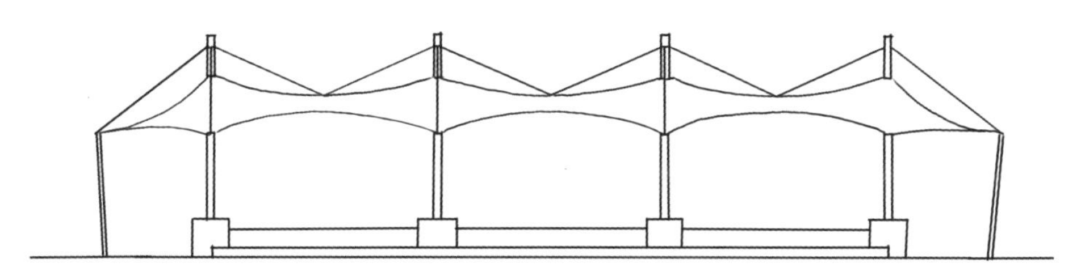

图 3-81　膜结构承重式空间

2. 门窗型

门窗作为空间交通和视线的节点，对不同门窗类型的选取，会生成不同风格的交通和视线节点，从而营造出不同气质的空间氛围。以下将以门窗的不同构造为出发点进行分类介绍。

1）实木门

实木门是用实木作为主要材料加工而成，具有强度高、不易变形等特点，同时实木门又可分为实木门和实木复合门两种，通常在室内使用（图 3-82）。

2）金属门

选用不锈钢或铝合金等金属材料内部填充发泡剂制作而成，常用于入户门、大门、室内等区域。常见的有入户门、防盗门、消防门等（图 3-83）。

3）玻璃门

一般选用钢化安全玻璃材质，根据门扇大小选择玻璃厚度，玻璃门具有采光好、易清洁等特点，根据形式还可分为有框玻璃门和无框玻璃门两种（图 3-84）。

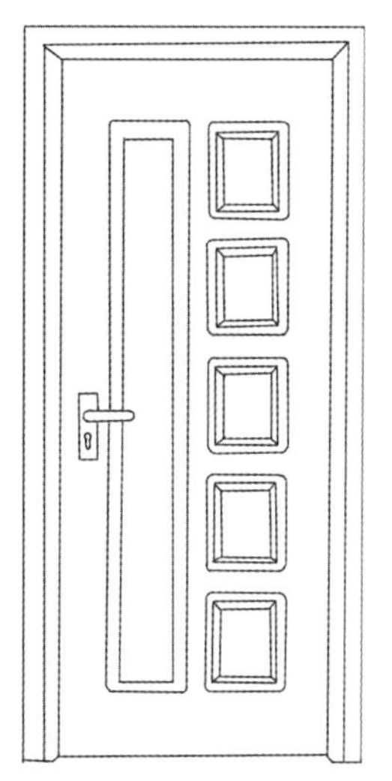

图 3-82　金属门

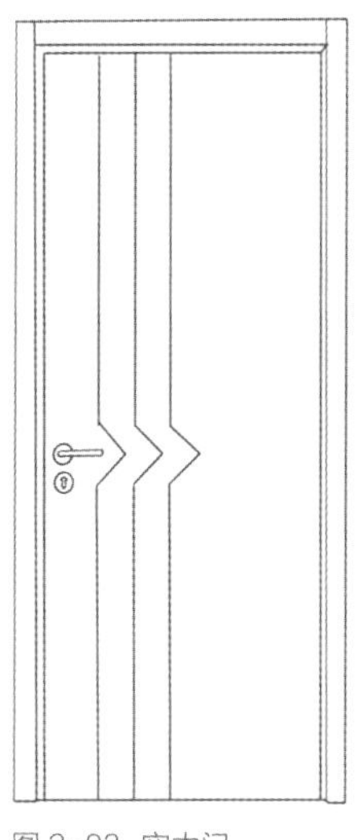

图 3-83　实木门

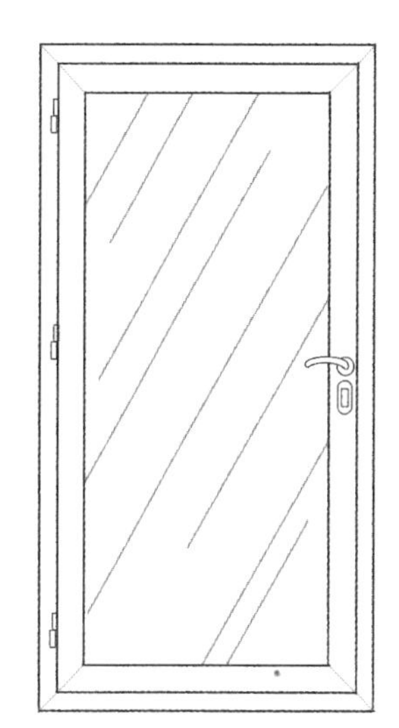

图 3-84　玻璃门

4）塑钢窗

塑钢窗是一种外形美观、导热系数低且造价成本较低的窗户形式。其主要材料为钢材和聚氯乙烯树脂（即 PVC），塑钢窗在制作时需要加入一定比例的化学助剂，待材质成型，再通过螺接、切割、焊接等方式制成窗框，为了增强窗户刚性，需加入密封条和五金件（图 3-85）。

5）断桥铝窗

断桥铝窗的材料主要为中空玻璃和隔热断桥铝型材。该窗型具有较好的保温隔热能力，节能效率较高，相对于普通门窗其热量散失可以减少一半，同时也具有良好的隔声、防噪、防尘、防水的能力（图 3-86）。

6）木窗

木窗框以实木为原料，窗芯为玻璃。这类门窗经久耐用，较为美观，同时具有良好的隔声、密封效果，但是不宜受潮且造价较高（图 3-87）。

7）玻璃幕墙

玻璃幕墙并非传统意义上的窗户，它类似建筑的一层表皮，属于建筑的外围护结构，它不承担结构重量，仅挂靠在建筑承重结构上，玻璃幕墙不仅作为外围护墙，同时也兼作建筑的窗户，它有单层和双层两种形式，由支撑结构、胶粘剂、玻璃及一系列装置组合而成（图 3-88）。

图 3-85　塑钢窗

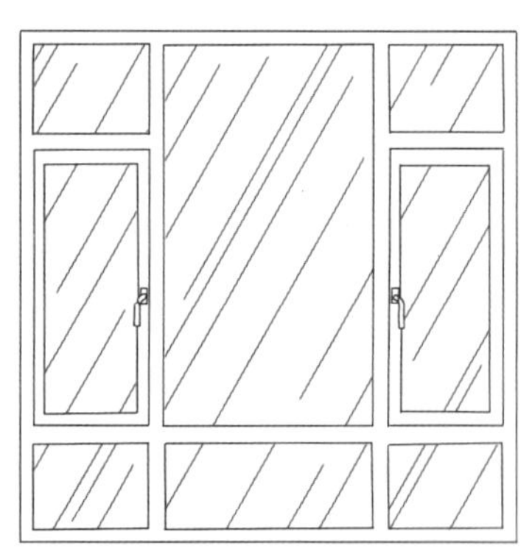

图 3-86　断桥铝窗

图 3-87　木门窗

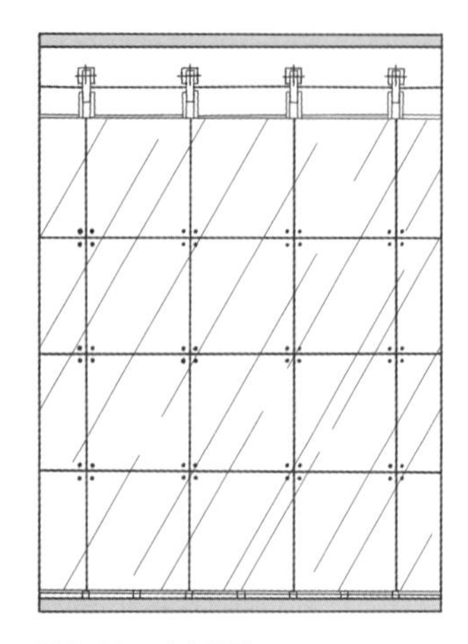

图 3-88　玻璃幕墙

3. 界面型

界面作为室内空间最重要的构成部分之一，界面型的选取深刻影响着室内空间构成系统呈现形式。界面型由提取空间界面的结构特征可分为：砖混型界面、框架型界面、剪力墙型界面、钢结构型界面、装配式型界面。

1）砖混型界面

砖混型界面由砖或承重砌块砖组成，建造简单，该类型界面能充分表现出材料的原始质感（图3-89）。

2）框架型界面

框架型界面由梁柱作为承重结构，侧界面为填充墙，底界面和顶界面为现浇混凝土。该类型界面承重能力较强，表现形式灵活，用途较广（图3-90）。

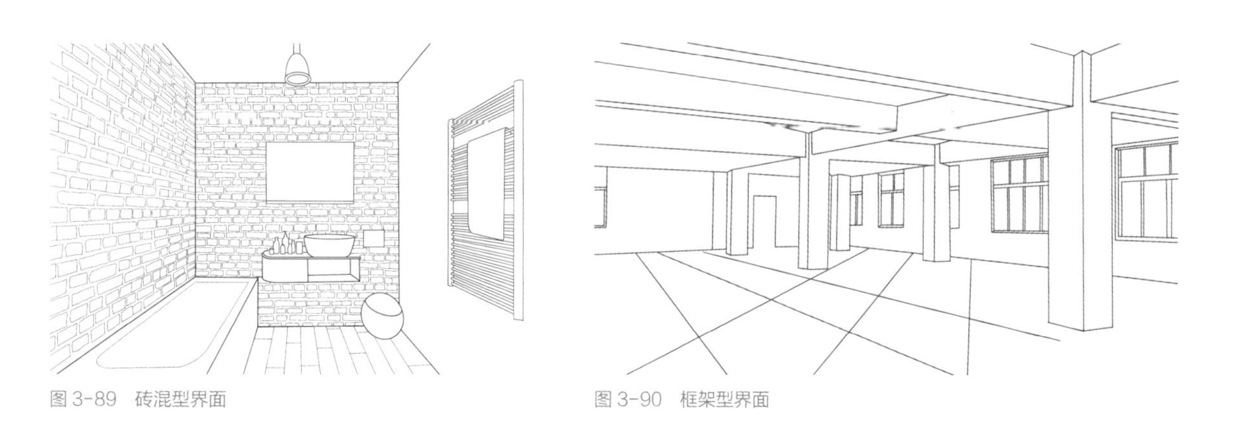

图3-89 砖混型界面

图3-90 框架型界面

3）剪力墙型界面

剪力墙型界面由剪力墙构成，墙体与楼板都是现浇混凝土，刚度、整体性与抗震能力都较好（图3-91）。

4）钢结构型界面

钢结构型界面主要依靠钢材作为承重结构，墙体由型钢、钢构件、薄金属板组成主体框架，内填轻质保温材料构成，整体质量轻，结构稳定，施工速度快（图3-92）。

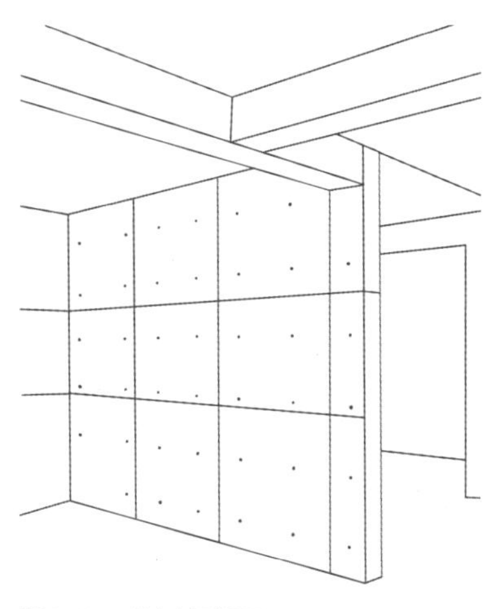

图3-91 剪力墙型界面

图3-92 钢结构型界面

5）装配型界面

装配型界面指利用预制构件搭建成受力结构，墙体和楼板材料为预制混凝土，这类界面施工速度快，结构稳定，承重能力好，但灵活性稍显不足（图 3-93）。

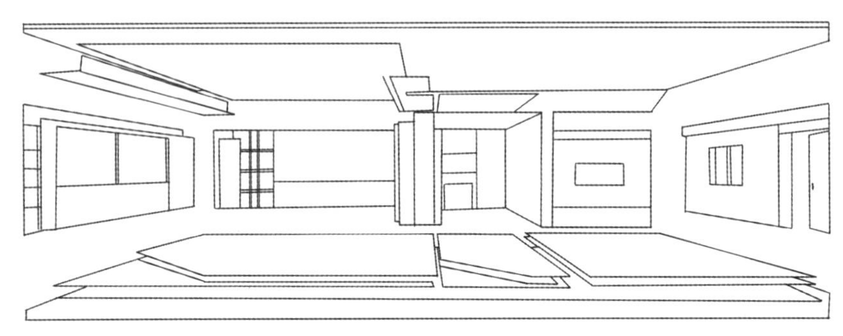

图 3-93 装配式型界面

4. 交通体型

交通体作为室内构成系统中的桥梁，它为垂直方向的空间建立了联系。在空间系统中，如同其他构型元素交通体也具有各种类型，从结构中看，不同交通体的生成和材料、构成技术息息相关。交通体型的分类便提炼于不同结构下的材料及构造技术。

1）实木楼梯

实木楼梯以实木为主要原料，结构构件包括梁、梯板、立板、起步板、面方、立柱、弯头踢脚线、口子、封条边、大侧板、横梁等。实木楼梯纹理自然流畅、色泽柔和，在空间中给予人温暖、舒适的感受（图 3-94）。

2）钢筋混凝土楼梯

钢筋混凝土楼梯分为现浇钢筋混凝土楼梯和预制钢筋混凝土楼梯。梯段表面由水泥砂浆抹面，贴面装饰灵活，可采用大理石、水磨石、铺油地毡、地毯等。特性上，钢筋混凝土楼梯耐火性强、刚度较好且施工周期快，性价比高。该类型楼梯在当代建筑中用途广泛，能灵活地在空间中呈现出各类风格（图 3-95）。

3）钢楼梯

钢楼梯采用钢型材为结构原料，同时构件节点用栓、锚、焊等方法连接。钢楼梯自重轻、实用性强，造型具有现代工业美（图 3-96）。

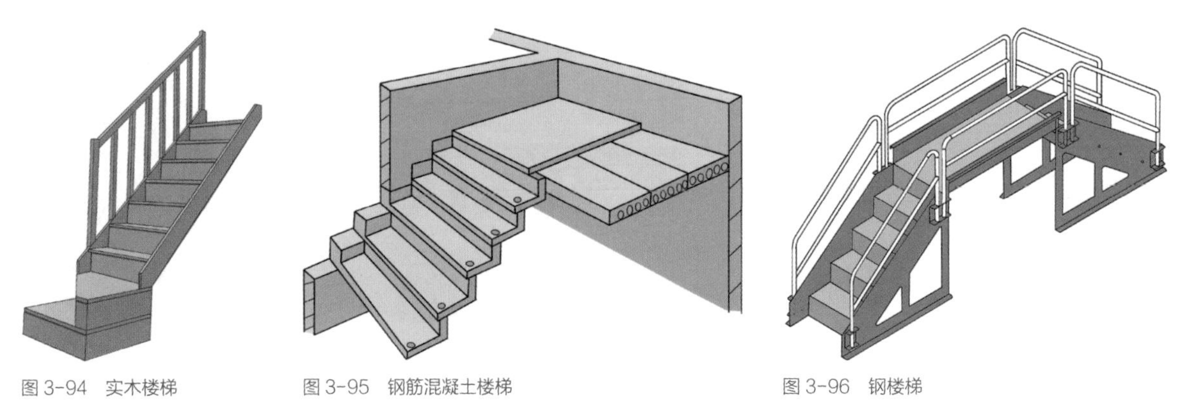

图 3-94 实木楼梯　　图 3-95 钢筋混凝土楼梯　　图 3-96 钢楼梯

3.2.4　装饰系统

在室内空间、构造设计完成的情况下，室内装饰系统负责深化设计，进一步突出空间构造美学，表达室内空间性格，是对空间构成风格的延续与细化，深入营造更为美观及人性化的室内环境。装饰系统包含界面填充、家具陈设两个方面。

1. 界面填充

界面填充涵盖室内空间的三类界面：地面、墙面、顶棚，以及分隔空间的实体、半实体等内部界面的处理。其中地面和墙面作为承托和背景，用以支撑和映衬人、家具、陈设；顶面，用以丰富空间构型；隔断使得室内空间更为灵活，丰富空间的使用功能。

1）地面

地面设计要符合整体环境风格，并与墙面、顶面设计相协调。在人的视域范围与行走路径中，与楼地面接触较多，良好的地面设计在展现空间性格的同时，还兼顾一定的支撑和引导性，此外还具有衬托室内陈设物的背景作用。

从图案设计上，地面设计可以分为集中式、连续式、抽象式。

（1）集中式

集中式的图案设计具有向心性，通过图案完成室内空间的简单分区。集中式的地面图案，适用于需要突出视觉焦点的空间，如重点陈展区、会议室等，同时结合灯光设计、色彩对比等手法，以凸显主体功能的重要性（图 3-97）。

（2）连续式

连续式图案包括二方连续与四方连续，该形式充满连续性与规律性。二方连续，是将图案沿着单一方向，即南北或东西方向重复，具有一定的导向性，可用于交通空间，如走廊；四方连续，是将图案沿着二维方向，即上下左右四个方向重复，在视觉上易具有开阔感，可用于需要视觉放大的空间，如展厅等（图 3-98）。

（3）抽象式

抽象式具有灵活性，图案自由多变、动感丰富、弱化规律。除图案形式本身灵活多样外，颜色也较为丰富，极具个性化。在设计时，可用于建筑性格活泼，场景个性鲜明，布

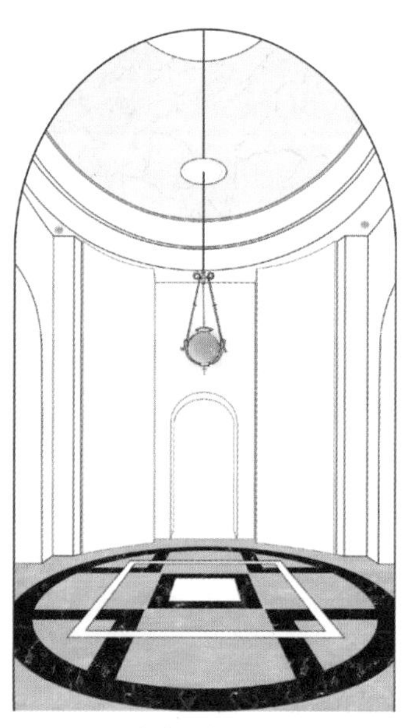

图 3-97　集中式图案

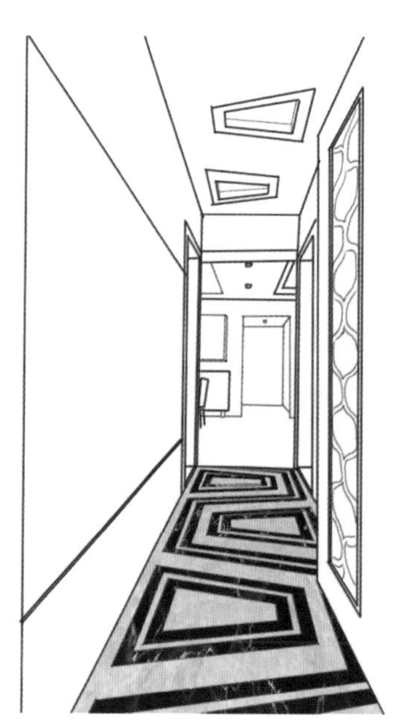

图 3-98　连续式图案

局自由的空间（图 3-99）。

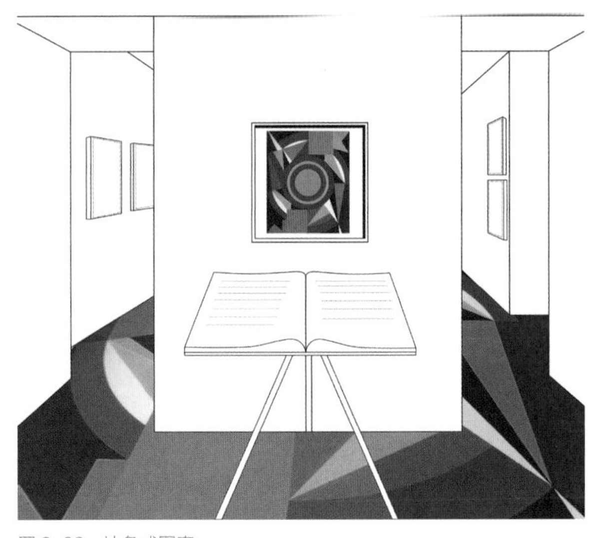
图 3-99 抽象式图案

地面形式除了满足功能性之外，还要含有一定的文化元素。室内地面图案的风格是对当地自然条件和文化背景的抽象表达，不同时代、不同国家地区都有独特的图案特点，造就了图案的文化记忆。

①中式风格纹样：中式风格的纹样喜爱加入寓意吉祥或象征美好品质的符号，如祥云纹、曲尺纹，莲花图等，表达人们对美好愿景的寄托。在颜色选取上偏好于红色，寓意喜庆祥和，象征生命热烈（图 3-100）。

②浮世绘风格纹样：浮世绘风格源于日本江户时代，在形式上注重线条的韵律，展现二维空间结构，没有光影效果，不注重写实；在色彩上用色丰富，大量运用日本传统色彩黑、白、赤、青，颜色素雅精致，色彩平涂色块表现单纯；在纹样上主要采用植物花卉、动物、几何图形、器具物品图案等（图 3-101）。

图 3-100 中式风格纹样　　图 3-101 浮世绘风格纹样

③印度风格纹样：印度装饰图案充满宗教色彩。在纹样上以自然元素为主，如花卉植物；在颜色上用色丰富，色彩明丽饱和度高。风格上充斥着佛教元素，注重宗教精神和象征形象，具有神秘色彩（图 3-102）。

④阿拉伯风格纹样：与印度风格类似的是，阿拉伯纹样中也包含着浓郁的宗教色彩。在纹样上，主要包含几何纹、植物纹、文字等；在形式上，反对具象化的表达，多以抽象曲线描绘形态；在配色上，以蓝绿白为主要搭配色彩，但在地毯的用色上以红橙黄为主（图 3-103）。

2）墙面

墙面在室内处于竖向视觉最为瞩目的位置，室内中的人除了与地面接触最多，其次较多接触的界

图 3-102　印度风格纹样

图 3-103　阿拉伯风格纹样

面便是墙面，并且墙面作为背景，烘托室内家具陈设，连接地面与顶棚，所以亦需对墙面进行合理的风格定位和装饰设计，不同风格的室内装饰对墙面的处理有着很大的区别。

（1）新中式风格

新中式风格将现代主义风格元素融入传统中式风格中，在中式风格的框架中进一步发展现代形式。在色彩上采用传统朱红色、黑白色；在形式上，避免繁复的线脚，简化线条，保留传统符号；在纹样方面，多运用回纹、云纹、如意纹。同时汉字纹样因其明显的几何结构，具有现代主义崇尚的几何美，因而新中式风格受到人们的偏爱（图 3-104）。

（2）欧式风格

欧式风格的形式广泛，具有多样差异性和地域性，其中比较典型的有古典、法式、西班牙、北欧、英伦等风格。欧式装饰结合了巴洛克与洛可可风格，华丽典雅。墙面装饰品选用带有欧式古典花纹的墙纸，或使用单一的乳胶漆来烘托古典家具。在颜色上偏爱浓烈鲜艳的色彩，凸显贵重质感；线条形式采用圆弧形，并勾勒出花纹作为装饰，如拱形门窗洞口（图 3-105）。

（3）美式田园风格

美式田园风提取了欧式风格的一些元素，融入美国风土人情，简化了繁琐的线条，注重室内环境的舒适性。在材质上，偏爱石材，棉麻织物具有古朴自然的气息；色彩多为淡雅的板岩色，偏爱暖色调；图案惯用植物花卉，线条干练，体现自然（图 3-106）。

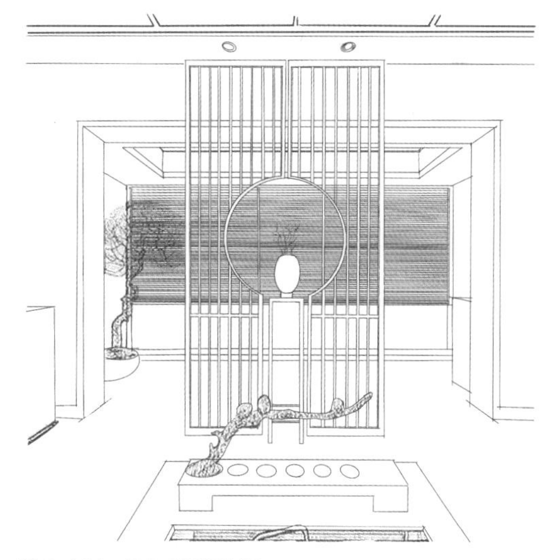
图 3-104　新中式风格墙面

图 3-105　欧式风格墙面

图 3-106　美式田园风格墙面

图 3-107　现代简约风格墙面

（4）现代简约风格

现代简约风格强调简约、自然、实用，是现今较为流行的室内形式之一。设计通过减少冗杂的装饰，运用简单的视觉元素来达到风格的统一。简约风的墙面省略了不必要的装饰，用大面积的涂料涂刷，注重墙面质感，烘托室内氛围。色彩上用色简单，以黑白灰为主，增添时尚感（图 3-107）。

3）顶棚

顶棚作为室内空间界面的一部分，它的形式特征极大地影响空间视觉感受。顶棚设计形式多样、丰富多彩。它既可以极简理性、也可以感性且富有变化，配以不同的装饰元素，例如灯具、雕花、壁画等，可以赋予顶面以故事性、画面性。

顶面设计形式包含以下几种形式。

（1）平整式顶棚

平整式顶棚造型简洁大方，制作工艺简单，能表现明快、简约的氛围，常用于教室、展厅、办公室等空间，其艺术表现多源于顶面的材质运用、灯具布置、图案变化等。

（2）凹凸式顶棚

凹凸式顶棚具有较强的立体感，形式华丽富有美感。凹凸关系能营造出节奏韵律感、叙事艺术感，但不宜变化繁复，该构型多用于舞厅、门厅、餐厅等。

（3）悬吊式顶棚

悬吊式顶棚主要是为追求某种艺术效果或满足某些照明、声学的要求而特别进行的设计。常用于剧院、场馆、电影院等，有时也会为商店、住宅、餐厅等空间所采用，以满足使用者的审美要求。

（4）井格式顶棚

井格式顶棚结构形式特殊，近似中国传统藻井，结合梁结构，利用井字梁或为顶面造型而制作的仿格梁所构成的一种吊顶构型，配合灯具、图案、装饰线条等，使顶棚大气利落，且富有艺术感。

（5）玻璃顶棚

玻璃顶棚是采用透明、半透明或彩绘玻璃作顶面的吊顶构型，形式有平面、弧形、折线形，用之则可以增加空间采光、建造温室或营造放大空间之感，使空间明亮清新、减少压迫感、富有自然趣味，常用于公共空间的门厅、中庭等区域。

2. 家具陈设

1）家具

（1）古典主义家具

图 3-108　古典主义家具

古典主义家具充满独特的古朴气息、携带丰富的文化内涵，气势恢宏，庄重典雅。从局部到整体，无不给人以精雕细琢、一丝不苟之感。无论中式古典抑或西式古典家具，均强调用材优质、造型精美，散发着浓重的文化底蕴，抒写着空间的高雅与华贵（图 3-108）。

（2）自然式风格家具

自然式风格家具有“乡土性”“田园性”“独有地域性”，其宗旨是“回归自然”。当前，科技飞速发展所带来的环境污染、对科技产品的过度依赖、个体关系的疏离冷漠以及快节奏的生活压力，引发人们愈加向往自然、朴实纯真的空间体验。自然式风格家具力求表现悠闲、质朴的情调，营造清新的室内氛围，其材质多采用织物、木料、石材等天然材料。契合大众心理需求，帮助人们身心得到平衡与放松（图 3-109）。

（3）光亮派风格家具

光亮派又称为“银色派”，从晚期现代主义风格中脱胎而来，强调精密细致，富有光亮效果。造型上多采用抽象形体的构成，运用现代加工工艺，多使用玻璃、镜面、花岗石、不锈钢、大理石等新型高反光材料。在光线的照射下，绚丽夺目，传达着空间的时尚与潮流（图 3-110）。

图 3-109　自然式风格家具

图 3-110　光亮派风格家具

（4）超现实主义风格家具

超现实主义风格主张突破逻辑和有序的现实形象，打破理性藩篱、释放深层意识，追求超现实主义表达。此风格家具多采用非线性的构成形式，例如曲线、破碎折面等，造型夸张、奇特多变，烘托超现实主义的空间氛围，将梦境照进现实空间（图 3-111）。

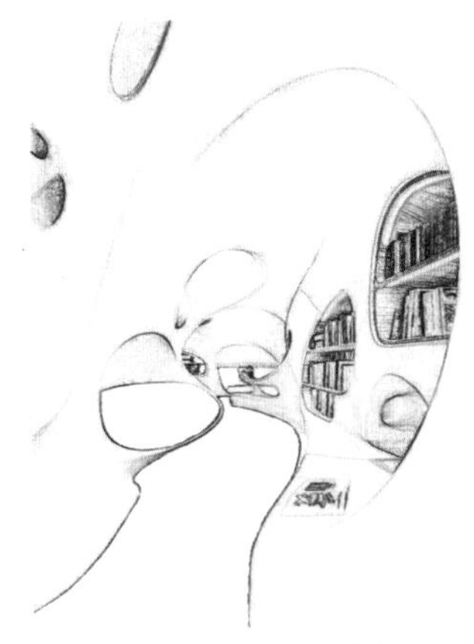

图 3-111　超现实主义风格家具

图 3-112　家具

（5）中式家具

中式设计思想秉承中华传统文化内涵，重视与周围环境的和谐统一，格调高雅。因此中式家具用色成熟雅致，讲究对比；用料以木材为主，精雕细琢；造型讲究对称，奇巧瑰丽。帮助空间表达着东方清雅含蓄、庄重华贵的精神特质（图 3-112）。

2）室内绿化

随着城市化进程加快，科技、工业化水平的大步提升，让人们越发向往回归自然的舒适轻松。室内绿化在宜居性、生态性、康养性方面都有优良效应，不仅可以美化丰富室内环境，还能改善室内小气候。室内绿化设计并不是简单的盆栽绿植陈设，而更倾向进行室内微观景观设计。室内绿化布置方式可以分为点状、线状、面状。

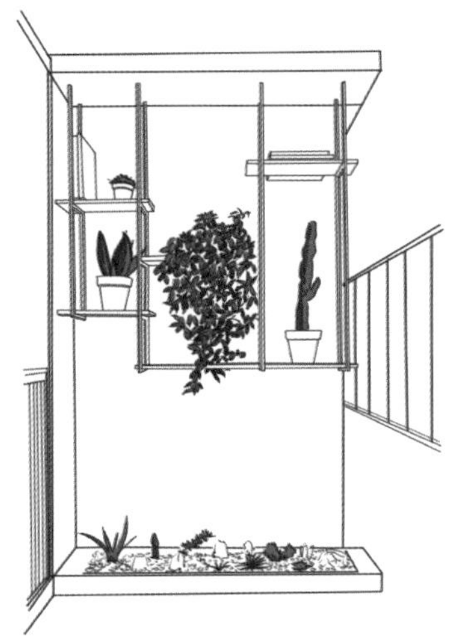

图 3-113　点状绿化

（1）点状绿化

点状绿化即以单一植物为焦点，周边避免遮挡，如在高台上、书柜上，独立有序地布置盆栽。作为空间的主要景观，植物的选择上应重点突出，以一种植物为主，植物组团栽种时也应主次分明，比如，布置于窗户、门周围等开口位置时，可选用下垂式与攀缘方式的绿化，借此增加空间动态活力（图 3-113）。

（2）线状绿化

线状绿化是用一种连续的植物来协助构成室内空间，其作用主要用来界定某一功能空间。线状绿化需要根据整体空间构成形式确定布置的形式、深度、高矮等，不宜喧宾夺主，影响原有的空间形式。同时，线状绿化还应讲究对称布置，常放在阶梯、自动阶梯两侧或通道路口，维持空间基本均衡（图 3-114）。

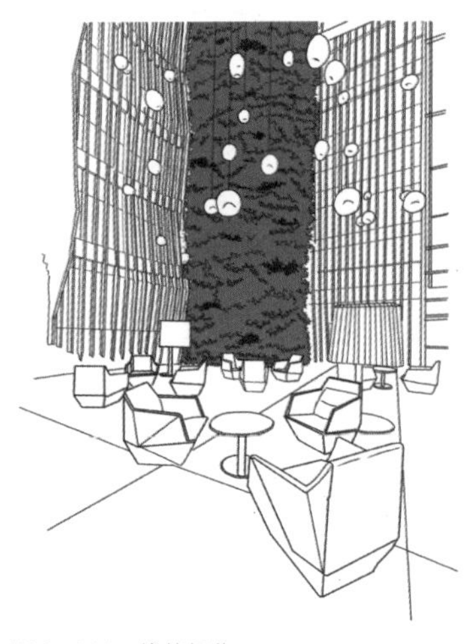

图 3-114　线状绿化

（3）面状绿化

面状绿化是一种以大面积植被覆盖作为空间背景的装饰形式。不同面状绿化的形态及色彩可以营造不同风格的空间特征。用于面状绿化的通常为草坪、乔木，攀缘植物或是蔓生植物等生长面积比较大的植物种类（图 3-115）。

图 3-115　面状绿化

3.2.5　行为系统

室内行为系统指人在不同的室内环境下，由认知所触发的不同的行为模式。人的“认知——行为”系统其演化经历了哺乳动物的认知——行为系统，到语言文字认知——行为系统，再到科技认知——行为系统，继而到当下的计算机语言认知——行为系统，[①] 人类通过与现实环境的不断交互，认识世界、改造世界，室内空间设计也在随着认知——行为系统的演变而不断发展。

1. 认知与空间

人类具有认识和观察世界的能力，人们利用自我意识对现实世界进行反馈与认知。早期人类对自然界没有清晰的概念，当下即现实。原始社会，从逐步学会用几何线条来描绘事物：一个遮挡的棚顶，发芽的种子、火苗，以及土地就构成“家”的场景（图 3-116）。到语言的诞生，除了沟通交流的需求外，另一个重要的功能，就是描述世界。在第 1 章历史部分，以思想认知为主要脉络，通过三个方面归纳梳理了室内设计的发展历史，从中体会社会思想认知对室内空间的影响。

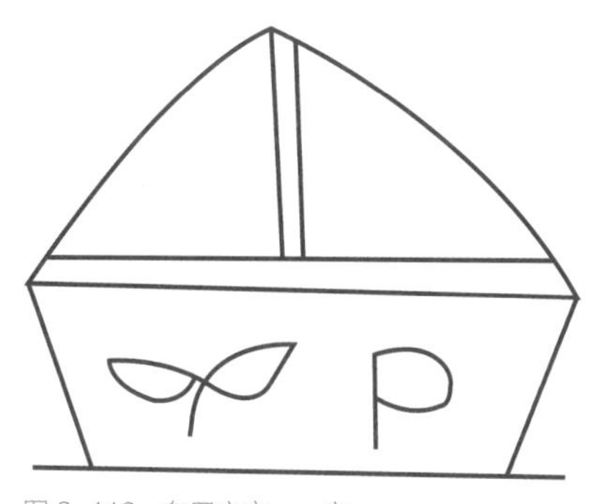

图 3-116　东巴文字——家

1）传统空间

在中国早期社会，“火”之于空间中的人，可以炊煮食物、御寒取暖、干燥去湿，而且可以起到防卫作用。“火”在人类生存和进化上起着不可或缺的保障和推动作用。“火塘”即为原始先民对火的控制和利用方式体现在室内空间中的实物载体。原始先民在室内围绕在火塘周围生活，烧烤食物、取暖寝卧、制作工具，成为日常生活的中心。人们因之温暖，环“塘”而聚，具有确定空间中心的力量。炊烟，表示垂直轴线的力量；火塘元素，即与室内空间六个界面中的底界面产生联系，发展出多种精神层面的文化寓意。此时，室内空间中一个重要表达就是人们围坐在火塘四周时，其座次、方位与朝向体现着人们在家庭和社会中的地位和尊卑关系（图 3-117）。古罗马建筑师维特鲁威在《建筑十书》中写道：“由于火的发现，人们之间开始发生了集合、聚议及共同生活……后来，看到别人的搭棚，

① 吕乃基．人类认知—行为系统的演化与莫拉维克悖论 [J]. 科学技术哲学研究，2020，37（6）：95-100.

按照自己的想法添加了新的东西，就建造出形式改善的棚屋。”[①] 这句话充分道出了早期从生存需求出发，产生对应行为，形成室内形式的过程。

认知的发展伴随着历史的更迭，从原始社会到封建社会后期直至现代社会，空间形式随着人类认知——行为的改变而不断发展变化。以中国传统建筑空间为例：从原始社会的巢居、穴居到隋唐时期规模宏大、规划严整的建筑群，再到明清时期造园艺术和技术的成熟，由斗栱向装饰性构件的转变，直至中华民国时期掺入西方元素的建筑，无不书写着认知——行为对空间构成的影响。综上所述，传统空间跨越着历史的长河，它的概念是随着时代的发展而不断变化的，所以本书暂将传统空间的时间节点宽泛地界定在中国封建社会的结束。

图 3-117　传统空间

2）地域空间

以认知——行为系统为出发点，首先要从宏观角度对整体的场地认知——共性与地方特性，进行清晰地脉络梳理，厘清行为产生的认知线索。行为并非无根无源，凭空而来，由认知入手，追本溯源，从本源上推演出具有合理文脉语境，符合逻辑构架的行为模式，借此产生的初始建筑空间形式，才是基于当地生长而成的形式本体所在（图 3-118）。

人对自然环境的条件反射，其认知——行为系统是一种潜在能力，伴随文明的发展，人类反复实践认知，再实践再认知，不同地域的人类应对不同环境逐步产生不同的认知，这些带有地域性质的编码嵌入普适性的认知中，成为地域特征。普适性认知与地方性认知的共同作用，产生了大文化框架下既有共性又有特性的行为，继而衍生出带有文化共性又具有地方特性的室内空间。

3）现代空间

现代空间没有很明确的定义范畴，我们把 19 世纪后期，经历了欧洲工业革命的人类社会作为现代空间产生的起始阶段。在该时期，工业化促进了材料和技术的大步发展，物质生产水平得以极大提升，传统的艺术表现形式已经无法满足人们的生活和精神需求。科技进步拓宽了艺术家和设计师认知世界的视野，由此开创了多种多样的、前卫特色的、新的艺术流派和艺术表现形式，与传统艺术分道扬镳。在建筑空间设计领域，空间自由划分、自由布置成为可能。此阶段诞生于战争的废墟之上，机器化生产的进程中，因此设计强调以功能为中心，采用新材料新技术，剥除冗余的内部装饰，空间形式极简表达，同时强调其经济性（图 3-119）。空间构型逐步发展到用块面的结构关系来表现体、面的重叠、交错之美。遵循标准化、一体化、产业化和合理性与逻辑性。以简约理性，高技术、高效率的空间表现形式，随着科技社会的发展延续至今。

① 维特鲁威 . 建筑十书 [M]. 高履泰，译 . 北京：知识产权出版社，2004：33.

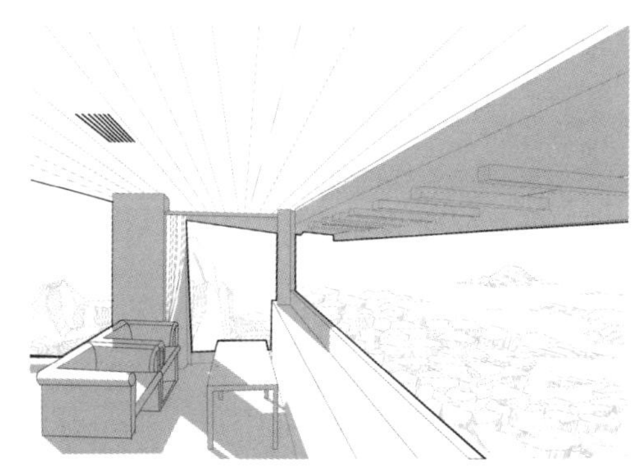

图3-118 地域空间

图3-119 现代空间

4）后现代空间

后现代空间是脱胎于现代空间，由于现代空间的表达形式过分强调理性和功能主义，于是后现代空间的核心表现随着后现代主义发展成对现代主义国际风格的形式主义的反叛而与现代空间脱离开来，并使之走下神坛。后现代空间设计强调以人为本，以多样性、复杂性和矛盾性去批判与解构现代空间的一体化、标准化和统一性（图3-120）。

图3-120 后现代空间

后现代空间设计倡导人性回归，突出设计的文化内涵，空间形式由单一化转向多元化，重视室内装饰，强调历史文脉继承，推崇自然舒适、浪漫唯美的生活情趣。后现代空间在经历了现代空间的冷漠严肃之后，开始变得活泼戏谑，打破理性与对称，其表现形式融传统与现代、古典与时尚为一体，取代现代主义空间表现形式成为主流设计空间（图3-120）。

5）智能空间

时间来到数字化时代，人们对于信息的认知和收集不再是线性、单向的，而是多元融合，交织着更复杂多样的行为。计算机互联网技术的发展，改变着人们的认知，生活、工作、学习的方式也相应改变。在此基础上利用网络通信技术、物联网技术、综合布线技术、自动控制技术等数字技术将与空间功能需求相关的设备集成，构建集中管理、智能控制的空间设施有机管理系统成为必然，智能空间随之出现。智能空间打破了原有空间一功能的设定，让室内空间功能的多重复合得以高效实现，通过智能推算合理规划以及智能家居的使用，增加空间的重复利用率，从而提升室内空间的便利性、安全性和舒适性。比如：智能家居是人工智能在室内空间中的主要表达载体，具备先进的感知能力，能够分析空间用户的偏好习惯，从而定制服务。亦可根据环境变化来调节室内温度，打造宜居室内环境，室内空间摇身一变，成为一个庞大综合、服务于生产生活的产品。智能空间不仅具有其他几类空间的使用功能，更以其精准有效的人性化服务内容和安全舒适、信息交互便利、节能环保的智能优势势必成为未来空间的发展趋势（图3-121）。

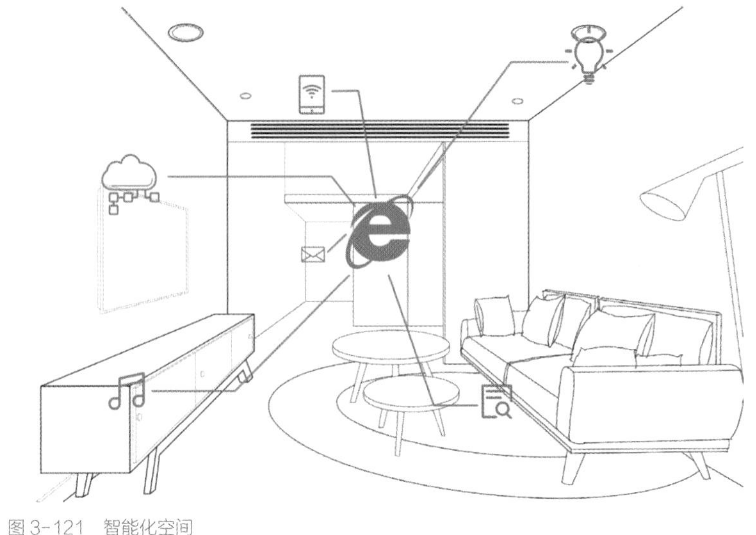
图3-121 智能化空间

2. 行为与空间

在现实世界中，人的主体行为受到环境属性、环境构成元素、环境元素构成形式的影响。这些因素在为环境贴上标签的同时，也为人的行为做出了引导。如卧室通常产生休憩行为、浴室发生沐浴清洁行为、厨房进行烹饪行为、餐厅完成餐饮行为、商场建立购物行为等，而随着空间属性的不断复合，人的行为模式也在不断迭代，造成了当下室内空间的不确定性与复杂性。

1）休憩行为

休憩行为表现为人们坐卧在寝具、座椅或台阶上等承托处，放松、休息、缓解疲劳的行为。室内中的休息行为，往往伴随着舒适宜人的室内环境，如在睡眠时需要幽暗静谧的室内环境，在放松交流时，需要依托聚集的室内空间（图3-122）。

2）交通行为

交通行为指人们在室内空间水平或垂直方向上进行穿行、过渡的行为。这种行为要求行径短，穿越时间少，空间引导性强，有明确的方向。基于此，在空间交通设计上注重便捷性、可识别性（图3-123）。

图3-122 休憩行为空间

图3-123 交通行为空间

3）工作行为

工作行为要求静谧严肃的室内氛围，空间环境明亮，在集体办公场所，个体既要有相对独立的办公区域，也要有互相交流的空间。工作行为多产生于公共空间，但随着疫情时代的碰撞，居家办公越来越普遍，工作行为开始趋向在个人独立空间发生（图 3-124）。

4）生理行为

生理行为即生物的思维、身体和器官所进行维持正常机体功能的静态和动态的运动。人作为探索和感知空间的主体，室内空间构成的形式、尺度大小与人体生理行为有着十分紧密的联系。空间设计是讲究科学与规范的学科，室内空间中各类元素的尺寸和形式应该遵循人体工程学的尺度规范、人体各部位的运动规律等相关学科。

尺度与人体生理的关系，主要体现在室内空间尺度与家具尺寸上。人体生理计测的方法有能量代谢率法、精神反射电流法、肌电图法等（图 3-125）。

图 3-124　工作行为空间

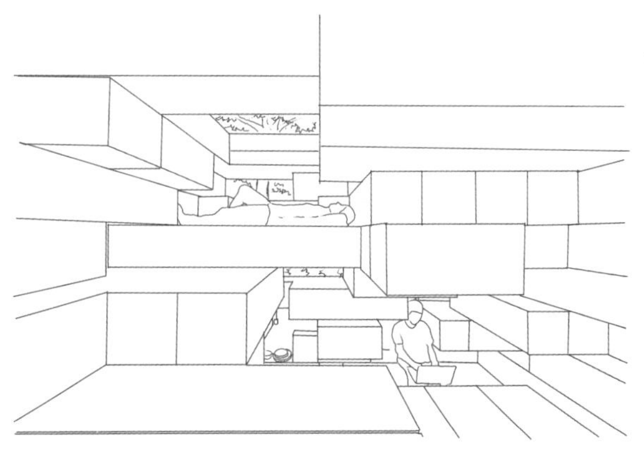

图 3-125　生理行为空间

5）心理行为

心理行为是受大脑指挥的有机体在内、外部刺激的影响下产生的动态或静态的行为。因此室内空间构成在满足客观限定、服务于人的生理行为的同时，需要“以人为本”来进行设计，强调对人心理感受的理解与探索。充分了解使用者的性格特征和内心需求，有的放矢地排布设计要素，最终为人们提供一个放松身心、安全舒适、环境优美的室内空间，进一步提升人们的生活品质。

尺度与人体心理的关系，主要表现在各空间元素尺度、形态与人心理感受上，包括家具造型及人对色彩的心理反应与视觉反馈。人体心理计测的方法有尺度法、精神物理测量法。

心理行为对室内空间构成的影响主要包含五个方面：领域性、私密性、安全性、从众性、趋光性。

（1）领域性

领域性指的是个体拥有属于自己的空间且不希望被占据或者被打扰。领域是个体占有与控制的空间，它可以是有形界，亦可是无形界、象征界。有形界如：以河流为界、城墙分隔，六尺巷的“三尺相让”等，都是对自我领域的维系。无形界如：个体所散发的，环绕体周的能量场，即为无形的领域场，这个场界随着个体亲密度的增加而衰减，每个人自我边界的衰减程度，决定着空间的可利用范围。

因此在设计室内空间时，空间的形态与尺寸应符合人的关系领域模式（图 3-126）。

（2）私密性

私密性指属于个体的私密空间，并不为其他个体或群体所打扰的领域。私密性是室内空间设计必须考虑的要素。人们在空间中往往渴望拥有属于自己的，可以发泄情感的领域，该领域构成了室内空间重要组成部分。设计师需时刻关注人对私密性的需求，帮助人们按自己的意愿支配个人领域，且能充分表达自己的情感（图 3-127）。

图 3-126 领域性空间

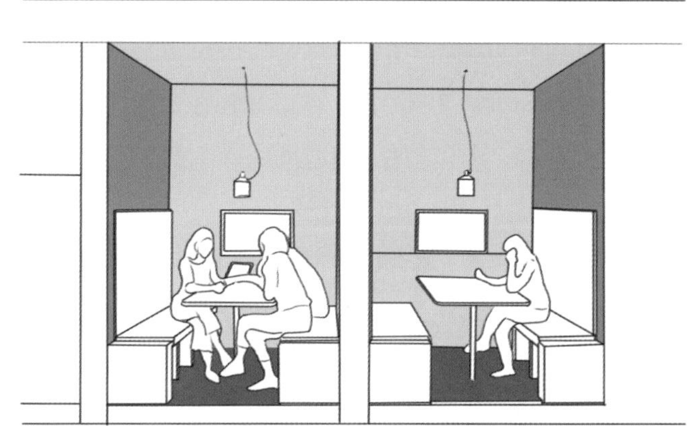

图 3-127 私密性空间

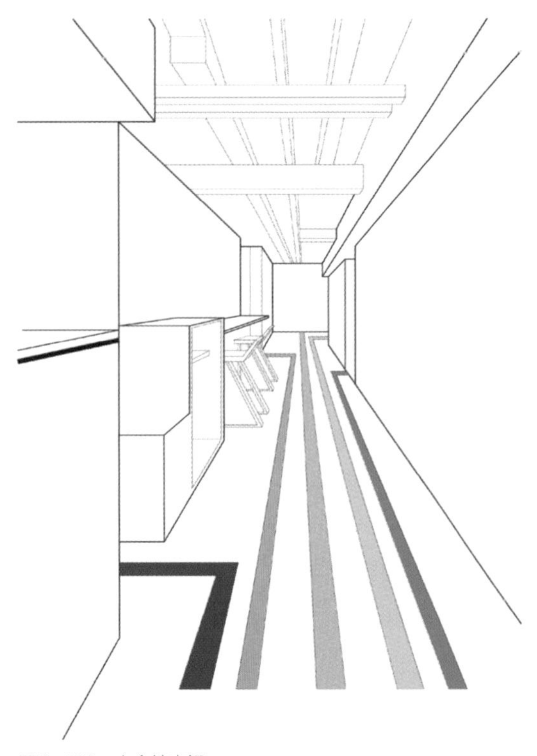

图 3-128 安全性空间

（3）安全性

安全性指空间结构在施工周期和使用周期不仅能承受住各种可能出现的力，并且在偶然事件发生时依旧可以保持必要的稳定荷载能力。另外，安全性还指空间结构具有尺度的合理性，能为使用者构建具有保护感、安全感、稳定感的积极正向的心理空间（图 3-128）。

（4）从众性

从众性指个体因某种现象或压力，促使自己的行为和信念跟随群体行为趋势的表现。在室内空间设计中，人们往往会因为未知的环境或领域，使自己屈从于群体的选择来获得正确或引导，在这种状态中设计师需要主导设计的趋势，帮助使用者更好地了解空间的情况，由此构成独特且满足使用者需求的空间。

（5）趋光性

趋光性指人们穿行在室内空间时，往往会受到光亮的指引，而选择从暗处走向亮处。由此照明或采光在室内空间中便显得尤为重要，设计师应该充分考虑人体对光的需求，加强空间构成中照明和采光的设计（图 3-129）。

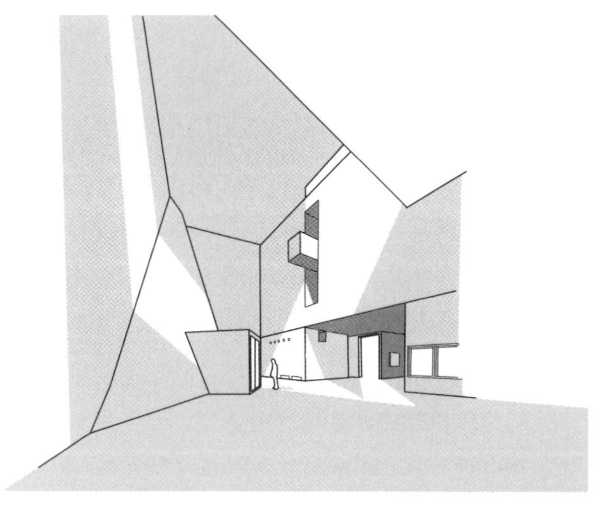
图 3-129　趋光性空间

3.3　技术方法

3.3.1　技术的含义与分类

“技术”源于希腊文“techno”和“logos”的组合，意思是论述工艺、技能等。[①] 汉语“技”字有才艺、技能和工匠的意思；“术”字有办法、策略、主张等意思。[②] “技术”为“泛指根据生产实践经验和自然科学原理而发展成的各种工艺操作方法与技能”。“除操作技能外，广义的还包括相应的生产工具和其他物质设备，以及生产的工艺过程或作业程序、方法”。[③] 技术，通俗的理解便是利用一切有效的方法去达到目的的手段和技巧。

纵观人类文明史，技术始终在学习与传承中不断进步，其分类需从本身的发展演变出发，概括为：技术首先诞生于原始手工劳作，接着在工业生产中飞速发展，如今在计算机领域中广泛影响和改变着人们的生产生活，简言之，技术可分为手工艺、工业、计算机三大类。

3.3.2　设计与技术的关系

设计与技术之间保持着相互指导、相互促进的关系。一方面设计可有效指导技术在工程中的运用。人们通常为了解决某一问题或满足某一要求而进行设计活动，该过程往往伴随着技术的难点，难点促进新的技术手段产生，由此技术得以不断更迭。

另一方面，不断发展的技术为设计提供了更多探索方向。建筑和室内的设计形式在技术进步的基础上得以进行更为复杂灵活的表达，例如框架结构促进了自由空间的诞生、网架结构促进了超大型空间的诞生，无疑，技术迭代不断推进设计和艺术的发展。

3.3.3　室内设计中技术的应用

室内设计作为表达空间形式、空间功能，展现工程技术与科学、文化与艺术相互依存，紧密结合的，涵盖多学科的综合体系，其涉及的学科门类及技术运用复杂多样，并与时代发展密切相关，因此

① 唐建 . 建筑的建筑 [D]. 大连：大连理工大学，2007.
② 李格非 . 汉语大字典 [M]. 成都：四川辞书出版社，武汉：湖北辞书出版社，2000.
③ 辞海编辑委员会 . 辞海：1999 版普及本 [M]. 上海：上海辞书出版社，1999.

本节将主要论述正在快速发展的前沿数字信息技术在室内设计中的应用。其中包括 3D 打印技术、VR 虚拟现实技术、BIM 技术以及相关联的装配式装修技术等内容。

如同在其他学科领域中的应用，数字信息技术正逐步成为室内设计领域技术发展的先导。其利用计算机、新材料、微电子、网络通信等载体进行信息的流通、应用、处理、生产、储存等，广泛地融入人们的日常生活、生产等各个领域。现今在室内设计中，数字信息技术愈发不可或缺，比如：设计师利用数字技术不断思考空间的可能性，运用虚拟化的手段，模拟空间形态，构架建筑造型，甚至可以让使用者进入虚拟生成空间进行体验，[①] 由此通过体验反馈进一步优化设计。

1. 3D 打印技术

1）3D 打印技术的概念及含义

3D 打印技术指利用三维数字技术对产品进行快速成型的技术。中国机械工程协会将 3D 打印技术界定为：借助三维数字模型，通过软件分层离散和数控成型系统，利用激光束、电子束等方法将金属粉末、塑料、细胞组织等特殊材料进行逐层堆积粘结，最终叠加成型，制造出实体产品。[②] 与传统工艺相比，3D 打印技术不采用“减材”成型技术，它采用新型增材制造方式，具有极大的设计自由度、处理方便、产品可预测性高等优点，适用于小批量生产，并成为“大批量制造”的社会模式转化为“个性化定制”的突破口。用可粘结材料逐层堆叠来构造物体的技术，来源和发展于自然界和人类社会，如燕子营巢、长城修建等。如今运用现代科技将之更为灵活快捷、准确高效地展现出来。

2）3D 打印技术的工作原理

3D 打印机在打印产品实物时，首先通过计算机获取客户提供的实体模型，然后通过分层软件将实体模型进行分层产生相关数据，再通过计算机将该数据文件传输到 3D 打印机中（图 3-130）。打印机通过预定路径基础材料或激光烧结，形成第一层固化平面层，第一层打印完后则继续循环反复打印后续平面层，最终通过堆叠的方式生成产品实物。[③]

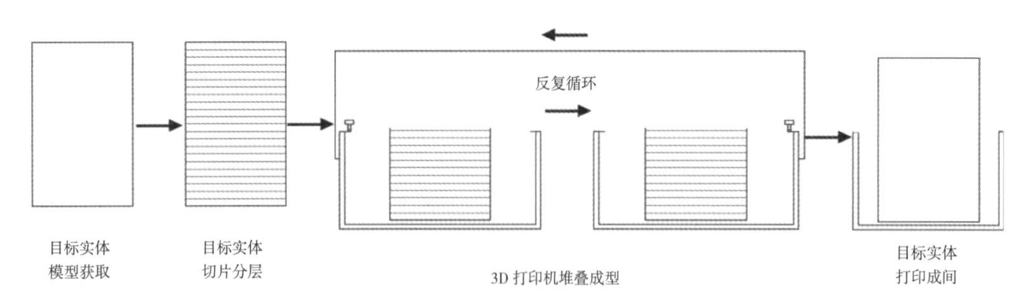

图 3-130 3D 打印的成形原理示意图

① 唐建 . 建筑的建筑 [D]. 大连：大连理工大学，2007.
② 中国工程机械协会 . 3D 打印：打印未来 [M]. 北京：中国科学技术出版社，2013.
③ 刘智，赵永强 . 3D 打印技术设备的现状与发展 [J]. 锻压装备与制造技术，2020，55（6）：7-13.

3）3D 打印技术的类型分类

3D 打印技术因材料类型的不同而使用不同打印工艺。其可分为喷墨沉积型技术、熔融沉积成型技术、立体光固化技术、选择性激光烧结型技术、分层实体制造技术和激光成型技术这六大类型（表 3-1、表 3-2）。

3D 打印技术类型分类　表 3-1

3D 打印工艺类别	工艺流程
喷墨沉积型技术	3DP（Three-Dimensional Printing）三维印刷技术，采用标准喷墨打印技术，先铺一层粉末，再使用喷嘴将连结体胶粘剂置于成型的位置，以打印层层横截面数据的方式逐层创建部件直至最终打印完成
熔融沉积成型技术	FDM（Fused Deposition Modeling）熔融沉积又称为熔丝沉积，其原理是将丝状且具有热熔性质的材料加热熔融，同时经过三维喷头挤压喷出
立体光固化技术	SLA（Stereo Lithography Appcaranco）固化技术采用高强度的激光和极长的波长共同聚集到材料的表层，各分层截面信息在机器的控制下进行计算，在光敏树脂表面进行扫描，接着点到面依次凝固，最终完成部件的薄层平面作业
选择性激光烧结型技术	SLS（Selected Laser Sintering）选区激光烧结技术是在工作区铺至一层粉状材料，二氧化碳激光器在计算机的控制之下按照所需的成形物体外轮廓信息对粉状进行烧结，经过不断循环，由离散点逐渐堆积而成
分层实体制造技术	LOM（Laminated Object Manufacturing）又称为叠法成型，计算机中的激光切割系统能将数据数字化，由此利用激光可在热熔胶材料上切割出内外轮廓
激光成型技术	DLP 技术与 SLA 技术较类似，但 DLP 主要利用高分辨率的数字光处理器投影仪来进行固化液态光聚合物，然后进行逐层固化
紫外线成型技术	UV 技术通过 UV 紫外线照射液态光敏树脂，进行由下而上的堆叠成型建造

3D 打印技术材料、工艺原理及成品　表 3-2

技术类型	材料类型	工艺原理	打印成品图例
喷墨沉积型（3DP）	石膏粉末		

续表

技术类型	材料类型	工艺原理	打印成品图例
熔融沉积型（FDM）	塑料丝	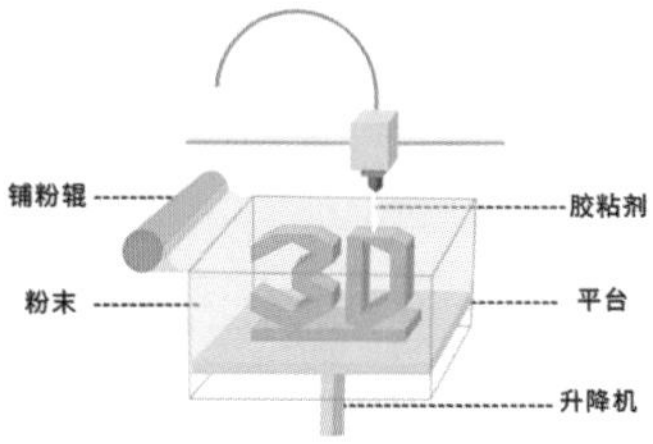	
	聚乳酸		
立体光固化（SLA）	光敏树脂	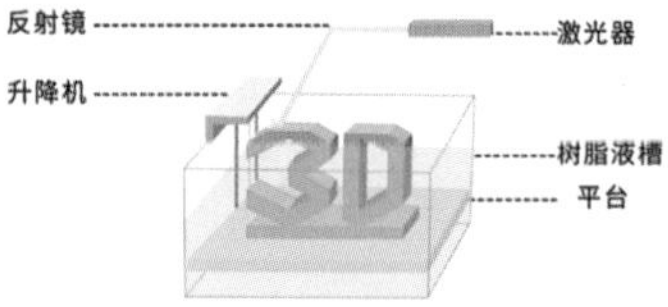	
选择性激光烧结型（SLS）		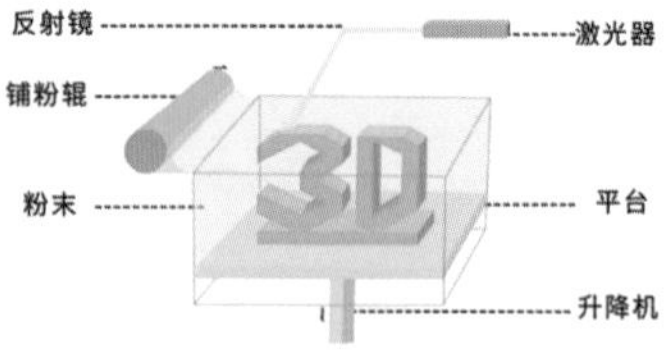	
分层实体制造型（LOM）	金属类	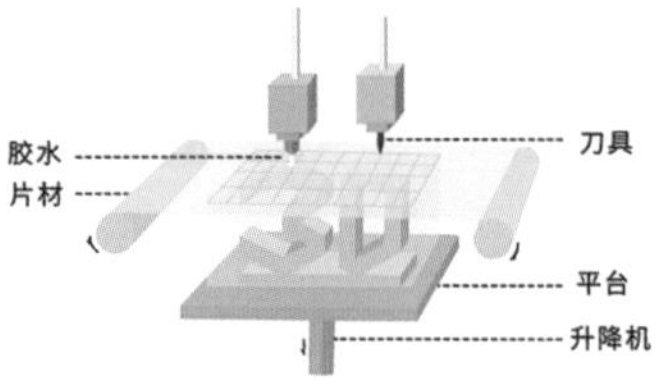	

4）3D 打印技术的应用

（1）室内界面构件

3D 打印技术的一体式技术特征适合于创造令人难以置信的复杂的内部界面。加拿大的一个面积达到3500平方英尺(约325.16m^2)的玻璃展示橱窗内就向大众展示着一面造型复杂的砂岩类墙面——“阿拉伯式花纹墙”。这件作品完全由专用砂岩 3D 打印而成，一共有 2 亿多个面，结构纷繁优雅，完全实现了数字化建造，其工艺突破了传统 3D 打印的 CAD 建模等技术，是极具空间复杂性和独特气质的建筑构件。

3D 打印技术的许多特点优于传统的制造方法，可以创造出比传统方法更复杂的家具结构，摆脱传统家具结构工艺制造的困境，并释放了设计师的设计灵感。2015 年洛杉矶的建筑设计工作室（SDA）与 3D 打印厂商 Stratasys 公司合作，设计了一种既是躺椅又是摇椅的两用椅，完成后将其命名为“Durotaxis 椅”（图 3-131）。“Durotaxis 椅”的完成体现出 3D 打印任意造型与整体成型的优势，3D 打印技术使得设计师能够在保证产品舒适性的同时自由发挥丰富的想象力。

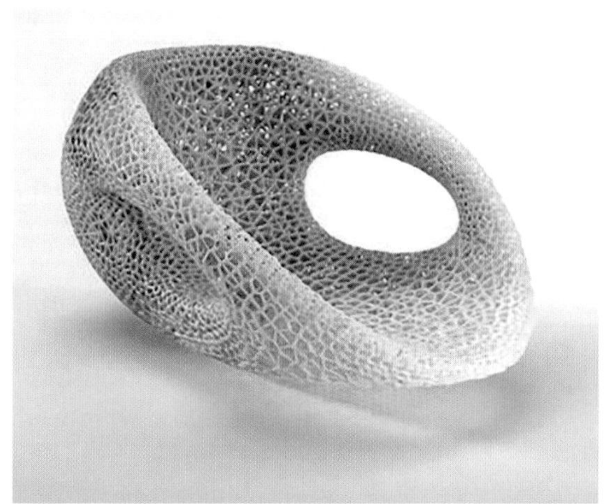
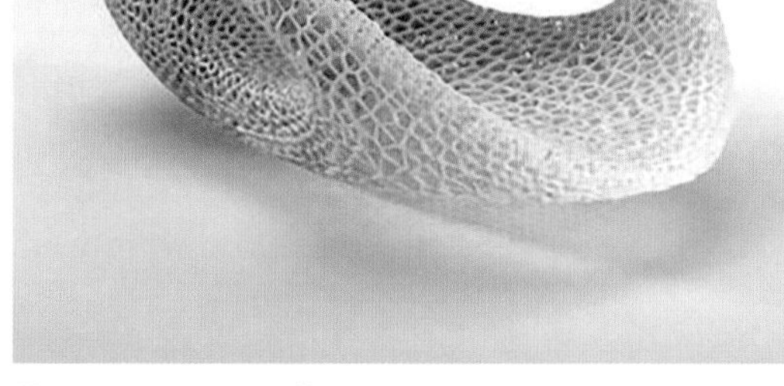
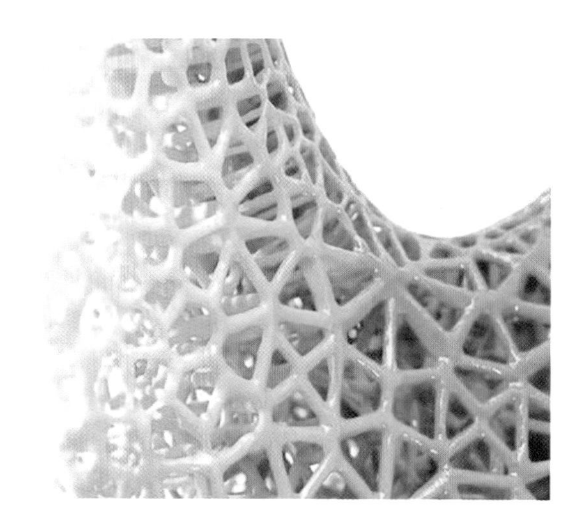

图 3-131　Durotaxis 椅

（2）室内装饰品打印

3D 打印顺应了当代智能化生产、个性化生活的潮流，正在室内装饰实验、适用领域快速发展。[①②]比如：3D 打印灯具能够让室内照明需求与空间个性要求方面得到高度统一，浑然天成的造型与结构体现出 3D 打印任意性与整体成型的优势（图 3-132）。

2. VR 虚拟现实技术

1）VR 技术的概念及含义

虚拟现实（Virtual Reality，简称 VR）技术是一种仿真技术，它融合了计算机图形学、多媒体技术、传感技术、网络技术、立体现实技术、人机交互接口技术等在内的众多技术。[③]它能通过计算机创

---

① 保彬，韩顺锋 .3D 打印技术优缺点及在家居装饰中的应用要点解析 [J]. 科技展望，2015，25（34）：121-122.
② 洪庆平 .3D 打印技术在工业设计中的应用及影响 [J]. 企业导报，2016（16）：47，49.
③ 湘军，孙建，何汉武 . 虚拟现实技术的演变发展与展望 [J]. 系统仿真学报，2004，16（9）：1905-1909.

建出一个虚拟环境，实现对现实世界各种对象及环境的逼真模拟，是一种多源信息融合交互的仿真系统。虚拟环境（图3-133）通过三维动态场景和音效播放等给用户直观的视觉、听觉感知，并通过模拟实际对象的行为使得用户可以通过相应的设备与之进行动态的实时交互。[①] 在这种虚拟环境下，人们可以充分地体验到空间的沉浸感、叙事性，从而在高仿真的环境下探索更深刻的认知体验。

图3-132　3D打印灯具

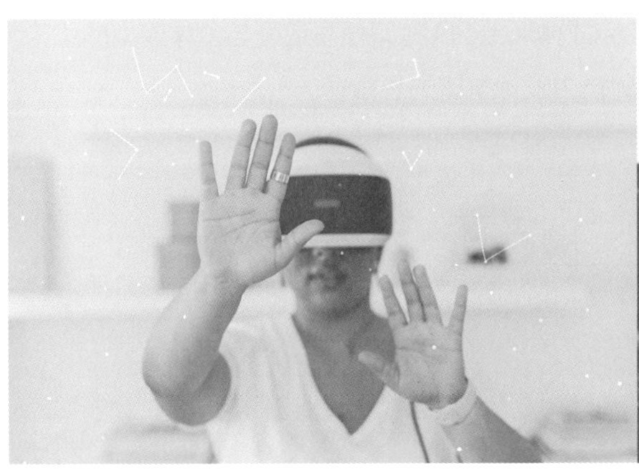

图3-133　VR头戴式显示器

虚拟现实技术的基本原理（图3-134）是指在物理交换空间中，用户通过传感器等设备与计算机硬件及虚拟现实引擎进行虚拟环境的交互。其主要过程为：计算机硬件和虚拟现实引擎渲染并显示出虚拟环境，虚拟环境中各个对象的行为和状态通过各种传感器和设备传达给用户，用户感知到后与虚拟环境进行交互从而控制虚拟环境中的各个对象。[②] 虚拟现实利用人的视觉、听觉和脑部去模拟和感知现实空间，体验者在虚拟空间中不仅能感知虚拟世界的信息，还可以与之互动、探索。用户在虚拟场景中沉浸式体验模拟现实空间，不断感知各类信息，对信息了解越充分，就越能准确把握环境。从而能更好地感知空间（图3-135）。

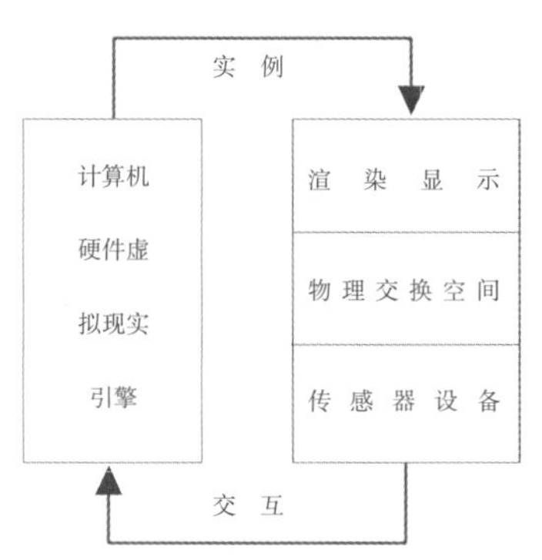

图3-134　虚拟现实技术的基本原理

2）VR技术的基本特征

关于VR技术的特征，早在1993年的世界电子会上，美国科学家布尔代亚（Burdea G）和菲

① 熊帅．光电经纬仪虚拟现实仿真平台设计及关键技术研究[D]. 成都：中国科学院研究生院光电技术研究所，2013.
② 熊帅．光电经纬仪虚拟现实仿真平台设计及关键技术研究[D]. 成都：中国科学院研究生院光电技术研究所，2013.

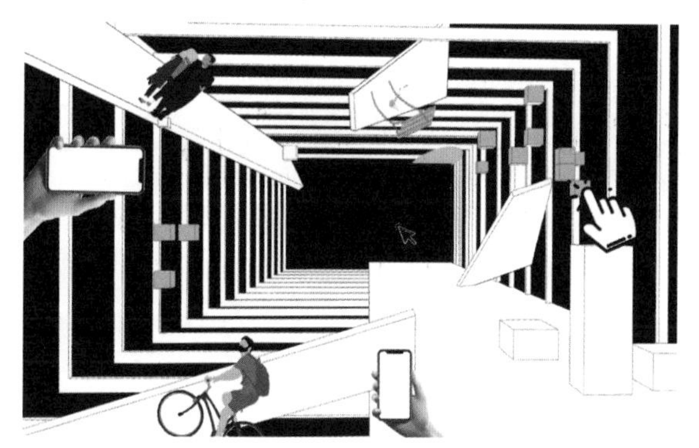
图 3-135 虚拟空间

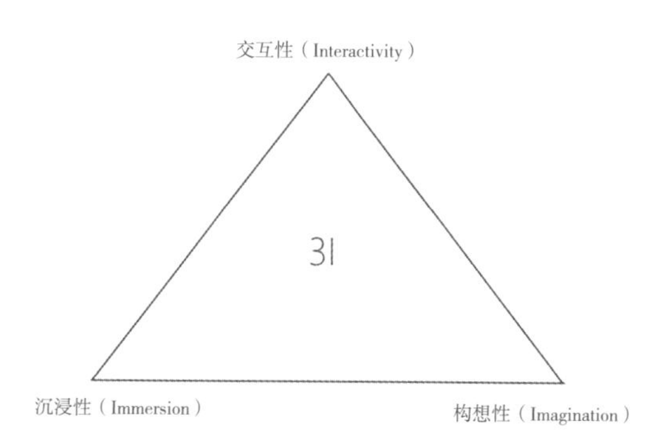

图 3-136 3I 理论示意图

利佩（Philippe Coiffet）便提出了著名的“3I”理论（图 3-136）。[①] 即与传统计算机技术相比，VR 系统具有沉浸性（Immersion）、构想性（Imagination）和交互性（Interactivity）三个特征，具体列表，见表 3-3。

VR 系统特性　　表 3-3

特性	具体解释
沉浸性	沉浸性是指在使用计算机硬件和虚拟现实引擎来模拟真实的三维场景的过程中，虚拟环境被感官真正感知的程度，这包括视觉、听觉、触觉、嗅觉和体感的沉浸
交互性	通过各种传感器和设备（数据手套、传感头盔等）建立与多维信息环境（视觉、触觉、听觉）互动的渠道，用户可以通过动态和实时的方式与虚拟环境互动，改变了传统的人机互动方式；用户可以控制虚拟环境中物体的行为和状态，而虚拟环境可以向用户提供反馈
构想性	VR 技术旨在通过虚拟环境的营造建设，让人沉浸在这个环境中并获取新的知识，从而产生新的思考，呈现出设想性特征

3）VR 技术的类型及分类

人们针对 VR 系统的特征，从不同角度对它们进行了分类，现将其总结见表 3-4。

不同角度 VR 分类表　　表 3-4

分类方式	类型	具体解读
与外界的交互程度	封闭式虚拟现实系统	这类系统与外部现实世界不产生直接交互；环境是人为虚构的，并不存在于真实的世界，该系统主要是为了验证某些现象或进行娱乐，包括训练、模拟、验证等；整体系统不与现实产生反应
	开放式 VR	通过利用 VR 对现实世界进行交互或模拟操作、操控等，以达到克服现实环境的限制，如危险、不便到达、不能到达等；或使操作达到更方便、更可靠的目的，如提供碰撞检测、报警，减轻操作员的心理负担，减少操作失误，这些操作可以对现实世界进行直接作用或得到各种反馈
	封闭虚拟现实与开放式 VR 结合	这类系统是前两者相结合，兼有两者的特点，是较为实用的虚拟现实系统

① Dong-Jin Kim，Leonidas J. Guibas，Sung Yong Shin. Fast collision detection among multiple moving spheres[J]. IEEE Transactions on Visualization and Computer Graphics，1998，4（3）：230-242.

续表

分类方式	类型	具体解读
沉浸程度	桌面虚拟现实系统（Desktop VR）	这类系统主要是基于高性能 PC，再结合一些辅助插件，如图形加速卡等；随着硬件性能的不断提高，这类系统完成的工作范围不断扩大，再加上廉价的成本，桌面虚拟现实系统成为向社会推广普及的首选产品
	沉浸式虚拟现实系统（Immersive VR）	这类系统都是基于高性能计算机的大中型 VR 系统，但一般是为了某一特定的体验、模拟等
	分布式虚拟现实系统（Distributed VR）	这类系统一般是针对大型复杂的模拟，由众多的子系统组成一个大系统，如战场虚拟现实系统等
用户的视觉环境构造方式	佩戴型虚拟现实系统	这类系统的典型代表式立体显示头盔（HMD）；其原理是用两个 LCD 屏幕成立体对，头盔结构中安装广角光路，佩戴者可以自由走动
	固定式 CRT 技术	这类系统固定放置，可多人同时使用；但无环绕视觉感，约束感小，适用于集体场景、大屏幕场合

4）VR 技术的应用

（1）预装修体验

VR 技术可以用来将虚拟建筑环境实景化，实现室内空间的数字多媒体演示，多角度向用户展示设计方案。比如：室内装饰施工之前，设计师通常会经历一个三维空间的重建，包括家具、墙纸、地板覆盖物和其他相关材料的质量、规格、位置选择和颜色搭配的设计过程。在这个过程中，运用 VR 技术设计师可以感受到虚拟环境的真实性，并结合业主对室内空间的要求，优化方案，保证室内设计方案的质量。VR 设备（图 3-137）、计算机和相应的软件可以帮助室内设计师用来实现对环境的掌握，增强对人类感官的体验，在经过深思熟虑的计算和推理后，能准确地了解到室内设计所涉及的因素。

图 3-137　VR 技术进行室内方案的明细化设计图

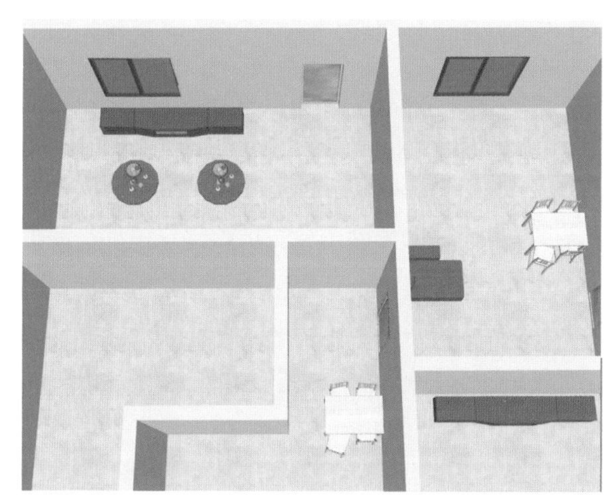

图 3-138 VR 技术在室内设计中的模拟化视图

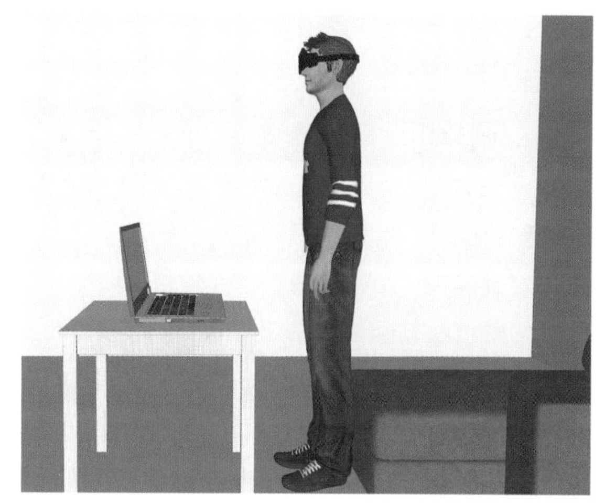
图 3-139 设计师通过 VR 技术感知室内的全景概况

（2）对室内信息和数据有效掌握

VR 技术可以全面检测室内环境的情况，能够对室内环境进行全方位、系统性地分析，还可以对物体间距以及空间布局等方面进行良好地把控，确保室内设计的科学合理。通过 VR 技术的模拟化视图，设计师者可以清晰地看到室内的全景概况，还可以利用计算机操作自动转变各种空间的布置，从而让用户通过直接观察选出最优的设计方案。[1]（图 3-138、图 3-139）

（3）构建动态的连续化空间

设计师需要在设计的早期阶段综合考虑许多因素，如建筑形态、空间功能、构建材料和色彩搭配等，以确保解决方案的理想性。传统室内设计主要依靠制作动画来展示空间的动态效果，以便为使用者提供详细的空间情况，但终究与逼真、立体的空间效果相去甚远，如今，利用 VR 技术可以建造一个相对动态的连续化虚拟空间，可以让使用者沉浸其中，进行多感官的体验，后续的体验反馈可有效帮助设计改进，最终满足用户的实际需求。

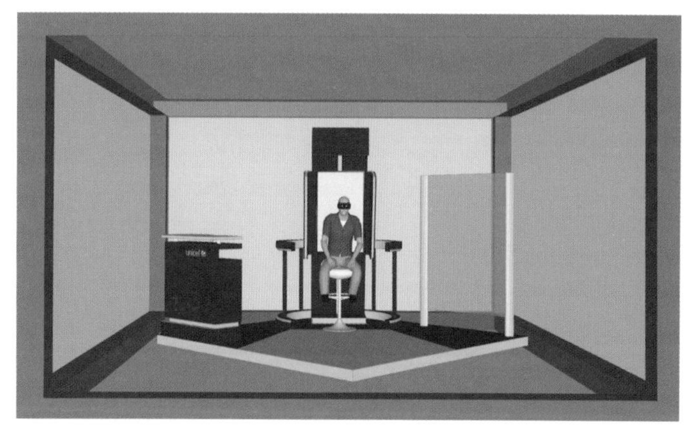
图 3-140 用户全方位、立体地体验设计效果

（4）样板间的应用

在室内设计中，创建一个样板间需要大量的时间和精力。在设计样板间时，设计师需要对不同风格的样板间做出初步规划设计。同时，不同设计风格和不同客户的要求需要被考虑并进行实时有效地调整，在这个过程中可能会出现新的设计要求和难点。这种情况主要是由于传统的样板间设计无法向用户呈现全面、立体、直观的前期装修体验，而 VR 技术可以实时生成图像，更好地记录客户的实际

① 王恺 . 虚拟现实技术在家装领域中的应用与趋势研究 [D]. 西安：西安工程大学，2018.

体验，继而使得 VR 技术的信息模型成像技术可以帮助设计师能够快速调整模型数据，并最终为用户呈现他们需要的空间体验。

（5）应用于设计理念的呈现

VR 技术可以用来将设计理念以一种易于理解的方式呈现出来。如在进行室内设计之前，设计师需要结合建筑的实际情况和结构，展示他心目中的设计理念。设计师要使用计算机软件来呈现不同类型的概念图形，但这种概念是非常复杂的或抽象的，而 VR 技术可以以全息和快速的方式来呈现这些画面。在具体应用过程中，设计者可以把自己的设计理念和性能效果放到虚拟的实景化的环境设计方案中，这样就可以高逼真地感知实际的方案其预期效果，便于较为直观地判断其是否与设计理念一致。

3. BIM 技术

1）概念及含义

BIM（Building Information Modeling），即建筑信息模型。关于 BIM 的概念，不同的机构和组织对其的定义也有不同的版本，其中美国对于 BIM 的定义是国际上公认比较完整、准确的："BIM 是设施（建设项目）物理和功能特性的数字表达；BIM 是一个分享有关此设施的信息，并成为该设施从概念到拆除的全生命周期中的所有决策提供可靠数据的过程；在项目的不同阶段，不同利益相关方通过 BIM 中插入、提取、更新和修改信息，以支持和反映其各自职责的协同作业。"①

20 世纪 70 年代第一次出现了 BIM 技术这个概念，来自卡内基 · 梅隆大学建筑与计算机科学专业的查理 · 伊士特曼（Charlie Eastman）博士提出，他在《AIA 杂志》上发表的"建筑描述系统（Building Descripition System）"工作原型，与现在常说的 BIM 概念有一定的相似性。1986 年就职于 GMW（GIGEN M ü ller & Weight）公司的罗伯特 · 艾什（Robert Ash）提出了"Building Modeling"的概念。这个 BIM 初期的概念就已经涵盖了 3D 建模、自动出图、参数化构建、关联数据库和施工模拟等内涵。②而"Building Information Modeling"一词最早出现在 2002 年，是由戴夫 · 莱蒙特（前 Revit 公司总裁）与其公司市场部副总裁埃里克斯 · 奈豪斯（Alex Neihaus）在一次国际会议中首先提出。后来在国际建筑师协会（UIA）中，欧特克（Autodesk）公司的副总裁菲尔 · 伯恩斯坦（Phil Bernstein）将"Building Information Modeling"一词做了简化即"BIM"。同年杰里 · 莱瑟林（Jerry Laiserin）在文章中公开提出要把 BIM 一词作为专业术语推广。

在建筑行业进行第一次革命（即广泛运用电脑绘图代替手工绘制图纸）之后，BIM 技术飞速发展，已经成为近几年来以数字计算机为基础发展出来的一种新型多维模型信息技术，因此 BIM 技术的应用也被称为"第二次建筑设计革命"。BIM 技术在建筑项目过程中可以实现所有参与方的资源共享和信息化合作，并对其建筑全生命周期中可能出现的问题进行统一的审核和解决（增设、更改和读取信息），进而使参与整个建筑生命周期的各个部门的工作质量以及效率得到极大的提升，最终实现减少信息传达错误率及控制人力物力成本的目标。

维基百科中对 BIM 的定义是：由完全和充足信息构成以支持生命周期管理，并可由计算机应用程

① National Institute of Buiding Sciences.United States National Building Information Modeling Standard，Version1–Part 1[S].
② 刘艺 . 基于 BIM 技术的 SI 住宅住户参与设计研究 [D]. 北京：北京交通大学，2012.

序直接解释的建筑物和建筑工程中所有的数据处理。[①] 在中华人民共和国住房和城乡建设部发布的《建筑信息模型应用统一标准》GB/T 51212—2016 中将 BIM 的定义为："在建设工程及设施生命期内，对其物理和功能特性进行数字化表达，并依次设计、施工、运营的过程和结果的总称，简称 BIM 模型。"（图 3-141）[②]

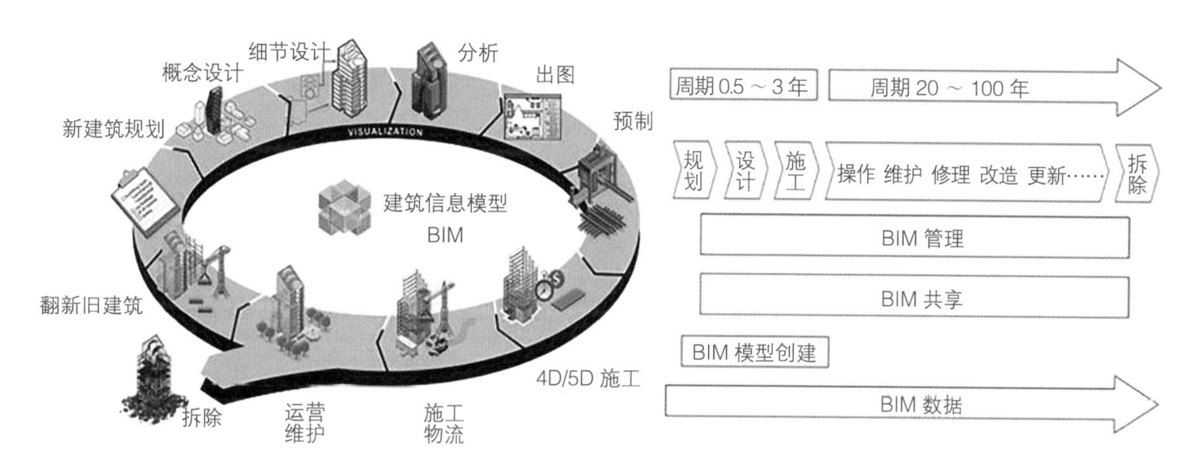

图 3-141 BIM 与建筑全生命周期

2）BIM 的特点

（1）可视化

依靠 BIM 技术可大大提高项目的可视化程度，在设计过程中，BIM 技术可以为设计师们呈现更加直观的三维立体模型，而他们可以在这个基础上思考设计，将设计意图反馈到模型中去，为各专业、团队间的交流与决策带来了极大的便利性（图 3-142）。

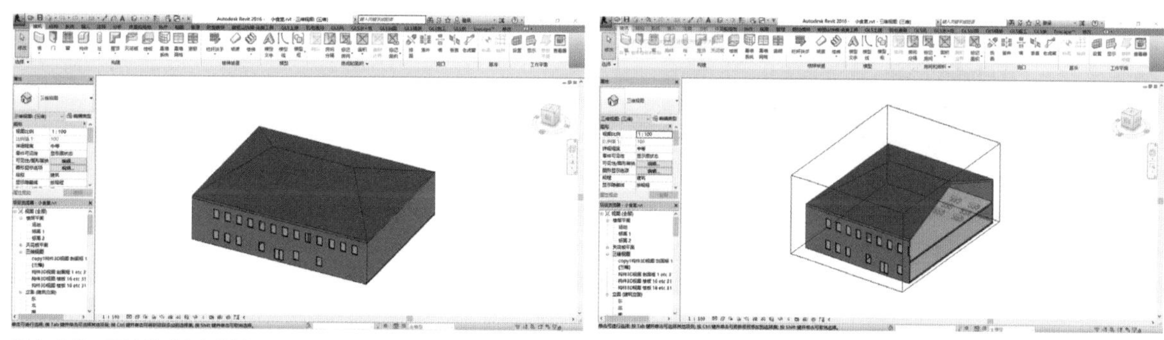

图 3-142 BIM 技术的可视化

（2）仿真性

仿真性（图 3-143）体现在项目的进程中，可以依托 BIM 技术对建筑性能进行仿真模拟，范围可以包括建筑的节能减排、消防疏散、热传导、风环境，以及光环境等方面，在建设之前就对建筑的

① 建筑信息模型 . 维基 [EB/OL].
② 中华人民共和国住房和城乡建设部 . 建筑信息模型应用统一标准：GB/T 51212—2016[S]. 北京：中国建筑工业出版社，2016.

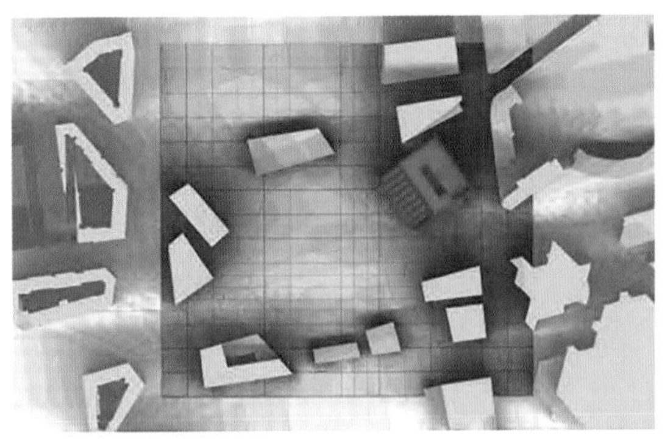
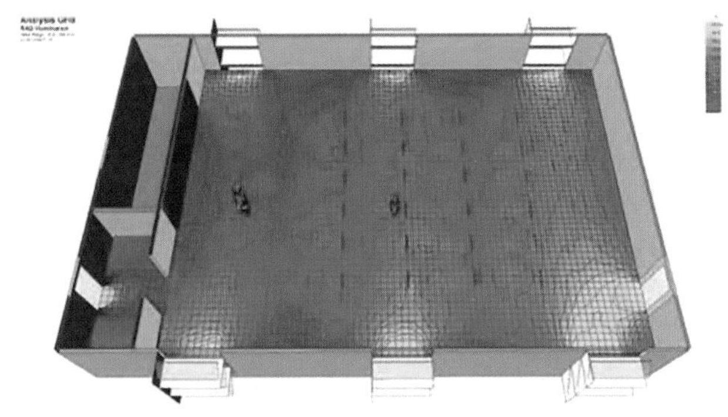

图 3-143 BIM 技术的仿真性

各项指标有一个整体的把控。

（3）协同性

协同性是建筑业项目进行中的一项重点内容，建筑项目的进行有赖于各参与方的高效协同与合作，协调性的问题一直都是各参与单位重点关注和研究的问题。

（4）可视化

优化工作存在于协同的各个阶段和方面，每一个阶段都可以理解为对上一阶段工作的进一步优化。BIM 技术通过可视化表达、参数化设计、模拟检测等方面的应用可以及时发现设计当中存在的问题，供设计师制订可行的优化方案。

（5）可出图

BIM 模型（图 3-144）能够自动根据三维模型输出二维图纸，可从不同维度满足使用者的需求。

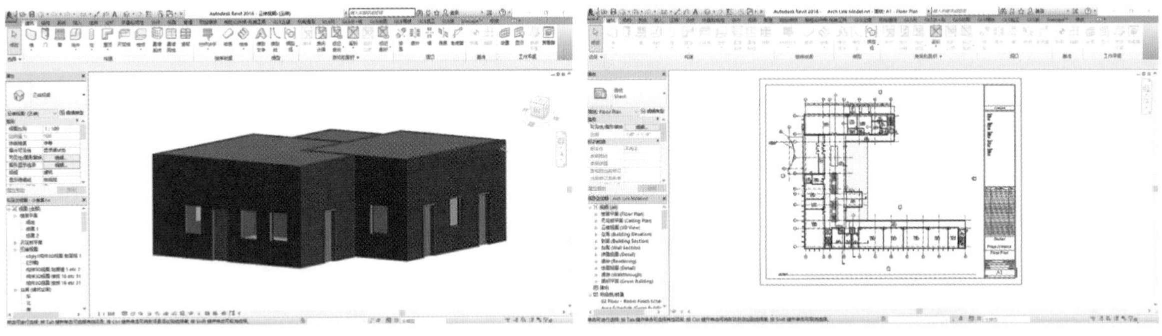

图 3-144 BIM 模型的可出图性

3）分类

BIM 技术作为促进建筑行业包括空间环境设计行业向前发展的重要技术推动力之一，它包含了建筑及空间环境从方案设计初始阶段一直到建筑物的拆除之间的所有环节，涵盖了设计、施工、工程管理等各专业的协同设计，所以这绝不可能是某一款单一软件就可以完成的。

据统计，仅国内现有的 BIM 相关软件就有 100 多款，主要分为以下几类（表 3-5）：BIM 方案设计软件、BIM 核心建模软件、BIM 结构分析软件、BIM 机电分析软件、BIM 可视化软件、与 BIM 接口的几何造型软件、BIM 绿色可持续分析软件、BIM 模型检查软件、BIM 运营管理软件、BIM 造价管理软件等，其中 BIM 核心建模软件是 BIM 技术应用的基础软件。[①]

BIM 技术软件分类 表 3-5

BIM 技术软件分类	具体软件
BIM 方案设计软件	Affinity、Onuma Planning System
BIM 核心建模软件	Autodesk Revit、Bentley、ArchiCAD、CATIA
BIM 结构分析软件	PKPM、ETABS、Robot Structural Analysis
BIM 机电分析软件	Design Master、Trane Trace
BIM 可视化软件	3Ds Max、Accurender、Artlantis
BIM 绿色可持续分析软件	Ecotect、IES、EnergyPlus
与 BIM 接口的几何造型软件	Rhino、From Z、Sketchup
BIM 模型检查软件	Solibri Model Checker
BIM 造价管理软件	ArchiBUS
BIM 运营管理软件	Innovaya、Solibri Model Checker

4）BIM 技术在室内设计中的应用

（1）丰富的附加功能

利用 BIM 数据库可以查询所有的建筑信息，不仅为前期设计准备工作提供了多种数据支持，也为随后进行的设计工作创造了便利。如它可以用来自动计算工作量，各种门窗表和材料清单都可以从模型中轻松生成。BIM 技术还可以根据房间界面的大小，去匹配合适的装饰构件。设计师可以很便捷地使用这些表格来控制工程报价或投标报价，为项目预算提供一个准确的数据基础，并确保实际费用在预算范围内。

（2）合理化室内照明系统设计

照明系统设计不仅在室内设计中发挥着重要的作用，同时也是衡量设计师设计能力的标准之一。室内照明设计不仅提供合理的室内空间照明，而且还可提升室内环境的美感，同时可减少人工照明等方式的能源损耗，成功地将绿色节能理念融入室内设计工作中。设计过程中，利用 BIM 技术建立数据模型，模拟和分析室内的自然采光数据，根据实际情况选择合适的装修材料，合理规划和布局空间内的各种元素，从而达到提升空间自然采光效果和改善空间人工照明效果的目的。不同的室内环境对照明条件有不同的要求，需要在照明设备的类型、数量和参数方面进行组合，利用 BIM 技术可以对照明和三维空间条件进行模拟，从而不断优化照明系统设备的布局，促进照明系统的功能性和装饰性达到和谐统一，既满足了采光照明需求，又满足了感官审美需求（图 3-145）。

（3）帮助宜居设计

BIM 技术的运用，可以多角度帮助设计者构建舒适宜居的室内空间。比如：利用 BIM 技术可以构建一个包含所有参数的全新室内模型，通过该模型对室内色彩、气温以及风压等进行调配，以达到改善室内环境的目的。并可以对室内通风、家具选择、装修材料和景观布置进行分析。同时运用 BIM 技

① 王米来 . 建筑信息模型技术在室内设计中的应用研究 [D]. 北京：北京建筑大学，2015.

图 3-145 室内照明设计

图 3-146 室内的植被摆放

术对材料的 VOC（挥发性有机化合物）含量进行分析计算，帮助选用合适的材料，以降低有害材料对室内空气质量的影响。BIM 技术可以计算植物对室内污染物的吸收能力，并预测植物的净化效果，辅助室内绿植的排布。另外，生活中室内会产生各种噪声，利用 BIM 技术可以实时检测噪声，并提出相应的解决策略（图 3-146）。

（4）协助室内视线设计

不同的室内空间环境和空间功能对视线设计有着不同的要求，如剧院和电影院有更明确的视觉效果要求，如珠海歌剧院观众厅的主观视角模拟。因此，此类空间设计过程中需要多次将设计方案与室内视觉效果的要求进行比较和分析。而在住宅室内设计中，则必须注意视觉效果的协调。上述两种环境均可利用 BIM 技术建立数字信息模型，进行现实的重建，并为评估视线提供一定的基础，以协助室内视线的设计。一般来说，室内景观是室内装饰的重要组成部分，合理使用可以增强室内环境的自然亲和力。在室内空间设计时，要考虑室内景观与建筑本身的关系，室内景观与室内空间的融合，运用 BIM 技术可以用来比较和分析影响室内景观的陈列因素，优化设计方案，提高设计质量等，给用户带来更好的精神享受。

4. 装配式装修技术

1）装配式装修概述

（1）装配式建筑的概念

1974 年联合国发布的《政府逐步实现工业化的政策和措施指引》提出“建筑工业化”的定义：是指建筑业由传统手工业生产转变为机器大工业生产，并实现社会化生产的过程。[①]

在建筑工业化生产需求的背景下，随着相关技术的不断发展完善，装配式建筑技术应运而生。该技术使房屋的建造过程能够像机器生产一样，通过模块化的组装形式将建筑成批次地进行生产，把在工厂已经预制好的相关构件运输到建筑工地，现场进行组装以及完成最后的施工。与传统建筑技术相比，装配式建筑技术最大的优势在于大步提高了建筑施工效率，大幅降低了施工成本。由于整个装配式建筑过程是由标准化的构件组成的，所以只要事先根据装配式建筑的要求对组装的构件进行合理设计，

① 刘长发，曾令荣，林少鸿，等. 日本建筑工业化考察报告（节选一）（待续）[J]. 居业，2011（1）：67-75.

并将不同材料接口进行预留，就可以完成装配式建筑的大部分项目。同时，装配式建筑具有建造速度快、环境污染小、施工质量高等优势。基于装配式建筑的以上特点，不难看出，装配式建筑正逐渐成为建设行业中的一种主流趋势，那么必然会对与之关联的室内设计造成一定的影响。[①]

（2）装配式装修的概念

装配式装修是对一种技术系统的宏观概括，主要是指以工业化的模式，经模块化、标准化设计生产的建筑装饰部件，以现场干式工法施工为主的装配式工艺进行组合，完成建筑全装修的一种建造模式（图 3-147）。

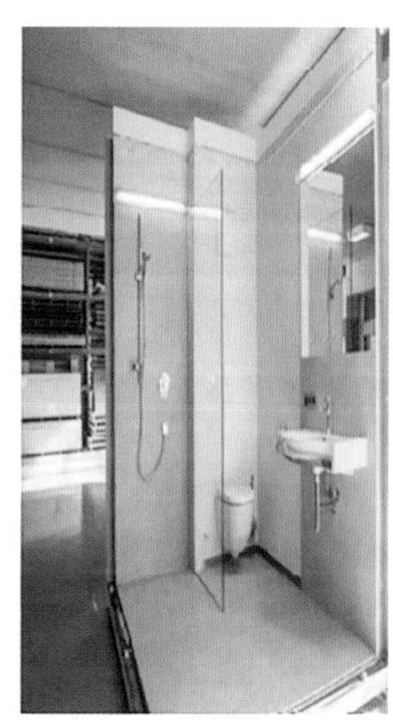
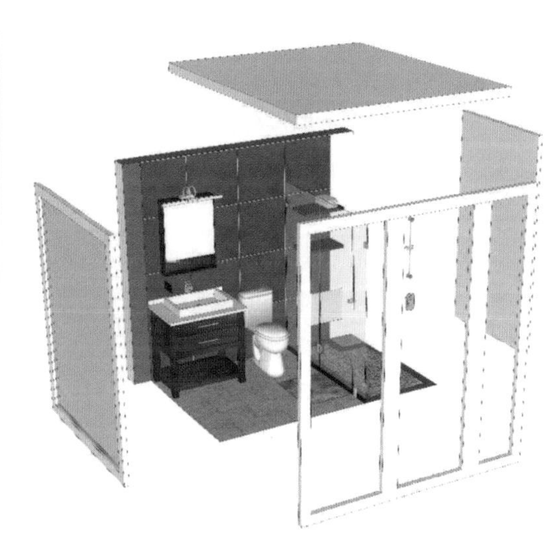

图 3-147　传统装修与装配式装修

装配式装修，首先是装修设计整体化。主要是装修部件、产品、材料工业化生产，实现高度标准化、模数化、集成化、通用化。再由现场依照标准化程序装配安装完成的一种高度体系化的精装修模式，装配式装修最终可以实现装修的工业化大规模生产。该技术在框架标准化的优势下又具备个性化的特色，可以说是规模与特色并重。[②]

一般装配式装修构件是在工厂标准化生产、工地现场安装的，所以在施工中就不会产生太多问题，工厂化生产不仅提高了装修质量和施工效率，也减少了室内环境污染和材料消耗。比之传统装修，装配式装修节约了一半时间。

2）装配式装修技术与传统装修技术的区别

装配式装修技术与传统装修技术在工艺方法、预算控制、工程管理、工期及原材与质量上有着明显的区别，列表见表 3-6。

① 梅子胜．装配式建筑的兴起对室内设计的影响 [J]. 建材发展导向，2021，19（16）：226-227.
② 谭辉洪．装配式建筑室内装饰设计方法革新探索 [J]. 城市建设理论研究（电子版），2019（6）：92-94.

装配式装修技术与传统装修技术的区别 表 3-6

	传统装修技术	装配式装修技术
工艺方法	在现场进行材料加工，且大部分为湿法作业，管线结构不分离	由工厂预制生产，现场进行组装装配，全程干法工法施工，管线结构分离
预算控制	传统装修洽谈商议过程较多，最终导致费用变化较大，成本难以得到控制	装配式装修在设计阶段可通过BIM分类统计完初步报价，签订合同后直接交付工厂生产，完全数据化运营
工程管理	工程项目多，开放周期较长，容易增加额外管理销售、财务、施工等人工成本，最终因时间成本导致整体预算上涨	简化管理，以产业工人代替传统装修工人，大幅度降低了人工成本，并且相比传统装修可节约 60% 材料成本，整体来说周期快、成本低
工期	以 60m^2 的两居室为例，传统装修期至少 1 个月	以 60m^2 的两居室为例，装配式装修仅需 3 个装修工人 10 天交付
原材与质量	材料种类繁多，选购费力费神，在现场进行二次加工容易造成资源浪费，同时还会污染环境；由于受到材料处理的限制、施工者技艺水平的高低影响，导致每次施工难以保证品质如一	部品系统由工厂集成生产，有效解决了施工原材误差和模数接口问题，既减少原材料浪费，又提升了安全性和耐久性；装配式标准化率达 90% 以上，装修部品、部件均在工厂预生产，有严格的技术管控，保证品质始终如一

3）装配式装修在室内设计中的应用

在室内设计、装修中，主要围绕室内空间的三类界面，即顶、地、墙进行，在装配式装修中也是如此。

（1）装配式墙面系统

装配式墙面设计施工程序是将设计产品所需要的原材料、部件经过工厂标准化生产、处理之后，运输到施工现场进行组合拼装即可完成预想的装饰效果。常见的安装方式可以分为承插式、旋盖式，并且有暗缝和明缝两种不同的效果。暗缝会形成最直观的装饰效果，在远处并不会发现装修材料之间的缝隙，效果较好。明缝则大多采用金属材料进行装饰收边。在室内设计中对于墙面装饰的质量要求较高，不仅需要墙面光滑平整，也需要墙面有好的装饰造型和技术，所以在施工中需要制订严格的标准，并按照此标准进行施工。

装配式墙面（图 3-148）具有防潮、易擦洗、使用寿命长等优点，改变了传统墙面装饰容易发霉、难清洁等弊端。如轻龙骨填岩、棉外贴涂装板的轻质隔墙结构具有施工方便、隔声效果好、防火性能好，以及保温性能好等特点，并可以有效缩短施工工期，降低人工成本和时间成本，施工质量和效果能够得到保障等，常用于卫生间和卧室的隔断设计中。①

（2）装配式吊顶系统

吊顶是室内空间三类界面设计中的一个重要元素，不仅是为了空间的装饰性，吊顶还具有吸收、保温、隔热、照明、空调、音响以及防火功能。在构建装配式吊顶系统时，首先是进行吊顶造型模块化设计，将顶面造型分成若干个成品模块，通过模块精细化设计并在工厂制作成标准规格的可组合式模块，再运到施工场地组合安装成型。如图 3-149 所示为金属材质的天花，其主要部件具有多样化的特点，且配件完整，完全符合工业化生产流程，具有较强的可装配性。除金属材质外，木质、石膏

① 刘雅培 . 装配式建筑住宅对室内软装设计的影响 [J]. 艺术教育，2017（21）：177-179.

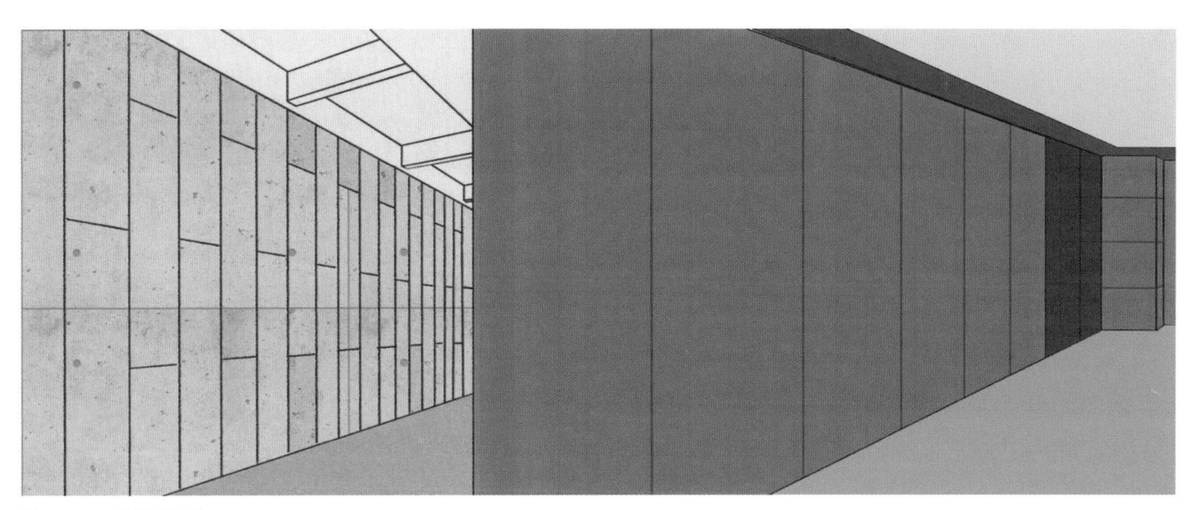

图3-148 装配式墙体

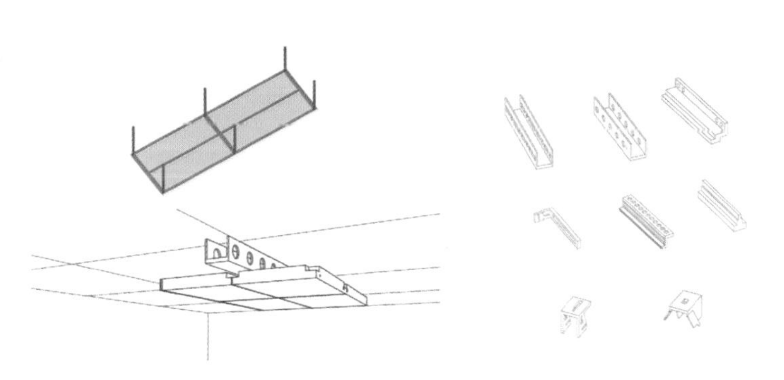

图3-149 定制天花

图3-150 集成吊顶

等多种材质的天花装饰也逐渐以成品的形态出现，集成吊顶应运而生。所谓的集成吊顶（图3-150），是将吊顶与电气模块化，使照明、换气、取暖、吊顶在设计安装时实现一体化。[①]

（3）装配式地面系统

虽然大多数地面装饰材料都是采用直接在地面安装的方法，其现场施工的步骤较少、安装相对简便，

① 黄登辉．浅谈集成吊顶[J]. 企业技术开发，2010，29（1）：133-134.

图 3-151 装配式地面架空系统在其架空层内可布置水电线管

图 3-152 装配式卫浴系统

但装配式系统以其突出的优势在室内地面装饰中的应用也逐步增多。装配式地面（图 3-151）区别于传统装修方式，能直接在结构板上安装，无需砂浆找平及自流平，无需打孔破坏结构，且平整度高、可适应各类地材，达到快速高效、绿色环保的装修效果。

（4）集成卫浴系统

集成卫浴系统指厨房或卫生间顶面、地面、墙面、厨房和卫生间用品及管道等相关构件在工厂进行生产并拿到施工现场组合安装而成的空间系统。安装时一般采用干式法安装。装配式装修通过采用模块化设计，并经工厂生产成模块组件，在现场进行施工安装，以实现厨房和卫生间的高度集成化（图 3-152）。

3.4 反思

本章主要介绍了室内空间的构成原理、设计手法及技术方法，并进一步介绍了室内空间构成系统的内涵及其组成部分。空间既是抽象的又是具象的，构成空间不仅要考虑点、线、面的合理组合，也要针对使用者的心理需求构建令使用者感受舒适、愉悦、轻松的环境。由此便产生了空间构成的基本矛盾，即设计师设计表达与使用者使用需求之间的矛盾。设计师通过大量专业的实践训练和理论积累，逐渐形成对空间美的理解，但这样的理解有时并不被使用者接受。毫无疑问，一个成功的空间构成应该同时承载设计师对美的表达和使用者的身心需求，所以，学习空间构成，不仅能为设计者提供系统的空间构成知识，还可以借此提升广大使用者对审美和空间构成的认识，将空间构成的基本矛盾转化为构建美好空间的动力，不断推动着设计师对空间的探索和理解，进一步反哺我国室内空间构成系统，从而升级空间构成的设计与技术水准，探索出更多的实践理论和设计手法。

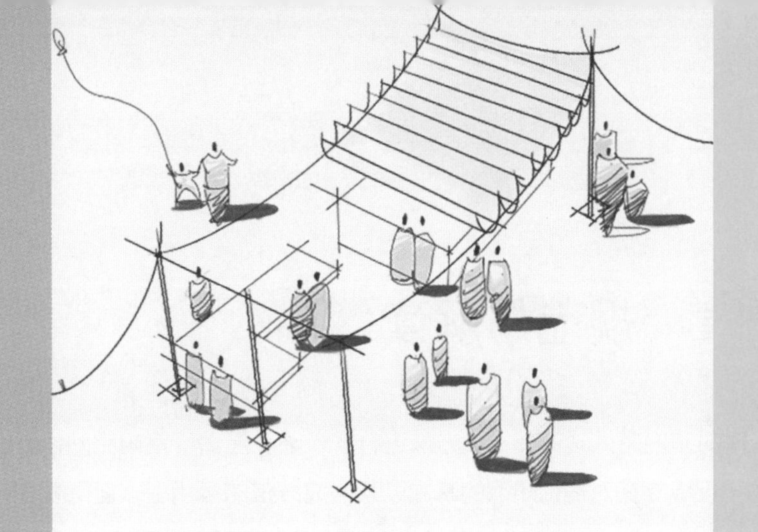

第4章

规范与解读

第 4 章　规范与解读

前几章对室内空间理论及构成方法进行了讲述，厘清了室内空间设计的基本思路，但室内设计作品的成功不仅建立在对理论知识的掌握以及构成方法的运用上，还需要在严格遵循相关规范标准的前提下，才能设计出令人感到安全、舒适、合理的室内空间。本章旨在介绍与室内设计相关的基本规范，使学生能够在未来的设计实践过程中对需要遵守的法律法规有一个基本的了解。

室内设计规范是建立在原有建筑总体布局和建筑设计总体构思下的设计法规，依据现行规范可以有助于提高室内设计学科的管理水平，保证建筑工程质量，减少成本，缩短周期。同时，还可以保障使用者在室内空间中的正常行为活动，保护使用者的人身财产安全，所以掌握室内设计规范对设计者十分重要，是顺利完成室内设计作品的前提保障。

室内设计规范是多年来室内设计课程体系中所缺失的环节，鲜有院校专门开设此类课程，然而从学生就业后反馈来看这个环节又非常重要，所以本书专门增加了规范与解读这一章节，希望能让学生了解到该部分内容，为将来的工作实践打好基础。

4.1　基本规范

4.1.1　总则

本节根据《民用建筑设计统一标准》GB 50352—2019 摘要整理。

为使民用建筑符合适用、经济、绿色、美观的建筑方针，满足安全、卫生、环保等基本要求，统一各类民用建筑的通用设计要求，制定本标准。

民用建筑设计除应执行国家有关法律、法规外，尚应符合下列规定：

（1）应按可持续发展的原则，正确处理人、建筑和环境的相互关系。

（2）必须保护生态环境，防止污染和破坏环境。

（3）应以人为本，满足人们物质与精神的需求。

（4）应贯彻节约用地、节约能源、节约用水和节约原材料的基本国策。

（5）应满足当地城乡规划的要求，并与周围环境相协调。宜体现地域文化、时代特色。

（6）建筑和环境应综合采取防火、抗震、防洪、防空、抗风雪和雷击等防灾安全措施。

（7）应在室内外环境中提供无障碍设施，方便行动有障碍的人士使用。

（8）涉及历史文化名城名镇名村、历史文化街区、文物保护单位、历史建筑和风景名胜区、自然保护区的各项建设，应符合相关保护规划的规定。

4.1.2　基本规定

本节根据《民用建筑设计统一标准》GB 50352—2019 摘要整理。

1. 民用建筑分类

1）民用建筑按使用功能可分为居住建筑和公共建筑两大类。其中，居住建筑可分为住宅建筑和宿舍建筑。

2）民用建筑按地上建筑高度或层数进行分类应符合下列规定：

（1）建筑高度不大于 27.0m 的住宅建筑、建筑高度不大于 24.0m 的公共建筑及建筑高度大于 24.0m 的单层公共建筑为低层或多层民用建筑。

（2）建筑高度大于 27.0m 的住宅建筑和建筑高度大于 24.0m 的非单层公共建筑，且高度不大于 100.0m 的，为高层民用建筑。

（3）建筑高度大于 100.0m 为超高层建筑。

（4）民用建筑等级分类划分应符合国家现行有关标准或行业主管部门的规定（图 4-1）。

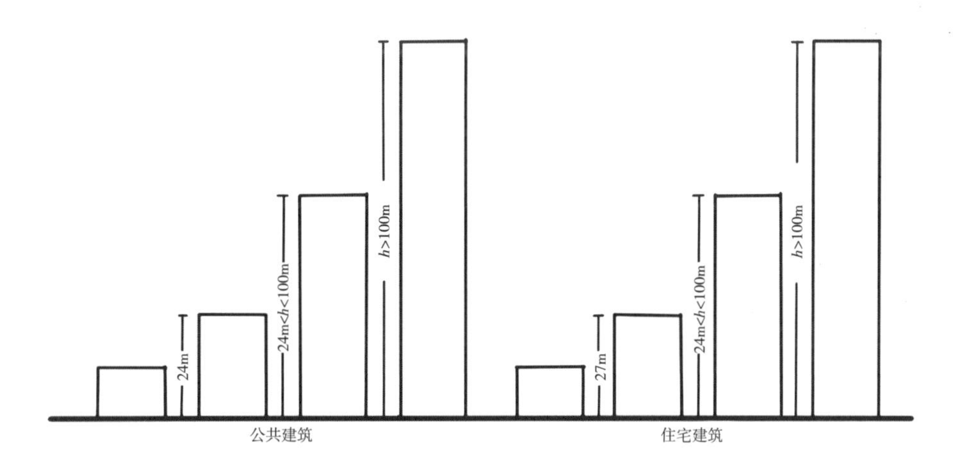

图 4-1　民用建筑按地上建筑高度进行分类

2. 建筑模数

1）建筑设计应符合现行国家标准《建筑模数协调标准》GB/T 50002 的规定。

2）建筑平面的柱网、开间、进深、层高、门窗洞口等主要定位线尺寸，应为基本模数的倍数，并应符合下列规定：

（1）平面的开间进深、柱网或跨度、门窗洞口宽度等主要定位尺寸，宜采用水平扩大模数数列 2*n*M、3*n*M（*n* 为自然数）。

（2）层高和门窗洞口高度等主要标注尺寸，宜采用竖向扩大模数数列 *n*M（*n* 为自然数）（图 4-2）。

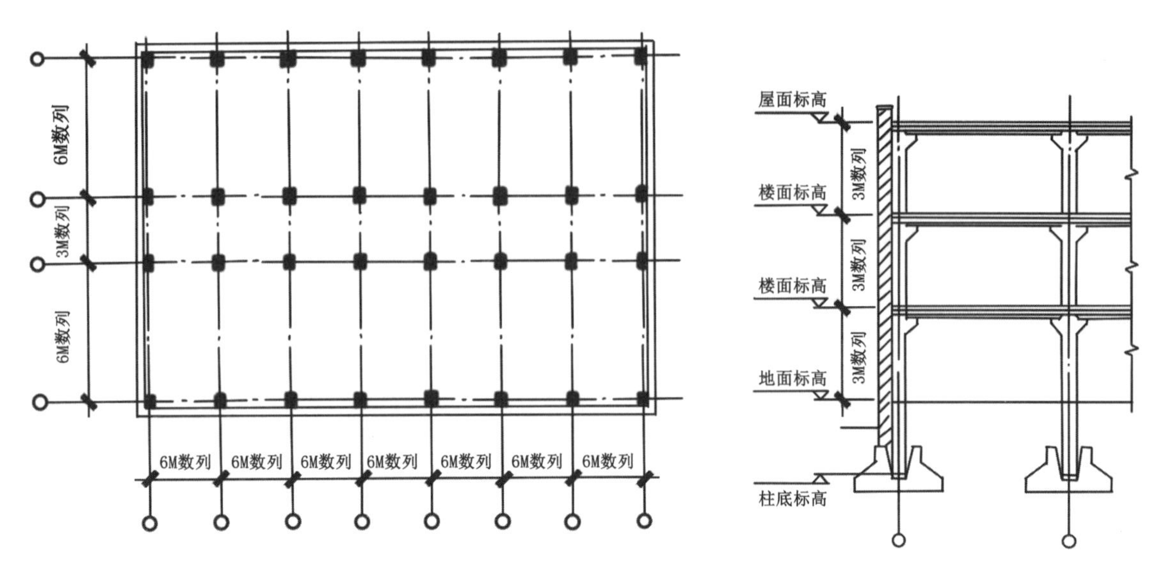

图 4-2　建筑模数

4.1.3　设计要求

本节根据《民用建筑设计统一标准》GB 50352—2019 摘要整理。

1. 平面布置

（1）建筑平面应根据建筑的使用性质、功能、工艺等要求合理布局，并具有一定灵活性。

（2）根据使用功能，建筑的使用空间应充分利用日照、采光、通风和景观等自然条件。对有私密性要求的房间，应防止视线干扰。

（3）建筑出入口应根据场地条件、建筑使用功能、交通组织及安全疏散等要求进行设置。

（4）地震区的建筑平面布置宜规整。

2. 层高和室内净高

（1）室内净高应按楼地面完成面至吊顶、楼板或梁底面之间的垂直距离计算；当楼盖、屋盖的下悬构件或管道底面影响有效使用空间时，应按楼地面完成面至下悬构件下缘或管道底面之间的垂直距离计算（图 4-3）。

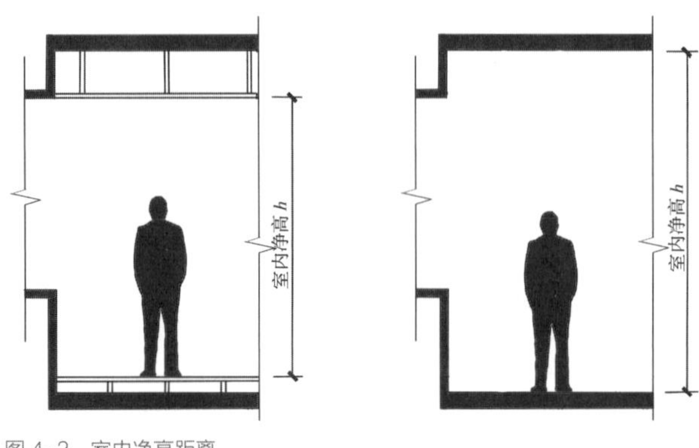

图 4-3　室内净高距离

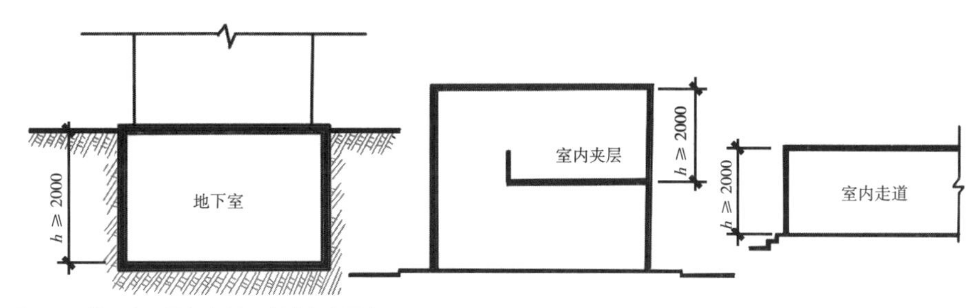

图 4-4　地下室、局部夹层、走道净高要求

（2）建筑用房的室内净高应符合国家现行相关建筑设计标准的规定，地下室、局部夹层、走道等有人员正常活动的最低处净高不应小于 2.0m（图 4-4）。

3. 厕所、卫生间、盥洗室、浴室和母婴室

1）厕所、卫生间、盥洗室和浴室的位置应符合下列规定：

（1）厕所、卫生间、盥洗室和浴室应根据功能合理布置，位置选择应方便使用、相对隐蔽，并应避免所产生的气味、潮气、噪声等影响或干扰其他房间。

（2）除本套住宅外，住宅卫生间不应布置在下层住户的卧室、起居室、厨房和餐厅的直接上层。

（3）卫生器具配置的数量应符合国家现行相关建筑设计标准的规定。在男女使用人数基本均衡时，男厕厕位（含大、小便器）与女厕厕位数量的比例宜为 1 ∶ 1 ~ 1 ∶ 1.5；在商场、体育场馆、学校、观演建筑、交通建筑、公园等场所，厕位数量比不宜小于 1 ∶ 1.5 ~ 1 ∶ 2。

2）厕所、卫生间、盥洗室和浴室的平面布置应符合下列规定：

（1）厕所、卫生间、盥洗室和浴室的平面设计应合理布置洁具及其使用空间，管道布置应相对集中、隐蔽。有无障碍要求的卫生间应满足国家现行有关无障碍设计标准的规定。

（2）公共厕所、公共浴室应防止视线干扰，宜分设前室。

（3）公共厕所宜设置独立的清洁间。

（4）公共活动场所宜设置独立的无性别厕所，且同时设置成人和儿童使用的洁具。无性别厕所可兼作为无障碍厕所。

（5）厕所和浴室隔间的平面尺寸应根据使用特点合理确定，并不应小于表 4-1 的规定。

厕所和浴室隔间的平面尺寸（m）　　表 4-1

类别	平面尺寸（宽度 × 深度）
外开门的厕所隔间	0.9×1.2（蹲便器）0.9×1.3（坐便器）
内开门的厕所隔间	0.9×1.4（蹲便器）0.9×1.5（坐便器）
医院患者专用厕所隔间（外开门）	1.1×1.5（门闩应能里外开启）
无障碍厕所隔间（外开门）	1.5×2.0（不应小于 1.0×1.8）
外开门淋浴隔间	1.0×1.2（或 1.1×1.1）
内设更衣凳的淋浴隔间	1.0×（1.0+0.6）

3）母婴室应符合下列规定：

（1）母婴室应为独立房间且使用面积不宜低于 10.0m^2。

（2）母婴室应设置洗手盆、婴儿尿布台及桌椅等必要的家具。

（3）母婴室的地面应采用防滑材料铺装（图 4-5）。

4. 台阶、坡道和栏杆

1）台阶设置应符合下列规定：

（1）公共建筑室内外台阶踏步宽度不宜小于 0.3m，踏步高度不宜大于 0.15m，且不宜小于 0.1m（图 4-6）。

（2）踏步应采取防滑措施（图 4-7）；

（3）室内台阶踏步数不宜少于 2 级，当高差不足 2 级时，宜按坡道设置（图 4-8）；

（4）台阶总高度超过 0.7m 时，应在临空面采取防护设施（图 4-9）。

（5）阶梯教室、体育场馆和影剧院观众厅纵走道的台阶设置应符合国家现行相关标准的规定。

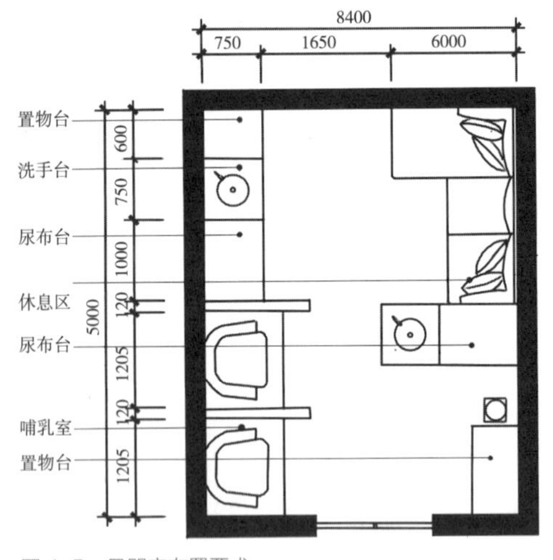

图 4-5　母婴室布置要求

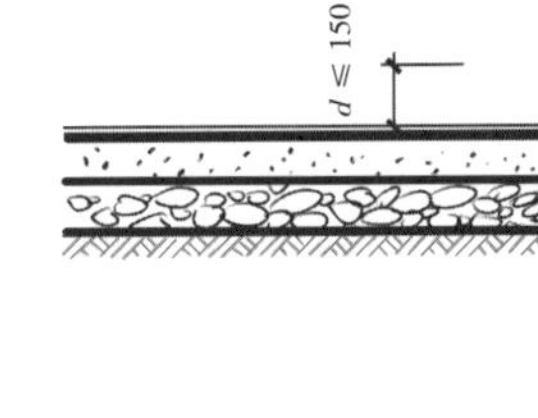

图 4-6　室外台阶踏步要求

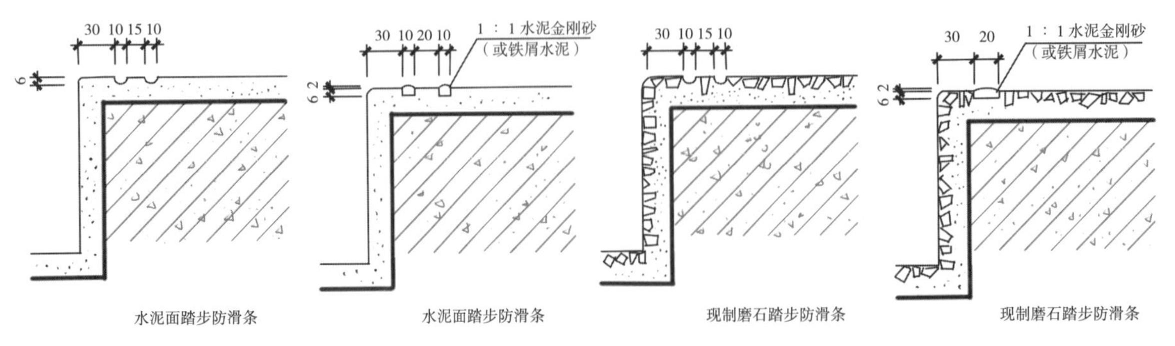

图 4-7　踏步防滑措施

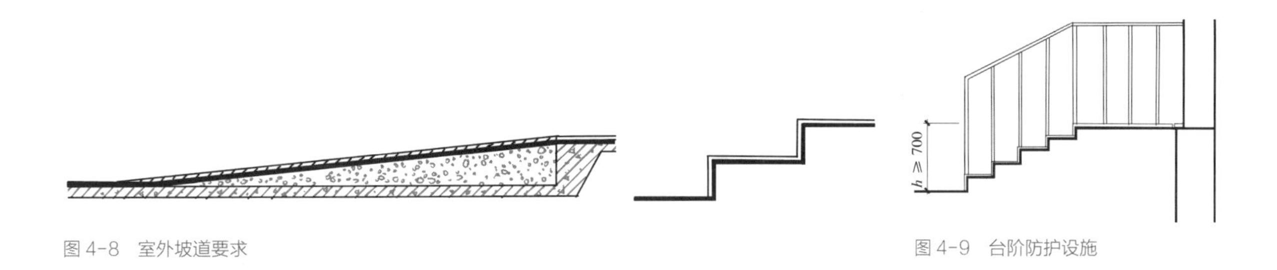

图 4-8　室外坡道要求

图 4-9　台阶防护设施

2）坡道设置应符合下列规定：

（1）室内坡道坡度不宜大于 1 ： 8，室外坡道坡度不宜大于 1 ： 10（图 4-10）；

（2）当室内坡道水平投影长度超过 15.0m 时，宜设休息平台，平台宽度应根据使用功能或设备尺寸所需缓冲空间而定（图 4-11）；

（3）坡道应采取防滑措施（图 4 12）；

（4）当坡道总高度超过 0.7m 时，应在临空面采取防护设施（图 4-13）。

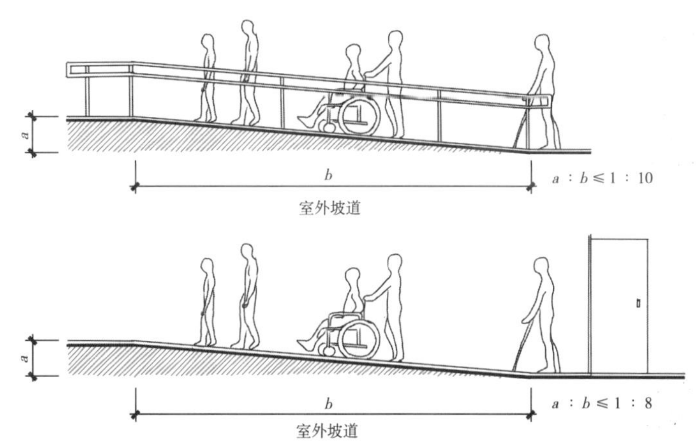

图 4-10　室外坡道比例规范

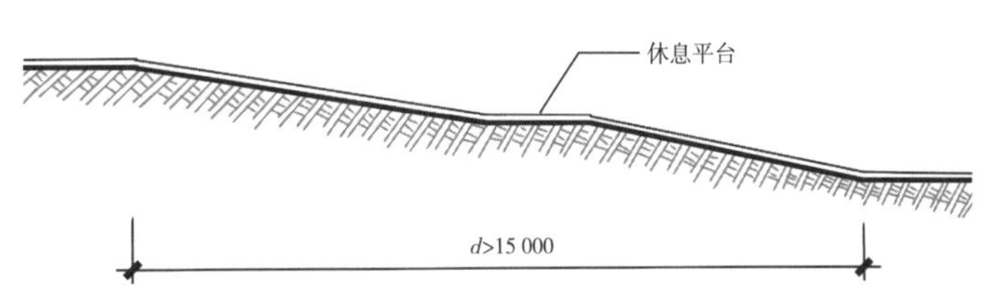

图 4-11　室外坡道休息平台要求

3）阳台、外廊、室内回廊、内天井、上人屋面及室外楼梯等临空处应设置防护栏杆，并应符合下列规定：

（1）当临空高度在 24.0m 以下时，栏杆高度不应低于 1.05m；当临空高度在 24.0m 及以上时，栏杆高度不应低于 1.10m。上人屋面和交通、商业、旅馆、医院、学校等建筑临开敞中庭的栏杆高度不应小于 1.2m（图 4-14）。

（2）栏杆高度应从所在楼地面或屋面至栏杆扶手顶面垂直高度计算，当底面有宽度大于或等于 0.22m，且高度低于或等于 0.45m 的可踏部位时，应从可踏部位顶面起算（图 4-15）。

（3）公共场所栏杆离地面 0.10m 高度范围内不宜留空。

（4）住宅、托儿所、幼儿园、

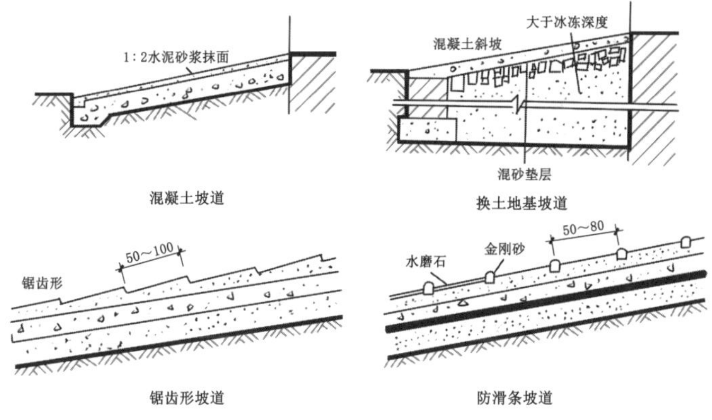

图 4-12　坡道防滑措施

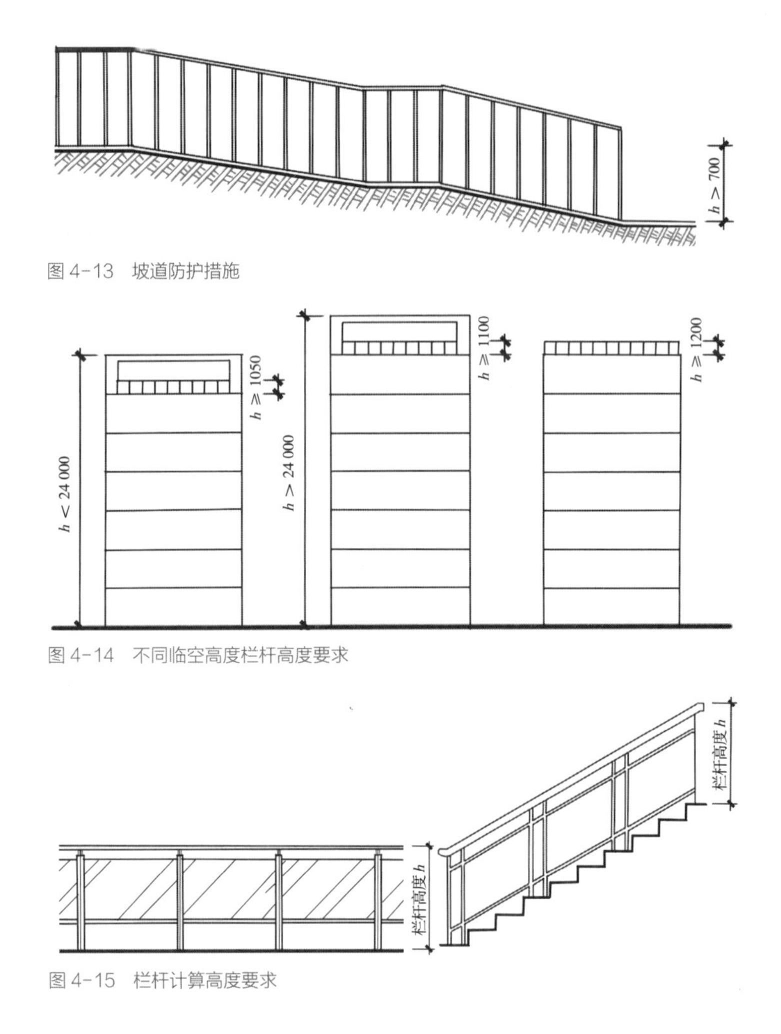

图 4-13 坡道防护措施

图 4-14 不同临空高度栏杆高度要求

图 4-15 栏杆计算高度要求

中小学及其他少年儿童专用活动场所的栏杆必须采取防止攀爬的构造。当采用垂直杆件做栏杆时，其杆件净间距不应大于 0.11m（图 4-16）。

5. 楼梯

（1）当一侧有扶手时，梯段净宽应为墙体装饰面至扶手中心线的水平距离，当双侧有扶手时，梯段净宽应为两侧扶手中心线之间的水平距离。当有凸出物时，梯段净宽应从凸出物表面算起（图 4-17）。

（2）梯段净宽除应符合现行国家标准《建筑设计防火规范》GB 50016 及国家现行相关专用建筑设计标准的规定外，供日常主要交通用的楼梯的梯段净宽应根据建筑物使用特征，按每股人流宽度为 0.55m +（0 ~ 0.15）m 的人流股数确定，并不应少于两股人流。0 ~ 0.15m 为人流在行进中人体的摆幅，公共建筑人流众多的场所应取上限值。

（3）当梯段改变方向时，扶手转向端处的平台最小宽度不应小于梯段净宽，并不得小于 1.2m。当有搬运大型物件需要时，应适量加宽。直跑楼梯的中间平台宽度不应小于 0.9m（图 4-18）。

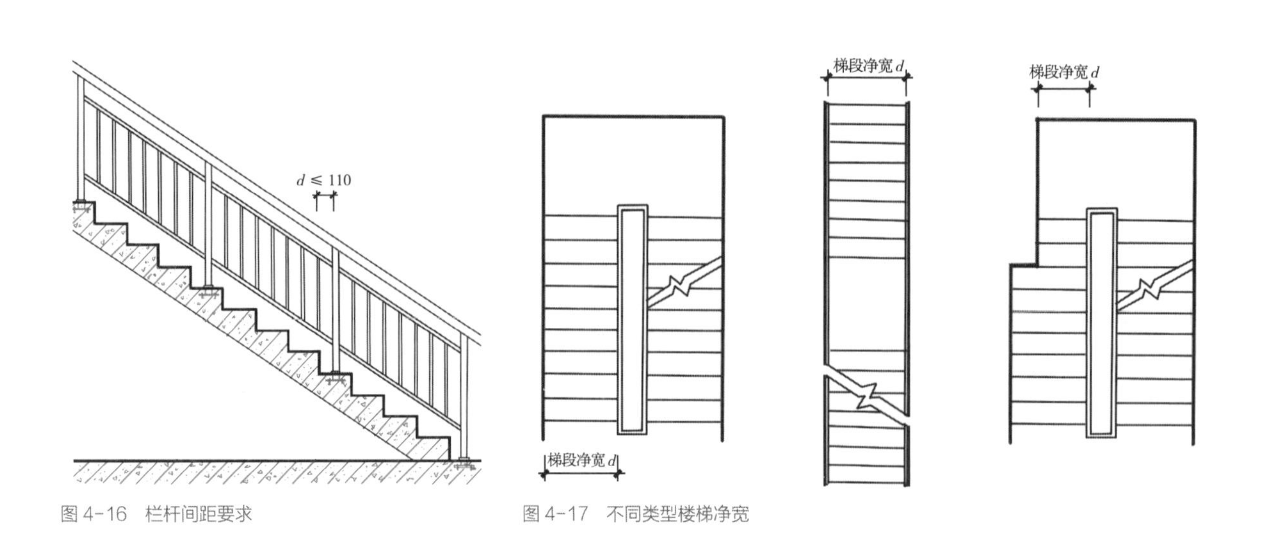

图 4-16 栏杆间距要求

图 4-17 不同类型楼梯净宽

（4）每个梯段的踏步级数不应少于 3 级，且不应超过 18 级（图 4-19）。

（5）楼梯平台上部及下部过道处的净高不应小于 2.0m，梯段净高不应小于 2.2m（图 4-20）。

（6）楼梯应至少于一侧设扶手，梯段净宽达三股人流时应两侧设扶手，达四股人流时宜加设中间扶手。

（7）室内楼梯扶手高度自踏步前缘线量起不宜小于 0.9m。楼梯水平栏杆或栏板长度大于 0.5m 时，其高度不应小于 1.05m（图 4-21）。

（8）托儿所、幼儿园、中小学校及其他少年儿童专用活动场所，当楼梯井净宽大于 0.2m 时，必须采取防止少年儿童坠落的措施。

（9）楼梯踏步的宽度和高度应符合表 4-2 的规定。

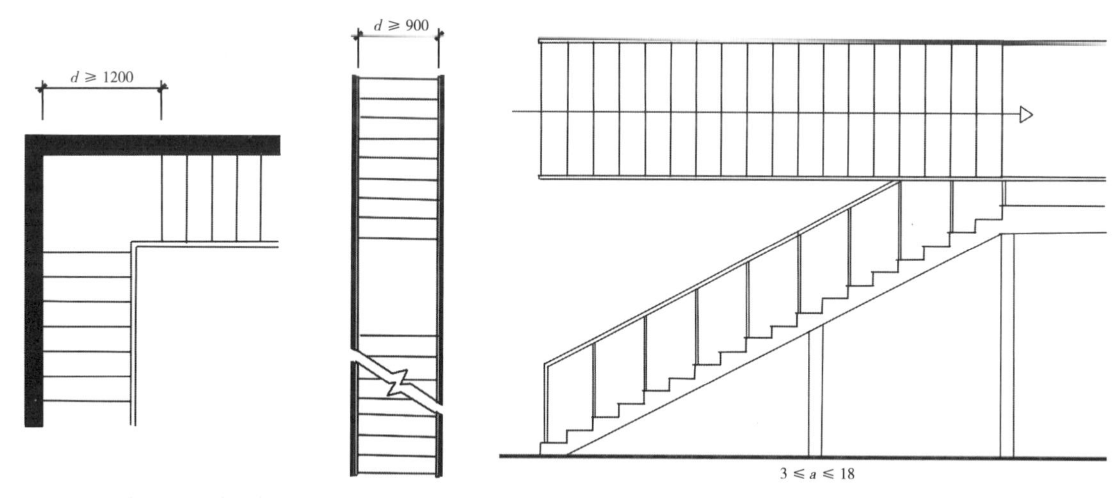

图 4-18　不同类型楼梯平台宽度要求

图 4-19　梯段踏步要求

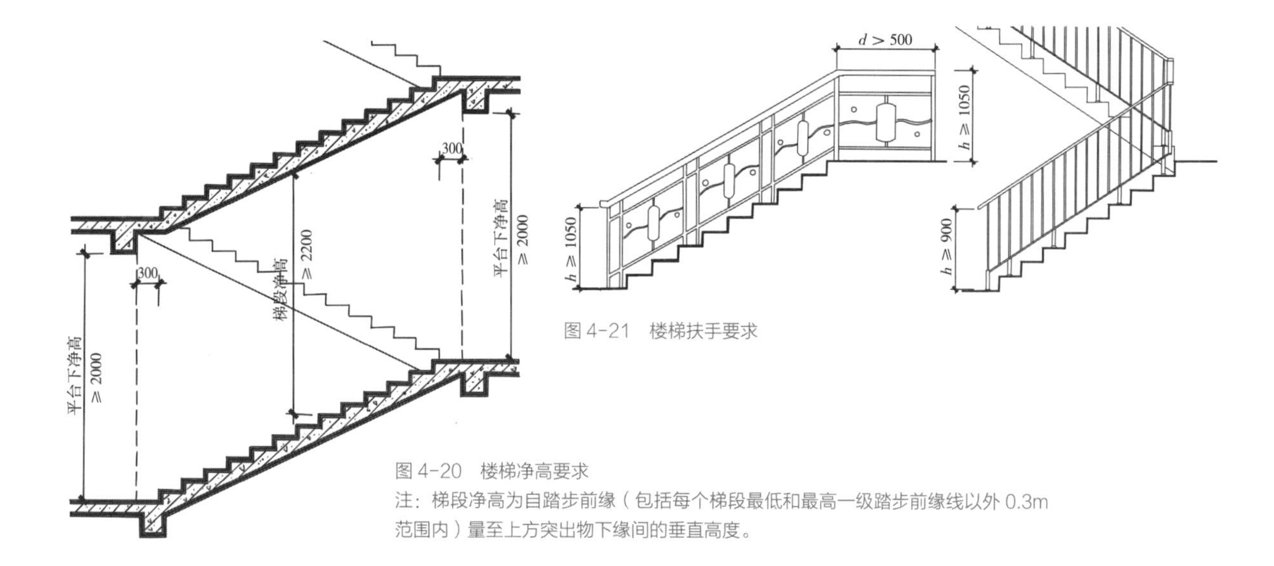

图 4-21　楼梯扶手要求

图 4-20　楼梯净高要求

注：梯段净高为自踏步前缘（包括每个梯段最低和最高一级踏步前缘线以外 0.3m 范围内）量至上方突出物下缘间的垂直高度。

楼梯踏步最小宽度和最大高度（m） 表 4-2

楼梯类别		最小宽度	最大高度
住宅楼梯	住宅公共楼梯	0.260	0.175
	住宅套内楼梯	0.220	0.200
宿舍楼梯	小学宿舍楼梯	0.260	0.150
	其他宿舍楼梯	0.270	0.165
老年人建筑楼梯	住宅建筑楼梯	0.300	0.150
	公共建筑楼梯	0.320	0.130
托儿所、幼儿园楼梯		0.260	0.130
小学楼梯		0.260	0.150
人员密集且竖向交通繁忙的建筑和大、中学校楼梯		0.280	0.165
其他建筑楼梯		0.260	0.175
超高层建筑核心筒内楼梯		0.250	0.180
检修及内部服务楼梯		0.220	0.200

注：螺旋楼梯和扇形踏步离内侧扶手中心 0.250m 处的踏步宽度不应小于 0.220m。

（10）梯段内每个踏步高度、宽度应一致，相邻梯段的踏步高度、宽度宜一致。

（11）当同一建筑地上、地下为不同使用功能时，楼梯踏步高度和宽度可分别按本标准表 4-2 规定执行。

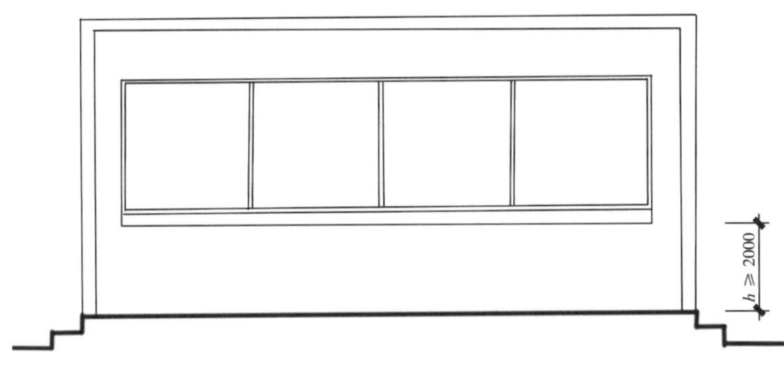

图 4-22 公共走道窗扇高度要求

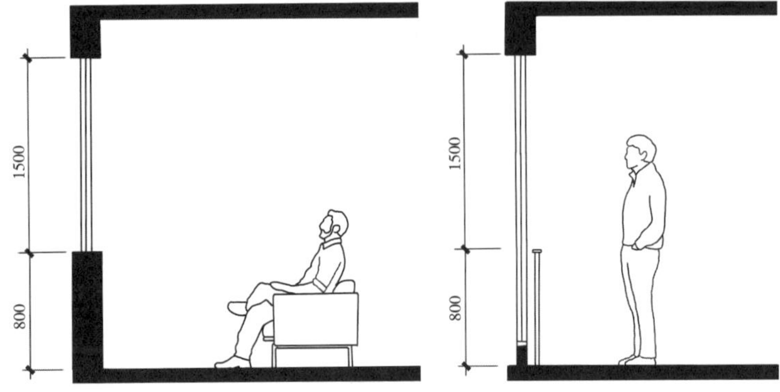

图 4-23 公共建筑临空外窗及防护设施高度要求

（12）踏步应采取防滑措施。

（13）当专用建筑设计标准对楼梯有明确规定时，应按国家现行专用建筑设计标准的规定执行。

6. 门窗

1）窗的设置应符合下列规定：

（1）公共走道的窗扇开启时不得影响人员通行，其底面距走道地面高度不应低于 2.0m（图 4-22）。

（2）公共建筑临空外窗的窗台距楼地面净高不得低于 0.8m，否则应设置防护设施，防护设施的高度由地面起算不应低于 0.8m（图 4-23）。

（3）居住建筑临空外窗的窗台距楼地面净高不得低于 0.9m，否则应设置防护设施，防护设施的高度由地面起算不应低于 0.9m（图 4-24）。

图 4-24 居住建筑临空外窗及防护设施高度要求

（4）当凸窗窗台高度低于或等于 0.45m 时，其防护高度从窗台面起算不应低于 0.9m；当凸窗窗台高度高于 0.45m 时，其防护高度从窗台面起算不应低于 0.6m（图 4-25）。

2）门的设置应符合下列规定：

（1）手动开启的大门扇应有制动装置，推拉门应有防脱轨的措施。

（2）双面弹簧门应在可视高度部分装透明安全玻璃。

（3）推拉门、旋转门、电动门、卷帘门、吊门、折叠门不应作为疏散门。

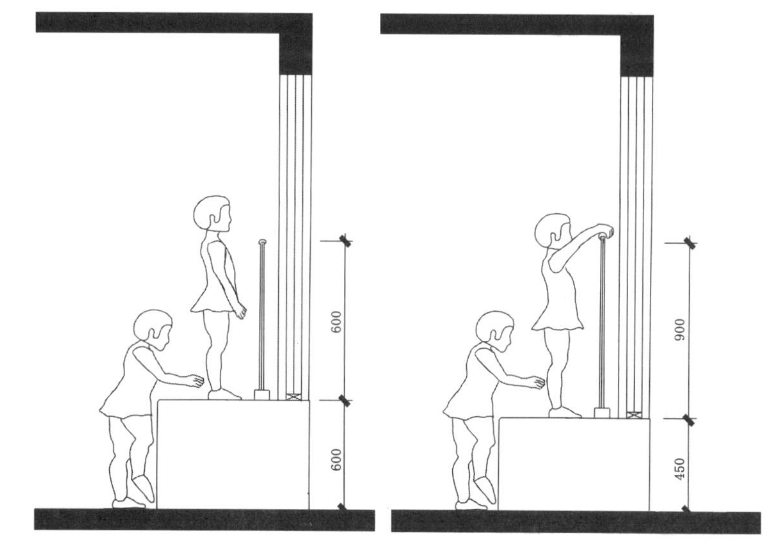

图 4-25 凸窗窗台及防护设施高度要求

（4）开向疏散走道及楼梯间的门扇开足后，不应影响走道及楼梯平台的疏散宽度。

（5）全玻璃门应选用安全玻璃或采取防护措施，并应设防撞提示标志。

（6）门的开启不应跨越变形缝。

（7）当设有门斗时，门扇同时开启时两道门的间距不应小于 0.8m；当有无障碍要求时，应符合现行国家标准《无障碍设计规范》GB 50763 的规定。

7. 楼地面

（1）地面的基本构造层宜为面层、垫层和地基；楼面的基本构造层宜为面层和楼板。当地面或楼面的基本构造不能满足使用或构造要求时，可增设结合层、隔离层、填充层、找平层、防水层、防潮层和保温绝热层等其他构造层。

（2）除有特殊使用要求外，楼地面应满足平整、耐磨、不起尘、环保、防污染、隔声、易于清洁等要求，且应具有防滑性能。

（3）厕所、浴室、盥洗室等受水或非腐蚀性液体经常浸湿的楼地面应采取防水、防滑的构造措施，并设排水坡坡向地漏。有防水要求的楼地面应低于相邻楼地面 15.0mm。经常有水流淌的楼地面应设置防水层，宜设门槛等挡水设施，且应有排水措施，其楼地面应采用不吸水、易冲洗、防滑的面层材料，并应设置防水隔离层。

4.2 室内设计规范

4.2.1 住宅设计

本节根据《住宅设计规范》GB 50096—2011、《无障碍设计规范》GB 50763—2012、《建筑与市政工程无障碍通用规范》GB 55019—2021、《住宅室内装饰装修设计规范》JGJ 367—2015 摘要整理而成。

1. 无障碍住房设计

（1）通往卧室、起居室（厅）、厨房、卫生间、储藏室及阳台的通道应为无障碍通道，并在一侧或两侧设置扶手（图 4-26）。

（2）浴盆、淋浴、坐便器、洗手盆及安全抓杆等应符合《无障碍设计规范》GB 50763—2012 第 3.9 节、第 3.10 节的有关规定（图 4-27）。

（3）面积（表 4-3）

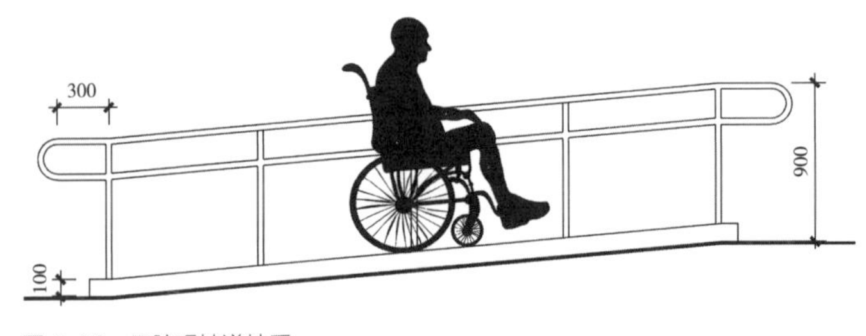

图 4-26 无障碍坡道扶手

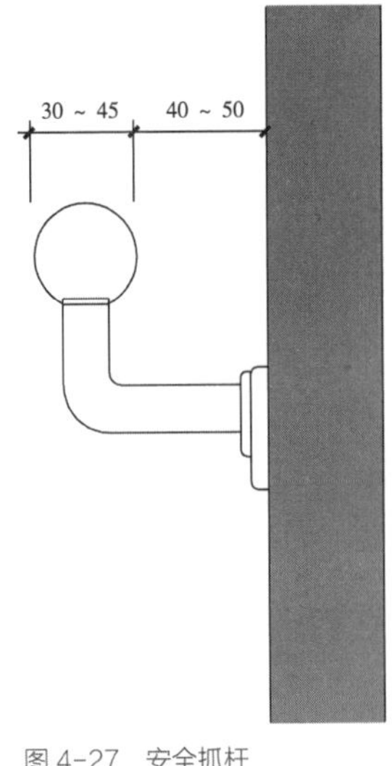

图 4-27 安全抓杆

无障碍住宅各功能面积（m^2） 表 4-3

分类	面积
单人卧室	≥ 7.00
双人卧室	≥ 10.50
兼起居室的卧室	≥ 16.00
起居室	≥ 14.00
厨房	≥ 6.00
设坐便器、洗浴器（浴盆或淋浴）、洗面盆三件洁具的卫生间	≥ 4.00
设坐便器、洗浴器两件洁具的卫生间	≥ 3.00
设坐便器、洗面盆两件洁具的卫生	≥ 2.50
单设坐便器的卫生间	≥ 2.00

无障碍卫生间平面布置如图 4-28、图 4-29 所示。

（4）操作台面距地面高度应为 700 ~ 850mm，其下部应留出不小于宽 750mm、高 650mm、距地面高度 250mm 范围内进深不小于 450mm、其他部分进深不小于 250mm 的容膝容脚空间（图 4-30）。

（5）居室和卫生间内应设求助呼叫按钮。

（6）家具和电器控制开关的位置和高度应方便乘轮椅者靠近和使用。

（7）供听力障碍者使用的住宅和公寓应安装闪光提示门铃。

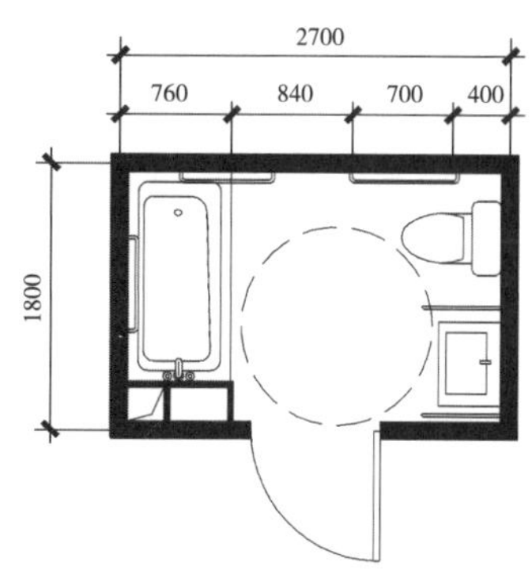

图 4-28　无障碍卫生间平面图（一）

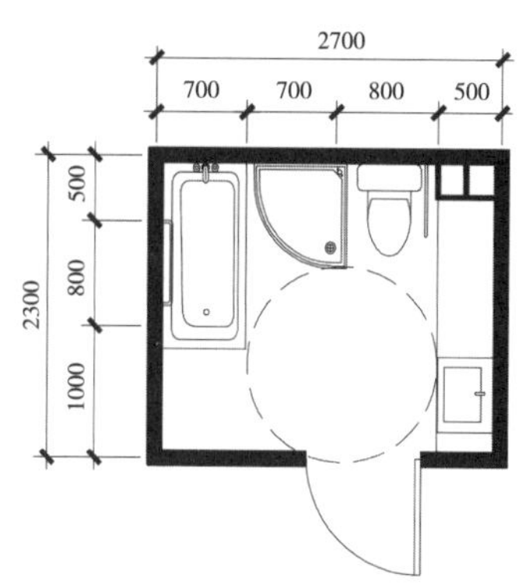

图 4-29　无障碍卫生间平面图（二）

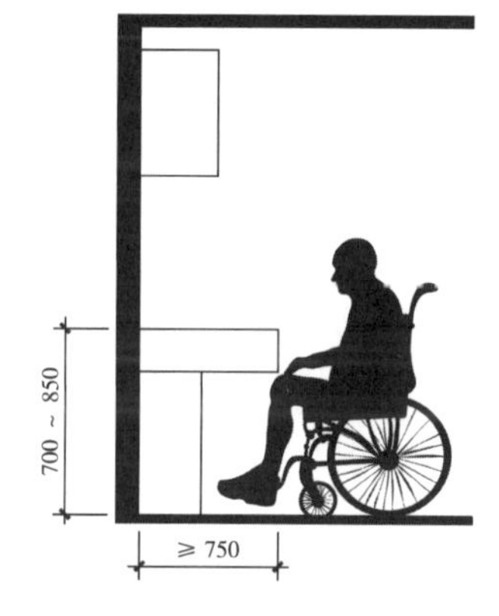

图 4-30　无障碍厨房操作台

2. 套内空间

1）住宅应按套型设计，每套住宅应设卧室、起居室（厅）、厨房和卫生间等基本功能空间。

2）各功能使用面积应符合下列规定，见表 4-4。

住宅各功能使用面积（m^2）　　**表 4-4**

使用功能	分类	使用面积
套型	卧室、起居室（厅）、厨房和卫生间等组成	≥ 30.00
	兼起居的卧室、厨房和卫生间等组成	≥ 22.00
卧室	单人卧室	≥ 5.00
	双人卧室	≥ 9.00
	兼起居的卧室	≥ 12.00
厨房	由卧室、起居室（厅）、厨房和卫生间等组成的住宅套型	≥ 4.00
	由兼起居的卧室、厨房和卫生间等组成的住宅最小套型	≥ 3.50
卫生间	单设便器	≥ 1.10
	设便器、洗面器	≥ 1.80
	设洗面器、洗衣机	≥ 1.80
	设便器、洗浴器	≥ 2.00
	设洗面器、洗浴器	≥ 2.00
起居厅		≥ 10.00

3）层高与室内净高（表 4-5）

住宅各功能层高与室内净高（m） 表 4-5

分类	层高	室内净高	局部净高	面积
住宅	2.80	—	—	—
卧室、起居室	—	≥ 2.40	≥ 2.10	局部净高的面积不应大于室内使用面积的$\frac{1}{3}$
坡屋顶卧室、起居室	—	≥ 2.10	—	至少有$\frac{1}{2}$的使用面积的室内净高不应低于 2.10m
厨房卫生间	—	≥ 2.20	—	—

4）卧室

套型设计时应减少直接开向起居厅的门的数量。起居室（厅）内布置家具的墙面直线长度宜大于 3m（图 4-31）。

5）卫生间与厨房

（1）每套住宅应设卫生间，应至少配置便器、洗浴器、洗面器三件卫生设备或为其预留设置位置及条件。三件卫生设备集中配置的卫生间的使用面积不应小于 2.50m^2。

（2）无前室的卫生间的门不应直接开向起居室（厅）或厨房。

（3）卫生间不应直接布置在下层住户的卧室、起居室（厅）、厨房和餐厅的上层。

（4）当卫生间布置在本套内的卧室、起居室（厅）、厨房和餐厅的上层时，均应有防水和便于检修的措施。

（5）每套住宅应设置洗衣机的位置及条件。

（6）卫生间的地面应有坡度坡向地漏，非浴区地面排水坡度不宜小于 0.5%，浴区地面排水坡度不宜小于 1.5%。

（7）卫生间地面应采用防滑铺装，地面静摩擦系数（COF）不应小于 0.6。

（8）厨房、卫生间、封闭阳台与相邻空间地面的高差不应大于 0.015m，并应以斜坡过渡；户门的门槛高度和户门内外高差不应大于 0.015m（图 4-32）。

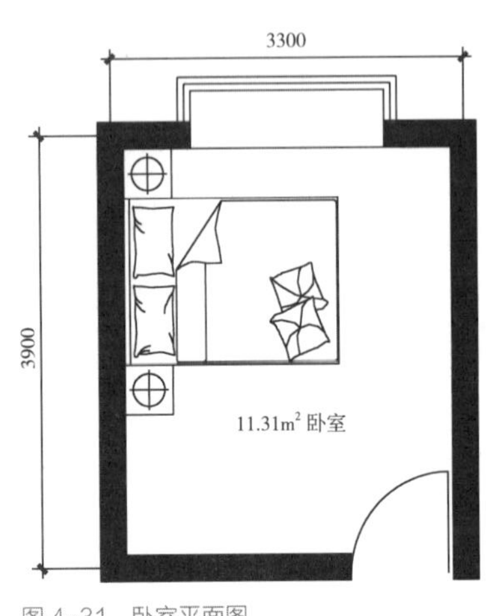

图 4-31 卧室平面图

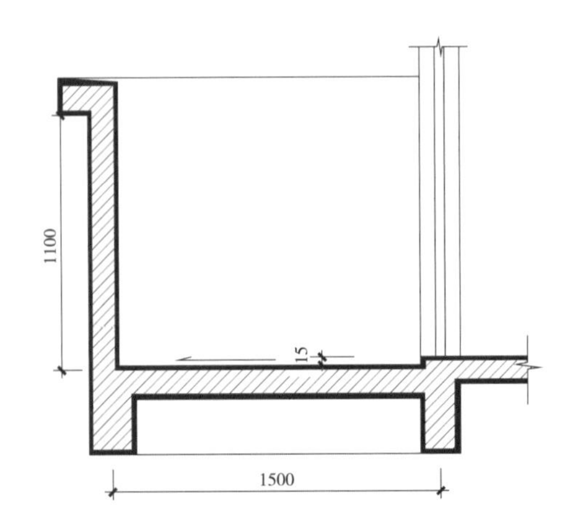

图 4-32 阳台剖面图

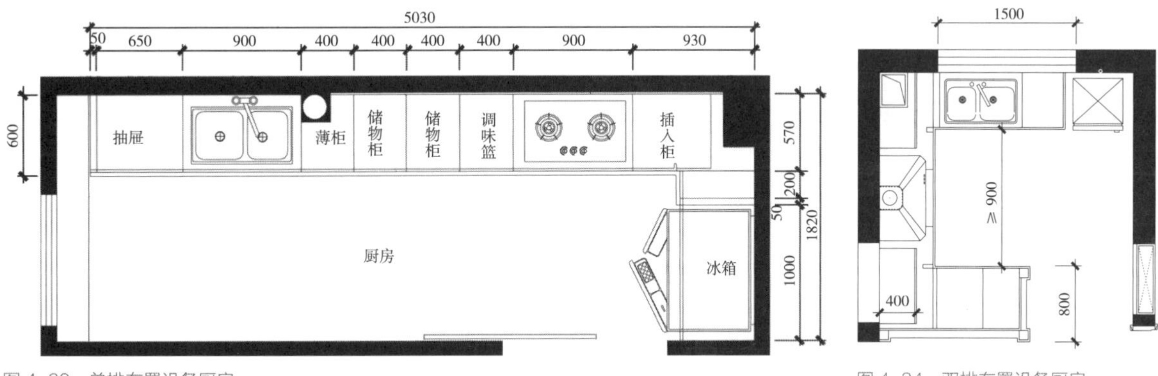

图 4-33　单排布置设备厨房　　　图 4-34　双排布置设备厨房

（9）通往厨房、卫生间、贮藏室的过道净宽不应小于 0.90m。

（10）单排布置设备的厨房净宽不应小于 1.50m，双排布置设备的厨房其两排设备间的净距不应小于 0.90m（图 4-33、图 4-34）。

6）阳台与窗台

（1）阳台栏杆设计必须采用防止儿童攀登的构造，栏杆的垂直杆件间净距不应大于 0.11m，放置花盆处必须采取防坠落措施。

（2）阳台栏板或栏杆净高，六层及六层以下不应低于 1.05m；七层及七层以上不应低于 1.10m。

（3）七层及七层以上住宅和寒冷、严寒地区住宅宜采用实体栏板。

（4）临空外窗低窗台防护要求详见第 4.1.3 节“4. 台阶、坡道和栏杆”第（3）、（4）条要求。

（5）窗台基本尺寸布置（图 4-35）。

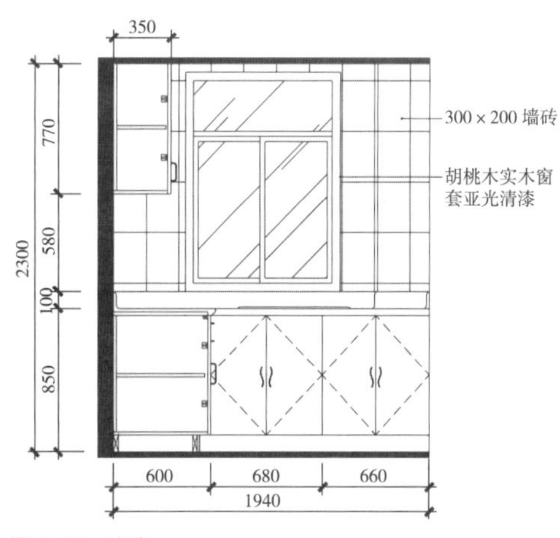

图 4-35　窗户

7）门洞尺寸（表 4-6）

门洞尺寸（m）　　表 4-6

类别	洞口宽度	洞口高度
共用外门	1.20	2.00
户（套）门	1.00	2.00
起居室（厅）门	0.90	2.00
卧室门	0.90	2.00
厨房门	0.80	2.00
卫生间门	0.70	2.00
阳台门（单扇）	0.70	2.00

3. 公用空间

1）窗台栏杆台阶

（1）楼梯间、电梯厅等共用部分的外窗，窗外没有阳台或平台，且窗台距楼面、地面的净高小于 0.90m 时，应设置防护设施。

（2）公共出入口台阶高度超过 0.70m 并侧面临空时，应设置防护设施，防护设施净高不应低于 1.05m。

（3）外廊、内天井及上人屋面等临空处的栏杆净高，六层及六层以下不应低于 1.05m，七层及七层以上不应低于 1.10m。防护栏杆必须采用防止儿童攀登的构造，栏杆的垂直杆件间净距不应大于 0.11m。

（4）公共出入口台阶踏步宽度不宜小于 0.30m，踏步高度不宜大于 0.15m，并不宜小于 0.10m，踏步高度应均匀一致，并应采取防滑措施。台阶踏步数不应少于 2 级，当高差不足 2 级时，应按坡道设置；台阶宽度大于 1.80m 时，两侧宜设置栏杆扶手，高度应为 0.90m。

2）楼梯

（1）楼梯梯段净宽不应小于 1.10m，不超过六层的住宅，一边设有栏杆的梯段净宽不应小于 1.00m（图 4-36）。

（2）楼梯踏步宽度不应小于 0.26m，踏步高度不应大于 0.175m。扶手高度不应小于 0.90m。楼梯水平段栏杆长度大于 0.50m 时，其扶手高度不应小于 1.05m。楼梯栏杆垂直杆件间净空不应大于 0.11m（图 4-37）。

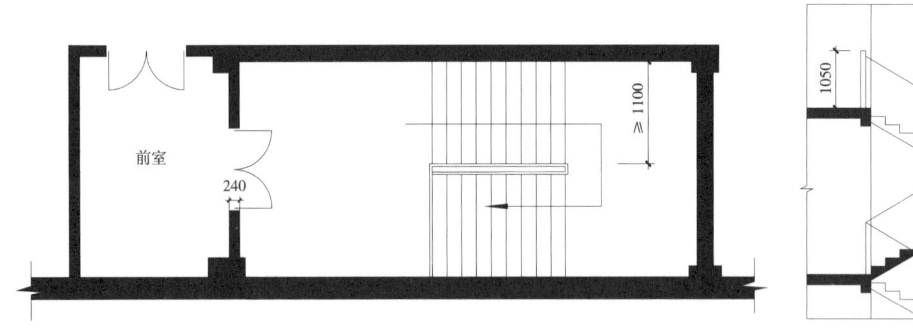

图 4-36 楼梯平面

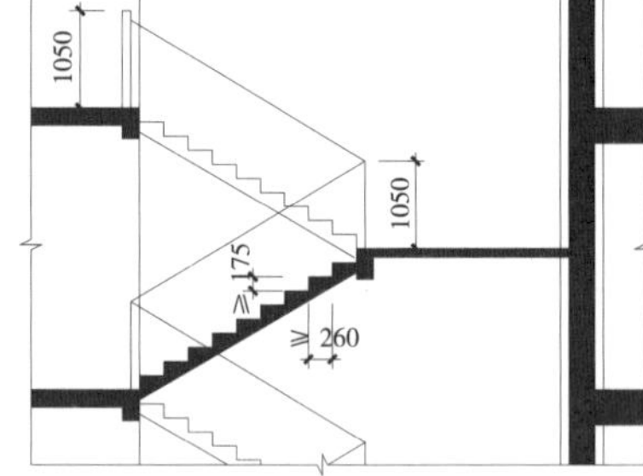

图 4-37 楼梯剖面

（3）楼梯平台净宽不应小于楼梯梯段净宽，且不得小于 1.20m。楼梯平台的结构下缘至人行通道的垂直高度不应低于 2.00m。入口处地坪与室外地面应有高差，并不应小于 0.10m。

（4）楼梯为剪刀梯时，楼梯平台的净宽不得小于 1.30m。

（5）楼梯井净宽大于 0.11m 时，必须采取防止儿童攀滑的措施。

3）走廊和出入口

（1）住宅中作为主要通道的外廊宜作封闭外廊，并应设置可开启的窗扇。走廊通道的净宽不应小于 1.20m，局部净高不应低于 2.00m。

（2）位于阳台、外廊及开敞楼梯平台下部的公共出入口，应采取防止物体坠落伤人的安全措施。

（3）公共出入口处应有标识，10 层及 10 层以上住宅的公共出入口应设门厅。

4.2.2　旅馆设计

本节根据《旅馆建筑设计规范》JGJ 62—2014、《无障碍设计规范》GB 50763—2012 摘要整理。

1. 无障碍设计

1）建筑物至少应有 1 处为无障碍出入口，且宜位于主要出入口处。

2）公众通行的室内走道应为无障碍通道。

3）旅馆等商业服务建筑应设置无障碍客房，其数量应符合下列规定（表 4-7）：

无障碍客房数量（间）　　表 4-7

客房总数	无障碍客房数量
100	1 ~ 2
100 ~ 400	2 ~ 4
400 以上	不少于 4

4）无障碍客房

（1）无障碍客房应设在便于到达、进出和疏散的位置。

（2）房间内应有空间能保证轮椅进行回转，回转直径不小于 1.50m。

（3）无障碍客房的门应符合《无障碍设计规范》GB 50763—2012 中第 3.5 节“无障碍通道、门”的有关规定。

（4）无障碍客房卫生间内应保证轮椅进行回转，回转直径不小于 1.50m，卫生器具应设置安全抓杆。

（5）床间距离不应小于 1.20m。

（6）家具和电器控制开关的位置和高度应方便乘轮椅者靠近和使用，床的使用高度为 450mm。

（7）客房及卫生间应设高 400 ~ 500mm 的救助呼叫按钮。

（8）客房应设置为听力障碍者服务的闪光提示门铃。

2. 客房空间

1）一般规定

（1）不宜设置在无外窗的建筑空间内。

（2）多床客房间内床位数不宜多于 4 床。

（3）客房内应设有壁柜或挂衣空间（图 4-38 ~图 4-40）。

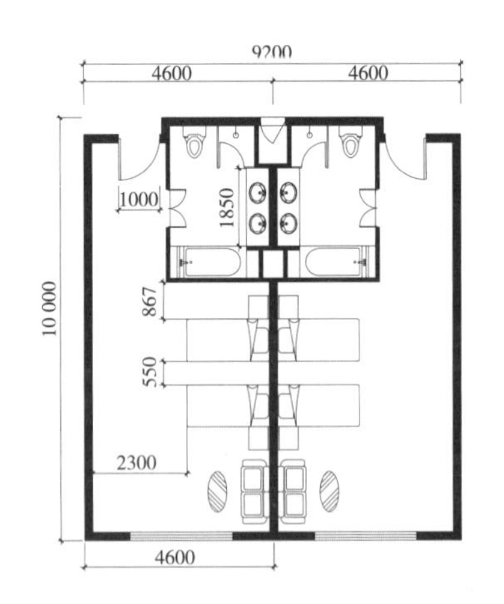

图 4-38 客房标间平面图

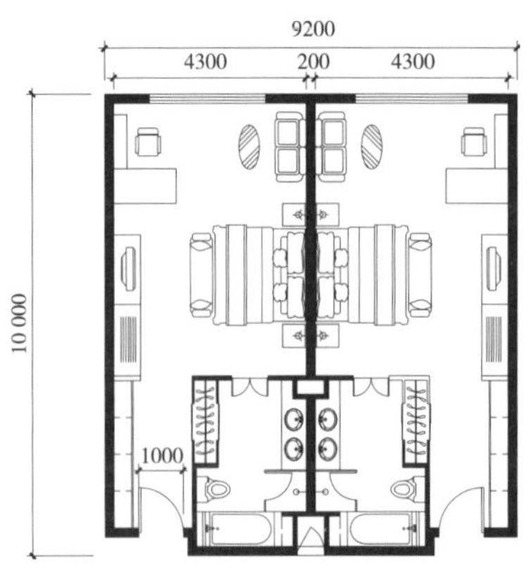

图 4-39 客房平面图

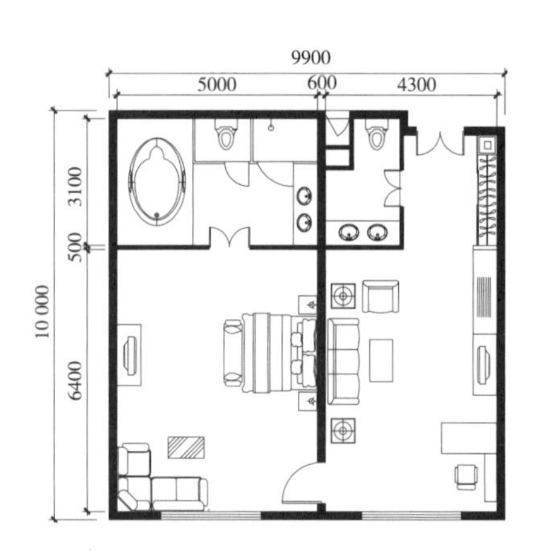

图 4-40 客房套间平面图

2）客房净面积不应小于表 4-8 的规定。

客房净面积（m^2） 表 4-8

旅馆建筑等级	一级	二级	三级	四级	五级
单人床间	—	8	9	10	12
双床或双人床间	12	12	14	16	20
多床间（按每床计）	每床不小于 4			—	—

注：客房净面积是指除客房阳台、卫生间和门内出入口小走道（门廊）以外的房间内面积（公寓式旅馆建筑的客房除外）。

3）客房附设卫生间不应小于表 4-9 的规定。

客房附设卫生间 表 4-9

旅馆建筑等级	一级	二级	三级	四级	五级
净面积（m^2）	2.5	3.0	3.0	4.0	5.0
占客房总数百分比（%）	—	50	100	100	100
卫生器具（件）	2		3		

注：2 件指大便器、洗面盆，3 件指大便器、洗面盆、浴盆或淋浴间（开放式卫生间除外）。

4）室内净高应符合表 4-10 规定。

旅店室内净高（m） 表 4-10

分类		室内净高
床客房居住部分	设空调	≥ 2.40
	不设空调	≥ 2.60
坡屋顶客房		应至少有 $8m^2$ 面积的净高不低于 2.40m
卫生间		≥ 2.20
客房层公共走道及客房内走道		≥ 2.10

5）客房门规定符合表 4-11 规定。

客房门尺寸规定（m） 表 4-11

分类	门洞净高	门净宽
客房入口	≥ 2.00	≥ 0.90
客房卫生间	≥ 2.10	≥ 0.70
无障碍客房卫生间	≥ 2.10	≥ 0.80

6）客房部分走道应符合表 4-12 规定。

客房走道规定（m） 表 4-12

分类		净宽
单面布房公共走道		≥ 1.30
双面布房公共走道		≥ 1.40
客房内走道		≥ 1.10
无障碍客房走道		≥ 1.50
卧室、起居室（厅）的走道		≥ 1.00
往厨房、卫生间、贮藏室的走道		≥ 0.9
公寓式旅馆建筑	公共走道	≥ 1.20
	套内入户走道	≥ 1.20

3. 公共空间

（1）公共卫生间和浴室设施的设置应符合表 4-13 的规定。

公共设施设置规定 表 4-13

设备（设施）	数量	要求
公共卫生间	男女至少各一间	宜每层设置
大便器	每 9 人 1 个	男女比例宜按不大于 2 ： 3
小便器或 0.6m 长小便槽	每 12 人 1 个	—
浴盆或淋浴间	每 9 人 1 个	—
洗面盆或盥洗槽龙头	每 1 个大便器配置 1 个 每 5 个小便器增设 1 个	—
清洁池	每层 1 个	宜单独设置清洁间

注：①上述设施大便器男女比例宜按 2 ： 3 设置，若男女比例有变化需做相应调整；其余按男女 1 ： 1 比例配置；②应按现行国家标准《无障碍设计规范》GB 50763 规定，设置无障碍专用厕所或厕位和洗面盆。

（2）旅馆建筑门厅（大堂）内或附近应设总服务台、旅客休息区、公共卫生间、行李寄存空间或区域（图 4-41）。

（3）对于餐厅人数，一级至三级旅馆建筑的中餐厅、自助餐厅（咖啡厅）宜按 1.0 ~ 1.2m²/ 人计；

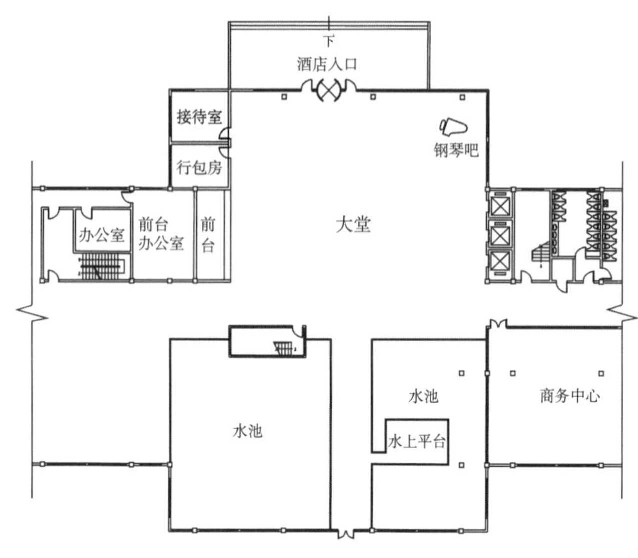

图 4-41 酒店大堂

四级和五级旅馆建筑的自助餐厅（咖啡厅）、中餐厅宜按 1.5 ~ 2m²/ 人计；特色餐厅、外国餐厅、包房宜按 2.0 ~ 2.5m²/ 人计。

（4）当宴会厅、多功能厅设置能灵活分隔成相对独立的使用空间时，隔断及隔断上方封堵应满足隔声的要求，并应设置相应的音响、灯光设施。

（5）客人进入游泳池路径应按卫生防疫的要求布置，非比赛游泳池水深不宜大于 1.5m。

（6）卫生间应设前室，三级及以上旅馆建筑男女卫生间应分设前室。

（7）四级和五级旅馆建筑卫生间的厕位隔间门宜向内开启，厕位隔间宽度不宜小于 0.90m，深度不宜小于 1.55m。

4.2.3 办公建筑设计

本节根据《办公建筑设计标准》JGJ/T 67—2019、《无障碍设计规范》GB 50763—2012 摘要整理。

1. 无障碍设计

1）为公众办理业务与信访接待办公建筑无障碍设计。

（1）建筑的主要出入口应为无障碍出入口，且宜位于主要出入口处。

（2）建筑出入口大厅、休息厅、贵宾休息室、疏散大厅等人员聚集场所有高差或台阶时应设轮椅坡道，宜提供休息座椅和可以放置轮椅的无障碍休息区。

（3）公众通行的室内走道应为无障碍通道，走道长度大于 60.00m 时，宜设休息区，休息区应避开行走路线。

（4）供公众使用的楼梯宜为无障碍楼梯。

（5）供公众使用的男、女公共厕所均应满足《无障碍设计规范》GB 50763—2012 第 3.9.1 条“公共厕所的无障碍设计应符合的规定”中所涉及的有关规定或在男、女公共厕所附近设置 1 个无障碍厕所，且建筑内至少应设置 1 个无障碍厕所，内部办公人员使用的男、女公共厕所至少应各有 1 个满足《无障碍设计规范》GB 50763—2012 第 3.9.1 条的有关规定或在男、女公共厕所附近设置 1 个无障碍厕所（图 4-42）。

2）其他办公建筑建筑物至少应有 1 处为无障碍出入口，且宜位于主要出入口处。

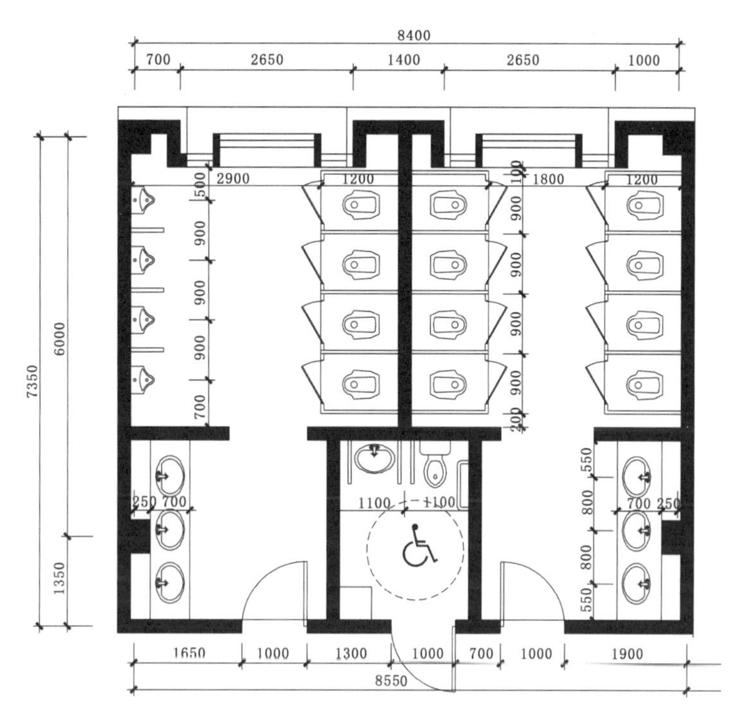

图 4-42　公共厕所

2. 防火设计

（1）办公建筑的开放式、半开放式办公室，其室内任何一点至最近的安全出口的直线距离不应超过 30m。

（2）综合楼内的办公部分的疏散出入口不应与同一楼内对外的商场营业厅、娱乐、餐饮等人员密集场所的疏散出入口共用，超高层办公建筑的避难层（区）屋顶直升机停机坪等设置应执行国家和专业部门的有关规定。

（3）机要室、档案室和重要库房等隔墙的耐火极限不应小于 2h，楼板不应小于 1.5h 并应采用甲级防火门。

3. 办公空间

1）办公用房宜包括普通办公室和专用办公室。专用办公室可包括研究工作室和手工绘图室等。

2）办公用房宜有良好的天然采光和自然通风，并不宜布置在地下室。办公室宜有避免西晒和眩光的措施（图 4-43）。

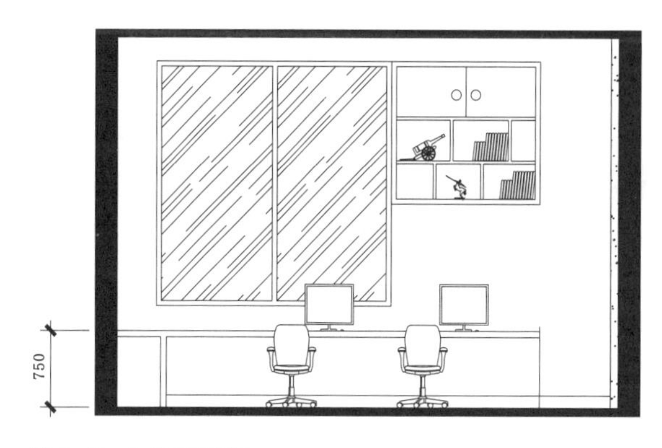

图 4-43　办公区示意图

3）普通办公室应符合下列规定：

（1）宜设计成单间式办公室、单元式办公室、开放式办公室或半开放式办公室（图 4-44）。

图 4-44　办公平面布局

（2）开放式和半开放式办公室在布置吊顶上的通风口、照明、防火设施等时，宜为自行分隔或装修创造条件，有条件的工程宜设计成模块式吊顶。

（3）带有独立卫生间的办公室，其卫生间宜直接对外通风采光，条件不允许时，应采取机械通风措施。

（4）机要部门办公室应相对集中，与其他部门宜适当分隔。

（5）值班办公室可根据使用需要设置，设有夜间值班室时，宜设专用卫生间。

4）办公用房面积应符合表 4-14 的规定。

办公用房面积（m^2）　　**表 4-14**

分类	面积
普通办公室人均使用	≥ 6
单间办公室	≥ 10
手工绘图室人均使用	≥ 6
研究工作室人均使用	≥ 7

5）手工绘图室宜采用开放式或半开放式办公室空间，并用灵活隔断、家具等进行分隔；研究工作室（不含实验室）宜采用单间式；自然科学研究工作室宜靠近相关的实验室。

6）办公建筑的门应符合下列要求：

（1）门洞口宽度不应小于 1.00m，高度不应小于 2.10m。

（2）机要办公室、财务办公室、重要档案库、贵重仪表间和计算机中心的门应采取防盗措施，室内宜设防盗报警装置。

7）办公建筑的走道应符合下列要求。

（1）宽度应满足防火疏散要求，最小净宽应符合表 4-15 的规定。

走道净宽（m）　　**表 4-15**

走道长度	走道净宽	
	单面布房	双面布房
≤ 40	1.30	1.50
＞ 40	1.50	1.80

注：高层内筒结构的回廊式走道净宽最小值同单面布房走道。

（2）高差不足 0.30m 时，不应设置台阶，应设坡道，其坡度不宜大于 1 ： 8。

8）办公建筑净高应符合表 4-16 的规定。

办公建筑净高（m）　　**表 4-16**

分类		室内净高
集中空调设施	有吊顶的单间式、单元式办公	≥ 2.50
	有吊顶的开放式、半开放式办公	≥ 2.70
无集中空调设施	单间式、单元式办公	≥ 2.70
	开放式、半开放式办公	≥ 2.90
走道		≥ 2.20
储藏间		≥ 2.00

4. 公共空间

公共用房宜包括会议室、对外办事厅、接待室、陈列室、公用厕所、开水间、健身场所等。

1）会议室

（1）中、小会议室可分散布置。

（2）面积应符合表 4-17 的规定。

办公建筑公共空间各功能面积（m^2）　　**表 4-17**

分类		面积
小会议室		≥ 30
中会议室		≥ 60
中小会议室每人使用面积	有会议桌	≥ 2.0
	无会议桌	≥ 1.0

（3）大会议室应按使用人数和桌椅设置情况确定使用面积，平面长宽比不宜大于 2 ： 1。

2）接待室

（1）应根据需要和使用要求设置接待室，专用接待室应靠近使用部门，行政办公建筑的群众来访接待室宜靠近基地出入口，与主体建筑分开单独设置。

（2）宜设置专用茶具室、洗消室、卫生间和贮藏空间等。

（3）陈列室应根据需要和使用要求设置。专用陈列室应对陈列效果进行照明设计，避免阳光直射及眩光外窗宜设遮光设施。

3）公共厕所

（1）公用厕所服务半径不宜大于 50m。

（2）公用厕所应设前室，门不宜直接开向办公用房、门厅、电梯厅等主要公共空间，并宜有防止视线干扰的措施。

（3）公用厕所宜有天然采光，通风，并应采取机械通风措施。

（4）男女性别的厕所应分开设置，其卫生洁具数量应按表 4-18 配置。

公共卫生间设施配置 **表 4-18**

女性使用数量（人）	便器数量（个）	洗手盆数量（个）	男性使用数量（人）	大便器数量（个）	小便器数量（个）	洗手盆数量（个）
1 ~ 10	1	1	1 ~ 15	1	1	1
11 ~ 20	2	2	16 ~ 30	2	1	2
21 ~ 30	3	2	31 ~ 45	2	2	2
31 ~ 50	4	3	46 ~ 75	3	2	3
当女性使用人数超过 50 人时，每增加 20 人增设 1 个便器和 1 个洗手盆			当男性使用人数超过 75 人时，每增加 30 人增设 1 个便器和 1 个洗手盆			

注：①当使用总人数不超过 5 人时，可设置无性别卫生间，内设大、小便器及洗手盆各 1 个；
②为办公门厅及大会议室服务的公共厕所应至少各设一个男、女无障碍厕位；
③每间厕所大便器为 3 个以上者，其中 1 个宜设坐式大便器；
④设有大会议室（厅）的楼层应根据人员规模相应增加洁具数量。

4.2.4 老年建筑设计

本节根据《老年人照料设施建筑设计标准》JGJ 450—2018、《无障碍设计规范》GB 50763—2012、《建筑设计防火规范》GB 50016—2014（2018 年版）摘要整理。

1. 无障碍设计

（1）老年人照料设施内供老年人使用的场地及用房均应进行无障碍设计，并应符合国家现行有关标准的规定。无障碍设计具体部位应符合表 4-19 的规定。

老年人照料设施场地　表 4-19

场地	道路及停车场	主要出入口、人行道、停车场
	广场及绿地	活动场地、服务设施、活动设施、休憩设施
建筑	交通空间	主要出入口、门厅、走廊、楼梯、坡道、电梯
	生活用房	居室、休息室、单元起居厅、餐厅、卫生间、盥洗室、浴室
	文娱与健身用房	开展各类文娱、健身活动的用房
	康复与医疗用房	康复室医疗室及其他医疗服务用房
	管理服务用房	入住登记室、接待室等窗口部门用房

（2）经过无障碍设计的场地和建筑空间均应满足轮椅进入的要求，通行净宽不应小于 0.80m，且应留有轮椅回转空间（图 4-45）。

（3）老年人使用的室内外交通空间，当地面有高差时，应设轮椅坡道连接，且坡度不应大于 $\frac{1}{12}$。当轮椅坡道的高度大于 0.10m 时，应同时设无障碍台阶（图 4-46）。

（4）交通空间的主要位置两侧应设连续扶手。

（5）卫生间、盥洗室、浴室，以及其他用房中供老年人使用的盥洗设施，应选用方便无障碍使用的洁具（图 4-47）。

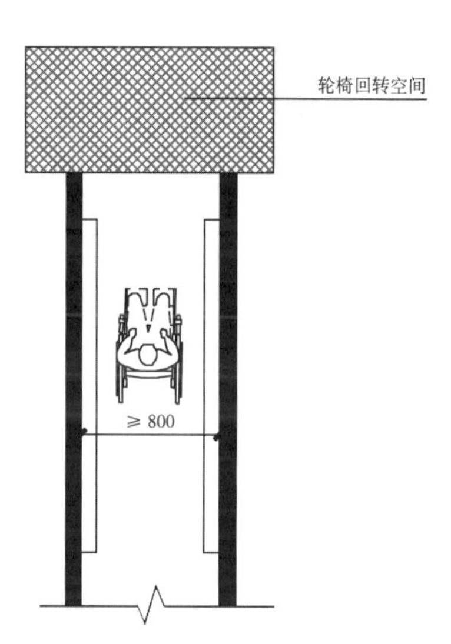

图 4-45　轮椅通行回转

2. 防火设计

（1）除木结构建筑外，老年人照料设施建筑的耐火等级不应低于三级。

（2）老年人照料设施宜独立设置，当采用一级、二级耐火等级的建筑时，不宜大于 32m，不应大于 54m；采用三级耐火等级的建筑时，不应超过 2 层；确需设置在其他民用建筑时，应符合前述规定，同时应与其他场所进行防火分隔，应设置独立的安全出口和疏散楼梯。

（3）老年人照料设施的老年人居室和老年人休息室不应设置在地下室、半地下室。当老年人照料设施中的老年人公共活动用房、康复与医疗用房设置在地下、半地下时，应设置在地下一层，每间用房的建筑面积不应大于 $200m^2$ 且使用人数不应大于 30 人（图 4-48）。

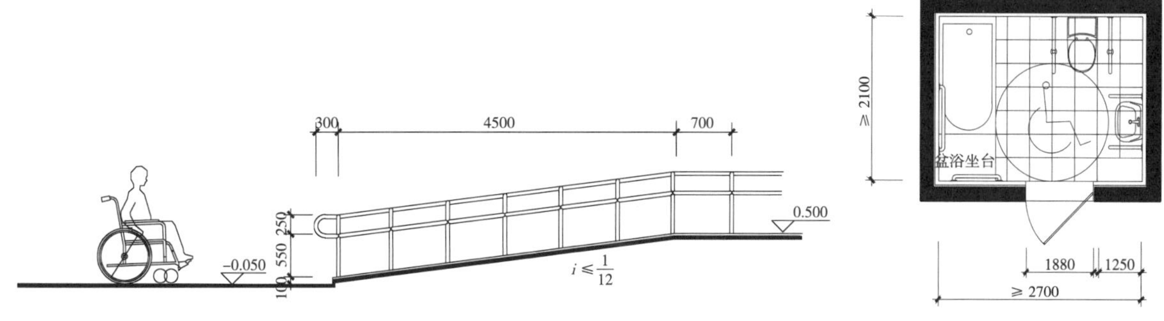

图 4-46　坡道无障碍台阶

图 4-47　无障碍卫生间

（4）老年人活动场所，应采用耐火极限不低于 2.00h 的防火隔墙和 1.00h 的楼板与其他场所或部位分隔，墙上必须设置的门、窗应采用乙级防火门、窗（图 4-49）。

（5）建筑内的安全出口和疏散门应分散布置，且建筑内每个防火分区或一个防火分区的每个楼层每层相邻两个安全出口以及每个房间相邻两个疏散门最近边缘之间的水平距离不应小于 5m（图 4-50）。

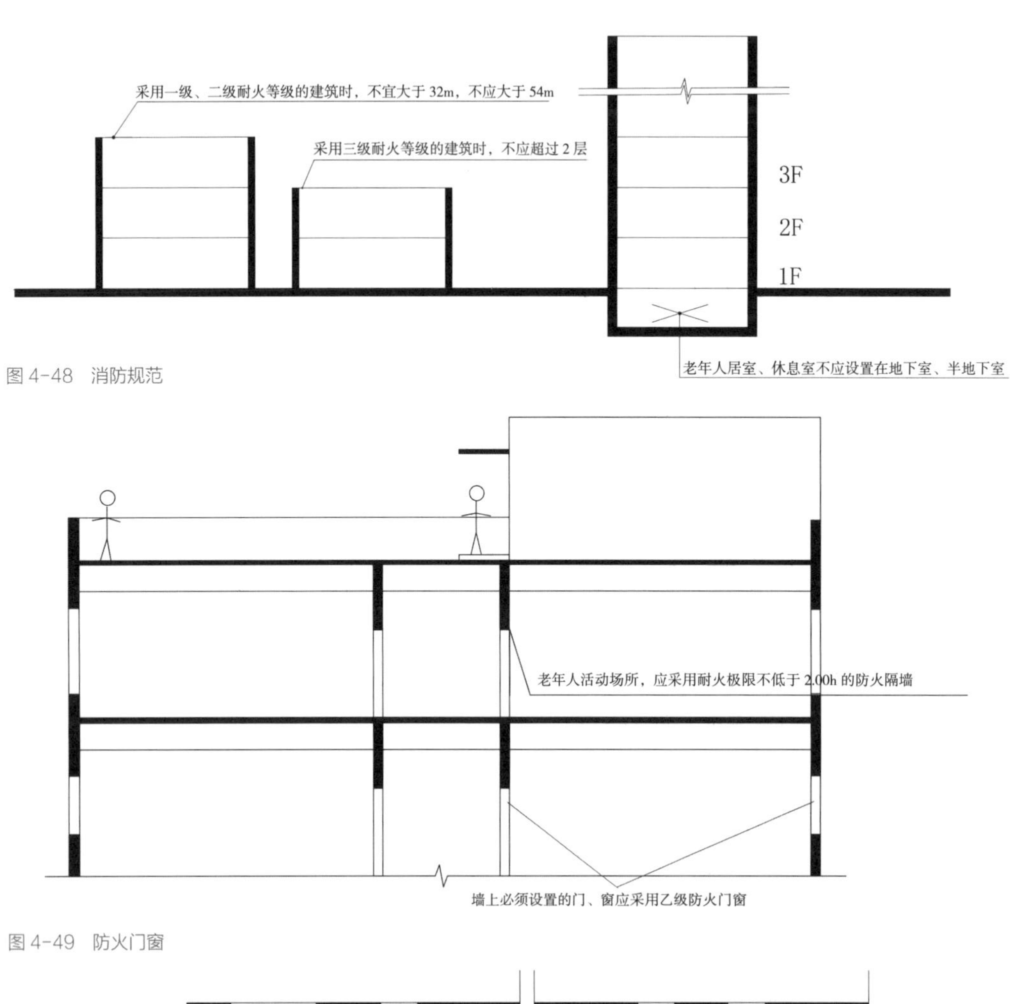

图 4-48　消防规范

图 4-49　防火门窗

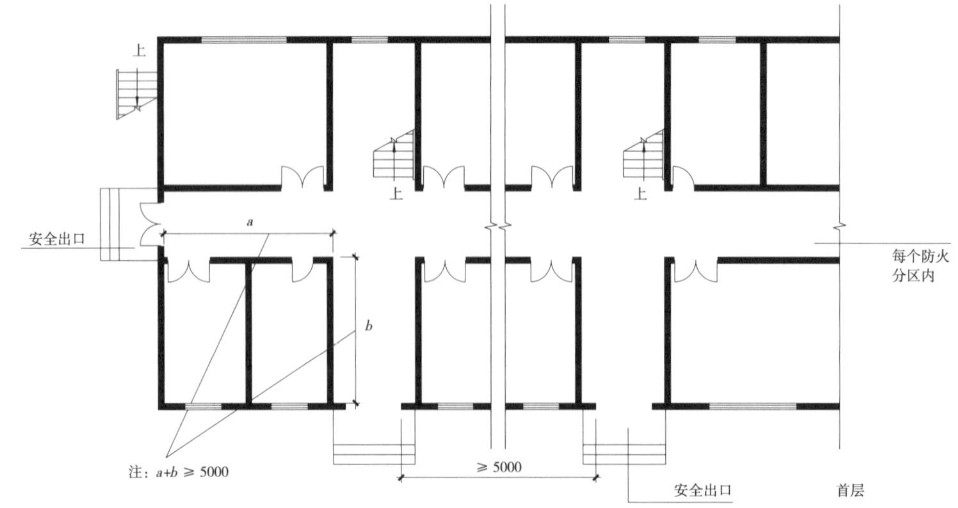

图 4-50　疏散门

（6）老年人建筑内房间疏散门数量应经计算确定且不应少于 2 个。

（7）老年人建筑位于两个安全出口之间或袋形走道两侧的房间，建筑面积不大于 50m^2 时可设置 1 个疏散门（图 4-51）。

（8）养老设施建筑走廊净宽不应小于 1.80m。固定在走廊墙、立柱上的物体或标牌距地面的高度不应小于 2.00m；当小于 2.00m 时，探出部分的宽度不应大于 100mm；当探出部分的宽度大于 100mm 时，其距地面的高度应小于 600mm。

（9）老年人使用的门，开启净宽应符合下列规定（图 4-52）：

①老年人用房的门不应小于 0.80m，有条件时，不宜小于 0.90m。

②护理型床位居室的门不应小于 1.10m。

③建筑主要出入口的门不应小于 1.10m。

（10）多层老年人建筑的疏散楼梯，除与敞开式外廊直接相连的楼梯间外，均应采用封闭楼梯间；高层老年人建筑的疏散楼梯，均应采用防烟楼梯间（图 4-53）。

（11）3 层及 3 层以上总建筑面积大于 3000m^2（包括设置在其他建筑内三层及以上楼层）的老年人照料设施，应在二层及以上各层老年人照料设施部分的每座疏散楼梯间的相邻部位设置 1 间避难间。

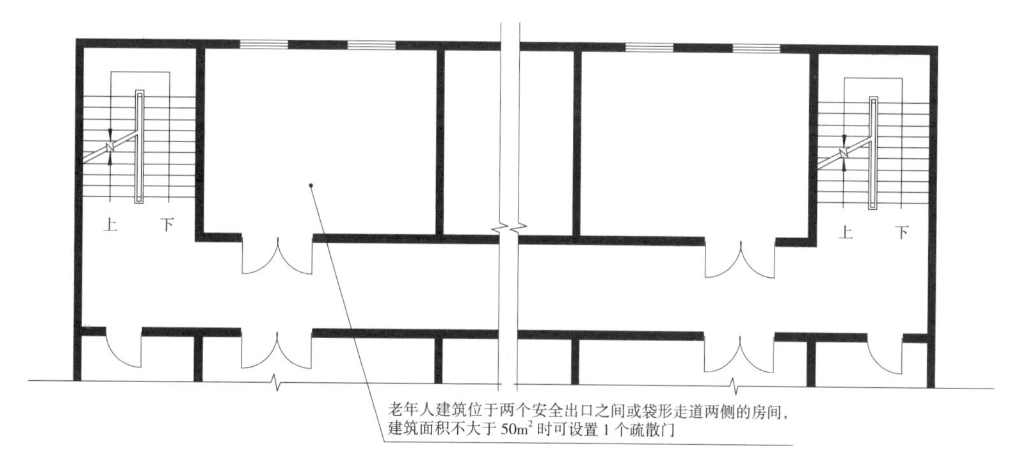

图 4-51　安全出口

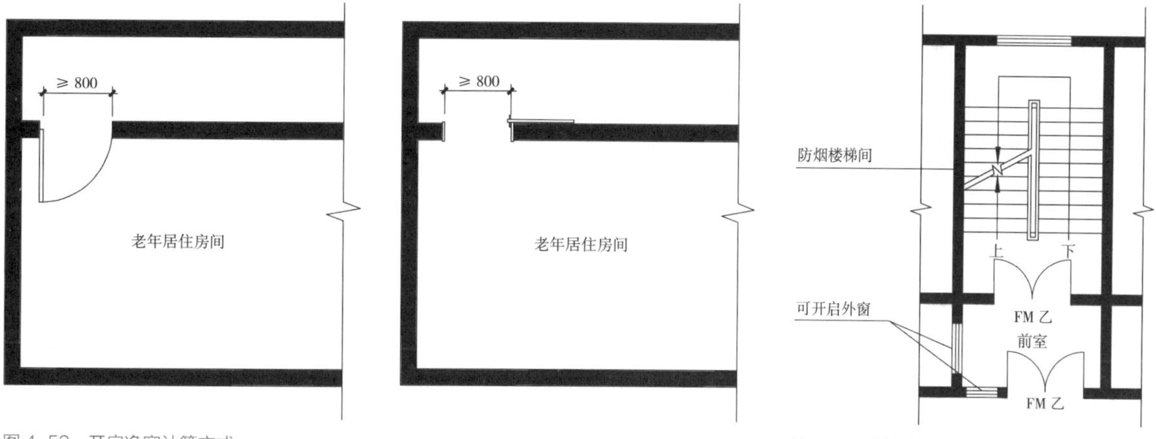

图 4-52　开启净宽计算方式

图 4-53　封闭楼梯间

3. 用房设计

（1）老年人全日照料设施中，为护理型床位设置的生活用房应按照料单元设计；为非护理型床位设置的生活用房宜按生活单元或照料单元设计。生活用房设置应符合下列规定（表4-20）：

生活用房设置 表4-20

照料单元	居室、单元起居厅、就餐、备餐、护理站、药存、清洁间、污物间、卫生间、盥洗、洗浴等用房或空间
生活单元	居室、就餐、卫生间、盥洗、洗浴、厨房或电炊操作等用房或空间

（2）照料单元的使用应具有相对独立性，每个照料单元的设计床位数不应大于60床。失智老年人的照料单元应单独设置，每个照料单元的设计床位数不宜大于20床。

（3）每间居室应按不小于6.00m²/床确定使用面积。

（4）居室设计应符合下列规定：

①单人间居室使用面积不应小于10.00m²，双人间居室使用面积不应小于16.00m²。

②护理型床位的多人间居室，床位数不应大于6床；非护理型床位的多人间居室，床位数不应大于4床。床与床之间应有为保护个人隐私进行空间分隔的措施。

③居室的净高不宜低于2.40m；当利用坡屋顶空间作为居室时，最低处距地面净高不应低于2.10m，且低于2.40m高度部分面积不应大于室内使用面积的$\frac{1}{3}$（图4-54）。

④居室内应留有轮椅回转空间，主要通道的净宽不应小于1.05m，床边留有护理、急救操作空间，相邻床位的长边间距不应小于0.80m。

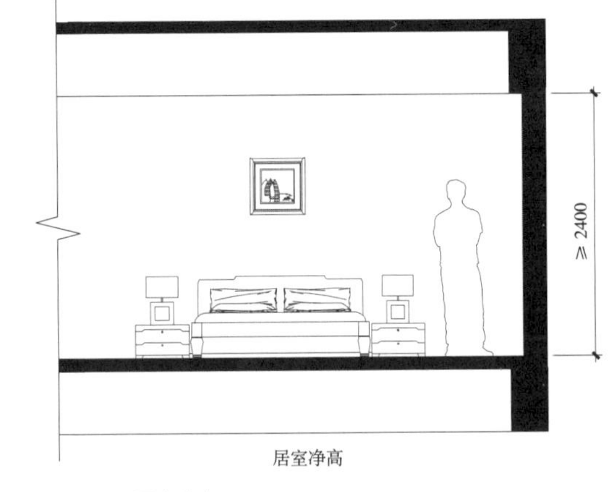

图4-54 居室净高

（5）老年人日间照料设施的每间休息室使用面积不应小于4.00m²/人。

（6）照料单元的单元起居厅应符合下列规定：

①应按不小于2.00m²/床确定使用面积。

②平面及空间形式应适应老年人日常起居活动，并满足多功能使用的要求。

（7）老年人集中使用的餐厅应符合下列规定：

老年人全日照料设施中，护理型床位照料单元的餐厅座位数应按不低于所服务床位数的40%配置，每座使用面积不应小于4.00m²；非护理型床位的餐厅座位数应按不低于所服务床位数的70%配置，每座使用面积不应小于2.50m²。老年人日间照料设施中，餐厅座位数应按所服务人数的100%配置，每座使用面积不应小于2.50m²。

（8）护理型床位的居室应相邻设居室卫生间，居室及居室卫生间应设满足老年人盥洗、便溺需求的设施，可设洗浴等设施；非护理型床位的居室宜相邻设居室卫生间。居室卫生间应符合下列规定：

①当设盥洗、便溺、洗浴等设施时，应留有助洁、助厕、助浴等操作空间。

②与相邻房间室内地坪不宜有高差；当有不可避免的高差时，不应大于 15mm，且应以斜坡过渡。

（9）照料单元应设公用卫生间，且应符合下列规定：

①应与单元起居厅或老年人集中使用的餐厅邻近设置。

②坐便器数量应按所服务的老年人床位数测算（设居室卫生间的居室，其床位可不计在内），每 6 ~ 8 床设 1 个坐便器。

③每个公用卫生间内至少应设 1 个供轮椅老年人使用的无障碍厕位，或设无障碍卫生间。

④应设 1 ~ 2 个盥洗盆或盥洗槽龙头。

（10）当居室或居室卫生间未设盥洗设施时，应集中设置盥洗室，并应符合下列规定：

①盥洗盆或盥洗槽龙头数量应按所服务的老年人床位数测算，每 6 ~ 8 床设 1 个盥洗盆或盥洗槽龙头。

②盥洗室与最远居室的距离不应大于 20.00m。

（11）当居室卫生间未设洗浴设施时，应集中设置浴室，并应符合下列规定：

①浴位数量应按所服务的老年人床位数测算，每 8 ~ 12 床设 1 个浴位。其中轮椅老年人的专用浴位不应少于总浴位数的 30%，且不应少于 1 个。

②浴室内应配备助浴设施，并应留有助浴空间。

③浴室应附设无障碍厕位、无障碍盥洗盆或盥洗槽，并应附设更衣空间。

4. 公用空间

（1）老年人使用的走廊，有困难时不应小于 1.40m；当走廊的通行净宽大于 1.40m 且小于 1.80m 时，走廊中应设通行净宽不小于 1.80m 的轮椅错车空间，错车空间的间距不宜大于 15.00m（图 4-55）。

（2）二层及以上楼层、地下室、半地下室设置老年人用房时应设电梯，电梯应为无障碍电梯，且至少 1 台能容纳担架。

（3）电梯应作为楼层间供老年人使用的主要垂直交通工具，且应符合下列规定：

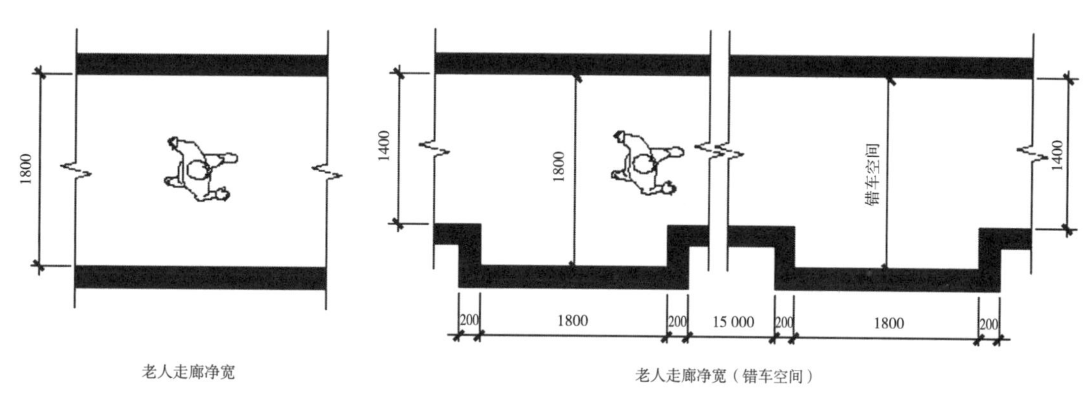

图 4-55　公共走廊

①电梯的数量应综合设施类型、层数、每层面积、设计床位数或老年人数、用房功能与规模、电梯主要技术参数等因素确定。为老年人居室使用的电梯，每台电梯服务的设计床位数不应大于120床。

②电梯的位置应明显易找，且宜结合老年人用房和建筑出入口位置均衡设置。

（4）老年人使用的楼梯严禁采用弧形楼梯和螺旋楼梯。

（5）老年人使用的楼梯应符合下列规定：

①梯段通行净宽不应小于1.20m，各级踏步应均匀一致，楼梯缓步平台内不应设置踏步。

②踏步前缘不应突出，踏面下方不应透空。

③应采用防滑材料饰面，所有踏步上的防滑条、警示条等附着物均不应突出踏面（图4-56）。

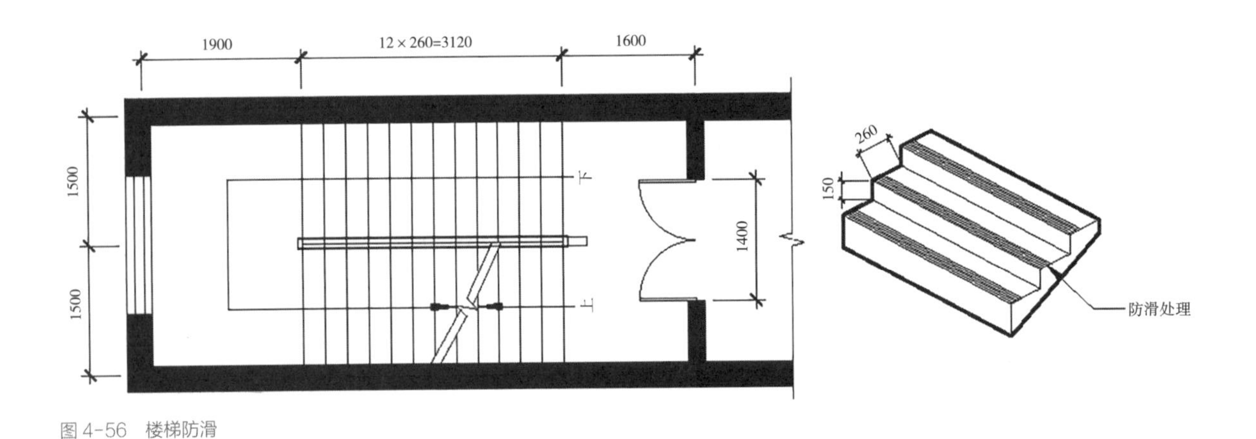

图4-56 楼梯防滑

4.2.5 医院建筑设计

本节根据《综合医院建筑设计规范》GB 51039—2014、《无障碍设计规范》GB 50763—2012、《建筑设计防火规范》GB 50016—2014（2018年版）摘要整理。

1. 无障碍设计

医疗康复建筑进行无障碍设计的范围应包括综合医院、专科医院、疗养院、康复中心、急救中心和其他所有与医疗、康复有关的建筑物。医疗康复建筑中，凡病人、康复人员使用的建筑的无障碍设施应符合下列规定：

（1）室外通行的步行道应满足《无障碍设计规范》GB 50763—2012第3.5节“无障碍通道、门”有关规定的要求。

（2）院区室外的休息座椅旁，应留有轮椅停留空间（图4-57）。

（3）主要出入口应为无障碍出入口，宜设置为平坡出入口。

（4）室内通道应设置无障碍通道，净宽不应小于1.80m（图4-58）。

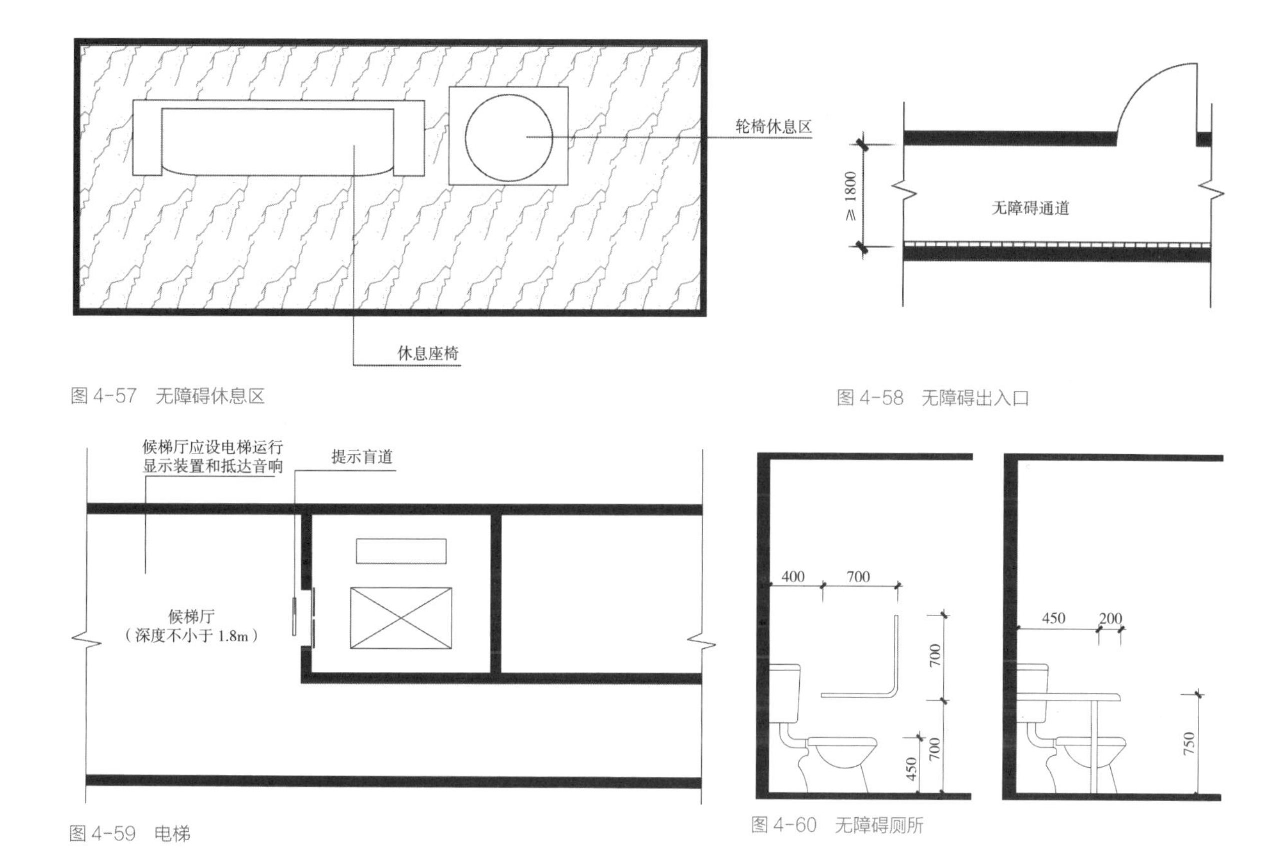

图4-57 无障碍休息区

图4-58 无障碍出入口

图4-59 电梯

图4-60 无障碍厕所

图4-61 母婴室

（5）同一建筑内应至少设置1部无障碍楼梯。

（6）建筑内设有电梯时，每组电梯应至少设置1部无障碍电梯（图4-59）。

（7）首层应至少设置1处无障碍厕所；各楼层至少有1处公共厕所应满足《无障碍设计规范》GB 50763—2012第3.9.1条“公共厕所的无障碍设计应符合相关规定”中所涉及的有关规定或设置无障碍厕所。

（8）病房内的厕所应设置安全抓杆，并符合《无障碍设计规范》GB 50763—2012第3.9.4条的有关规定①（图4-60）。

（9）儿童医院的门、急诊部和医技部，每层宜设置至少1处母婴室，并靠近公共厕所（图4-61）。

① 有关规定指厕所里其他无障碍设施应符合的规定。

（10）诊区、病区的护士站、公共电话台、查询处、饮水器、自助售货处、服务台等应设置低位服务设施。

（11）无障碍设施应设符合我国国家标准的无障碍标志，在康复建筑的院区主要出入口处宜设置盲文地图或供视觉障碍者使用的语音导医系统和提示系统、供听力障碍者需要的手语服务及文字提示导医系统。

（12）挂号、收费、取药处应设置文字显示器，以及语言广播装置和低位服务台。

（13）候诊区应设轮椅停留空间。

（14）病人更衣室内应留有直径不小于 1.50m 的轮椅回转空间，部分更衣箱高度应小于 1.40m。

（15）等候区应留有轮椅停留空间，取报告处宜设文字显示器和语音提示装置（图 4-62）。

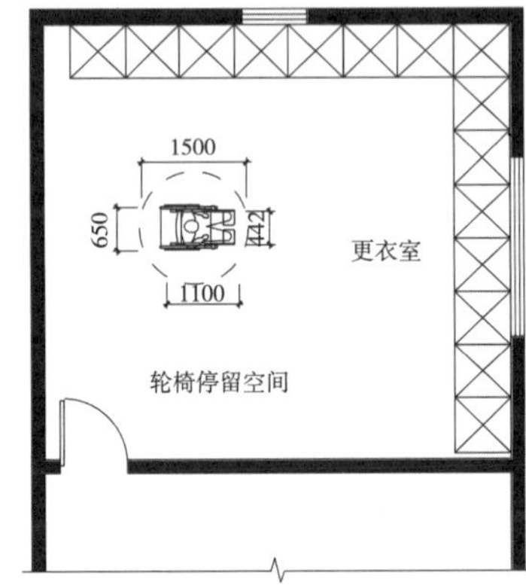

图 4-62　更衣回转空间

2. 防火设计

1）医院建筑耐火等级不应低于二级。

2）防火分区应符合下列要求：

（1）医院建筑的防火分区应结合建筑布局和功能分区划分。

（2）防火分区的面积除应按建筑物的耐火等级和建筑高度确定外，病房部分每层防火分区内，尚应根据面积大小和疏散路线进行再分隔。同层有 2 个及 2 个以上护理单元时，通向公共走道的单元入口处应设乙级防火门。

（3）高层建筑内的门诊大厅，设有火灾自动报警系统和自动灭火系统并采用不燃或难燃材料装修时，地上部分防火分区的允许最大建筑面积应为 4000m^2。

（4）医院建筑内的手术部，当设有火灾自动报警系统，并采用不燃烧或难燃烧材料装修时，地上部分防火分区的允许最大建筑面积应为 4000m^2。

（5）防火分区内的病房、产房、手术部、精密贵重医疗设备用房等，均应采用耐火极限不低于 2.00h 的不燃烧体与其他部分隔开。

3）安全出口应符合下列要求：

（1）每个护理单元应有 2 个不同方向的安全出口。

（2）尽端式护理单元，或自成一区的治疗用房，其最远一个房间门至外部安全出口的距离和房间内最远一点到房门的距离，均未超过建筑设计防火规范规定时，可设 1 个安全出口。

3. 医疗空间

1）门诊部用房

（1）候诊用房设置应符合下列要求：

①门诊宜分科候诊，门诊量小时可合科候诊。

②利用走道单侧候诊时，走道净宽不应小于 2.40m，两侧候诊时，走道净宽不应小于 3.00m。

（2）诊查用房设置应符合下列要求：

①单双人诊查室的开间净尺寸不应小于 3.00m，使用面积不应小于 12.00m²。

②双人诊查室的开间净尺寸不应小于 2.50m，使用面积不应小于 8.00m²（图 4-63）。

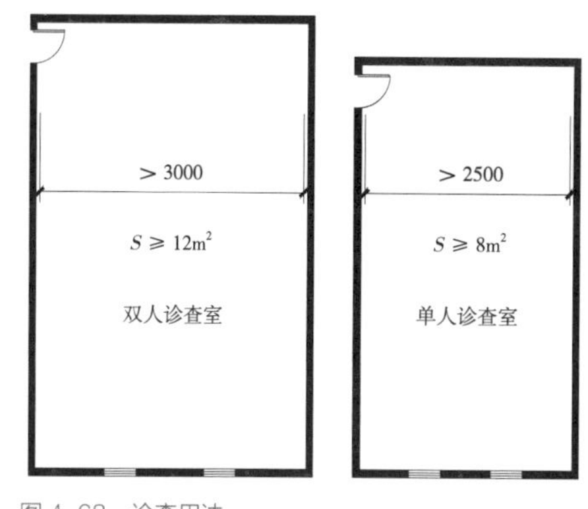

图 4-63　诊查用法

（3）门诊卫生间设置应符合下列要求：

①卫生间宜按日门诊量计算，男女患者比例宜为 1 ：1。

②男厕每 100 人次设大便器不应小于 1 个、小便器不应小于 1 个。

③女厕每 100 人次设大便器不应小于 3 个。

2）住院部用房

（1）护理单元用房设置应符合下列要求：

①应设病房、抢救、患者和医护人员卫生间、盥洗、浴室、护士站、医生办公、处置、治疗、更衣、值班、配餐、库房、污洗等用房。

②可设患者就餐、活动、换药、患者家属谈话、探视、示教等用房。

（2）病房设置应符合下列要求：

①病床的排列应平行于采光窗墙面。单排不宜超过 3 床，双排不宜超过 6 床。

②平行的两床净距不应小于 0.80m，靠墙病床床沿与墙面的净距不应小于 0.60m。

③单排病床通道净宽不应小于 1.10m，双排病床（床端）通道净宽不应小于 1.40m。

④病房门应直接开向走道。

⑤抢救室宜靠近护士站。

⑥病房门净宽不应小于 1.10m，门扇宜设观察窗。

⑦病房走道两侧墙面应设置靠墙扶手及防撞设施。

⑧护士站宜以开敞空间与护理单元走道连通，并应与治疗室以门相连，护士站宜通视护理单元走廊，到最远病房门口的距离不宜超过 30m。

⑨配餐室应靠近餐车入口处，并应有供应开水和加热设施（图 4-64）。

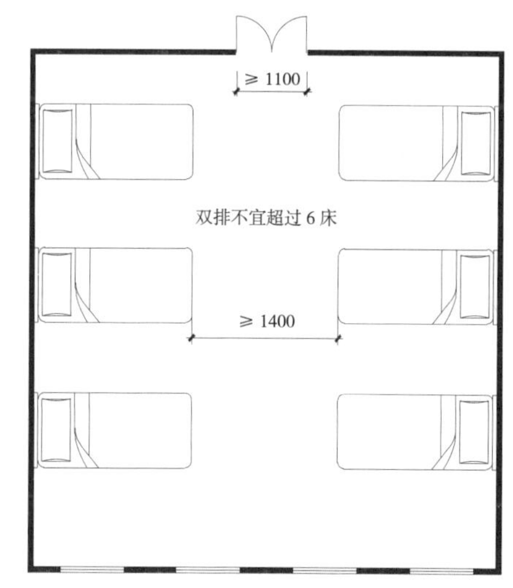

图 4-64　病房

（3）护理单元的盥洗室、浴室和卫生间，应符合下列要求：

①当卫生间设于病房内时，宜在护理单元内单独设置探视人员卫生间。

②当护理单元集中设置卫生间时，男女患者比例宜为 1 ：1，男卫生间每 16 床应设 1 个大便器和 1 个小便器。女卫生间每 16 床应设 3 个大便器。

③医护人员卫生间应单独设置。

④设置集中盥洗室和浴室的护理单元，盥洗水龙头和淋

浴器每 12 ~ 15 床应各设 1 个，且每个护理单元应各不少于 2 个。盥洗室和淋浴室应设前室。

⑤附设于病房内的浴室、卫生间面积和洁具的数量，应根据使用要求确定，并应设紧急呼叫设施和输液吊钩。

⑥无障碍病房内的卫生间应按《综合医院建筑设计规范》GB 51039—2014 第 5.1.13 条“应设置具有引导、管理等功能的标识系统，并应符合相关要求”的要求设置。

4. 公用空间

1）电梯的设置应符合下列规定：

（1）二层医疗用房宜设电梯；三层及三层以上的医疗用房应设电梯，且不得少于 2 台。供患者使用的电梯和污物梯，应采用病床梯。

（2）医院住院部宜增设供医护人员专用的客梯、送餐和污物专用货梯。

（3）电梯井道不应与有安静要求的用房贴邻。

2）楼梯的设置应符合下列要求：

（1）楼梯的位置应同时符合防火、疏散和功能分区的要求。

（2）主楼梯宽度不得小于 1.65m，踏步宽度不应小于 0.28m，高度不应大于 0.16m。

（3）通行推床的通道，净宽不应小于 2.40m。有高差者应用坡道相接，坡道坡度应按无障碍坡道设计。

3）门诊、急诊和病房应充分利用自然通风和天然采光。

4）室内净高应符合下列要求：

（1）诊察室不宜低于 2.60m。

（2）病房不宜低于 2.80m。

（3）公共走道不宜低于 2.30m。

5）卫生间的设置应符合下列要求：

（1）患者使用的卫生间隔间的平面尺寸，不应小于 1.10m × 1.40m，门应朝外开，门闩应能里外开启。卫生间隔间内应设输液吊钩。

（2）患者使用的坐式大便器座圈宜采用不易被污染、易消毒的类型，进入蹲式大便器隔间不应有高差。大便器旁应装置安全抓杆。

（3）卫生间应设前室，并应设非手动开关的洗手设施。

（4）采用室外卫生间时，宜用连廊与门诊、病房楼相接。

4.2.6 商业建筑设计

本书根据《商店建筑设计规范》JGJ 48—2014、《无障碍设计规范》GB 50763—2012、《建筑设计防火规范》GB 50016—2014（2018 年版）摘要整理。

1. 无障碍设计

（1）公众通行的室内走道应为无障碍通道。

（2）供公众使用的男、女公共厕所每层至少有1处应满足《无障碍设计规范》GB 50763—2012第3.9.1条“公共厕所的无障碍设计应符合相关规定”中所涉及的有关规定或在男、女公共厕所附近设置1个无障碍厕所，大型商业建筑宜在男、女公共厕所满足《无障碍设计规范》GB 50763—2012的有关规定[①]的同时且在附近设置1个无障碍厕所。

（3）女厕所的无障碍设施包括至少1个无障碍厕位和1个无障碍洗手盆；男厕所的无障碍设施包括至少1个无障碍厕位、1个无障碍小便器和1个无障碍洗手盆（图4-65）。

（4）厕所的入口和通道应方便乘轮椅者进入和进行回转，回转直径不小于1.50m。

（5）门应方便开启，通行净宽度不应小于800mm。

（6）地面应防滑、不积水。

（7）供公众使用的主要楼梯应为无障碍楼梯。

（8）建筑内设有电梯时，至少应设置1部无障碍电梯。

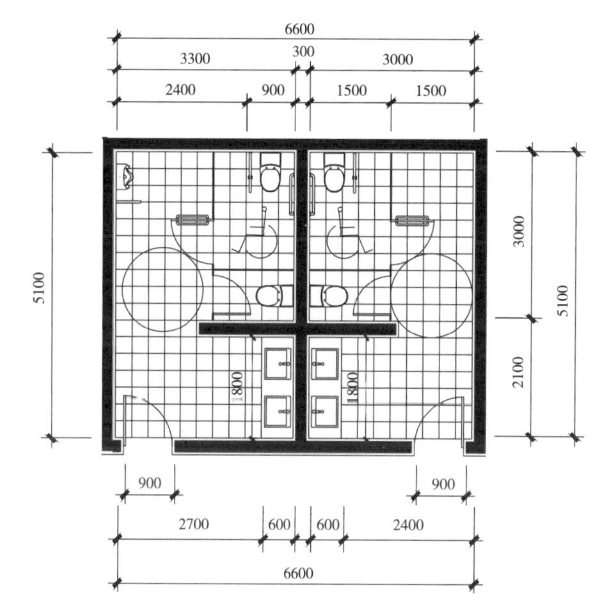

图4-65 无障碍卫生间

2. 防火设计

防火

（1）商店建筑防火设计应符合现行国家标准《建筑设计防火规范》GB 50016的规定。

（2）商店的易燃、易爆商品储存库房宜独立设置；当存放少量易燃、易爆商品储存库房与其他储存库房合建时，应靠外墙布置，并应采用防火墙和耐火极限不低于1.50h的不燃烧体楼板隔开。

（3）专业店内附设的作坊、工场应限为丁、戊类生产，其建筑物的耐火等级、层数和面积应符合现行国家标准《建筑设计防火规范》GB 50016的规定。

（4）除为综合建筑配套服务且建筑面积小于1000m^2的商店外，综合性建筑的商店部分应采用耐火极限不低于2.00h的隔墙和耐火极限不低于1.50h的不燃烧体楼板与建筑的其他部分隔开；商店部分的安全出口必须与建筑其他部分隔开。

（5）商店营业厅的吊顶和所有装修饰面，应采用不燃材料或难燃材料，并应符合建筑物耐火等级要求和现行国家标准《建筑内部装修设计防火规范》GB 50222的规定。

（6）一、二级耐火等级建筑内的商店营业厅、展览厅，当设置自动灭火系统和火灾自动报警系统并采用不燃或难燃装修材料时，其每个防火分区的最大允许建筑面积应符合下列规定。

①设置在高层建筑内时，不应大于4000m^2；

① 有关规定指公共厕所无障碍设计应符合的规定。

②设置在单层建筑或仅设置在多层建筑的首层内时，不应大于 10 000m²；

③设置在地下或半地下时，不应大于 2000m²（图 4-66）。

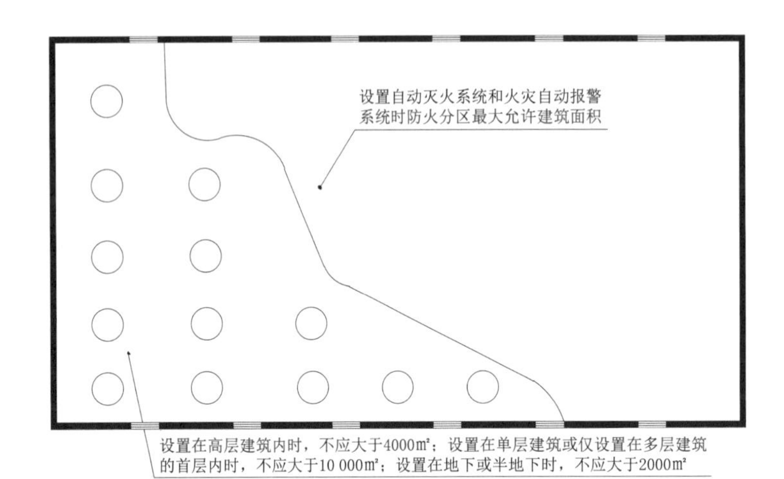

图 4-66 防火分区

3. 商业空间

1）营业区

营业厅内通道的最小净宽度应符合表 4-21 的规定。

营业厅内通道的最小净宽度　　表 4-21

通道位置		最小净宽度
通道在柜台或货架与墙面或陈列窗之间		2.20m
通道在两个平行柜台或货架之间	每个柜台或货架长度小于 7.50m	2.20m
	一个柜台或货架长度小于 7.50m，另一个柜台或货架长度 7.50 ~ 15.00m	3.00m
	每个柜台或货架长度为 7.50 ~ 15.00m	3.70m
	每个柜台或货架长度大于 15.00m	4.00m
	通道一端设有楼梯	上下两个梯段宽度之和再加 1.00m
柜台或货架边与开敞楼梯最近踏步间距离		4.00m 并不小于楼梯间净宽度

注：①当通道内设有陈列物时，通道最小净宽度应增加该陈列物的宽度；
②无柜台营业厅的通道最小净宽可根据实际情况，在本表的规定基础上酌减，减小量不应大于 20%；
③菜市场营业厅的通道最小净宽宜在本表的规定基础上再增加 20%。

2）大型和中型商店建筑内连续排列的商铺应符合下列规定

（1）各商铺的作业运输通道宜另设。

（2）商铺内面向公共通道营业的柜台，其前沿应后退至距通道边线不小于 0.50m 的位置。

（3）公共通道的安全出口及其间距等应符合现行国家标准《建筑设计防火规范》GB 50016 的规定。

3）大型和中型商店建筑内连续排列的商铺之间的公共通道最小净宽度应符合表 4-22 的规定。

连续排列的商铺之间的公共通道最小净宽度 **表 4-22**

通道名称	最小净宽度	
	通道两侧设置商铺	通道一侧设置商铺
主要通道	4.00m，且不小于通道长度$\frac{1}{10}$	3.00m，且不小于通道长度$\frac{1}{15}$
次要通道	3.00m	2.00m
内部作业通道	1.80m	—

注：主要通道长度按其两端安全出口间距离计算。

4.2.7 托儿所、幼儿园建筑设计规范

本节根据《托儿所、幼儿园建筑设计规范》JGJ 39—2016 摘要整理。

1. 托儿所生活用房

（1）托儿所睡眠区、活动区，幼儿园活动室、寝室，多功能活动室的室内最小净高不应低于表 4-23 的规定（图 4-67）。

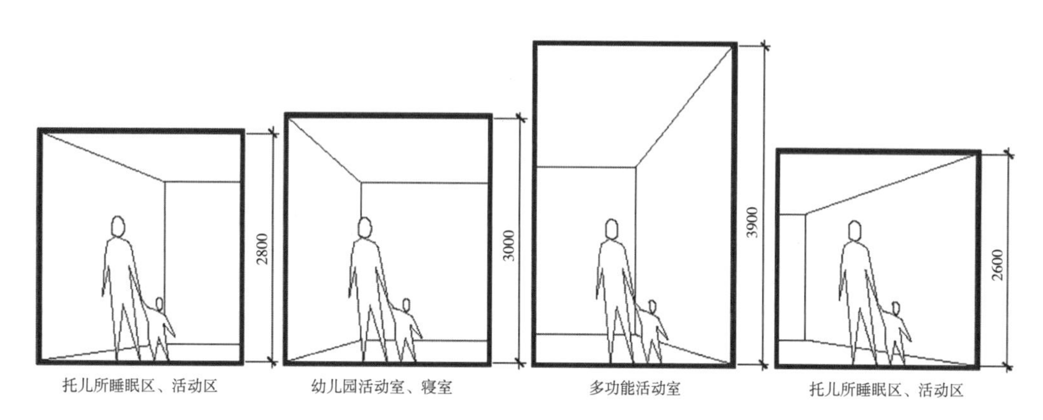

图 4-67 生活用房室内最小净高

室内最小净高（m） **表 4-23**

房间名称	最小净高
托儿所睡眠区、活动区	2.8
幼儿园活动室、寝室	3.0
多功能活动室	3.9

注：改、扩建的托儿所睡眠区和活动区室内净高不应小于 2.6m。

（2）托儿所生活用房应由乳儿班、托小班、托大班组成，各班应为独立使用的生活单元。宜设公共活动空间。

（3）托大班生活用房的使用面积及要求宜与幼儿园生活用房相同。

（4）乳儿班应包括睡眠区、活动区、配餐区、清洁区、储藏区等，各区最小使用面积应符合表4-24的规定。

乳儿班各区最小使用面积（m^2）　表4-24

各区名称	最小使用面积
睡眠区	30
活动区	15
配餐区	6
清洁区	6
储藏区	4

（5）托小班应包括睡眠区、活动区、配餐区、清洁区、卫生间、储藏区等（图4-68），各区最小使用面积应符合表4-25的规定。

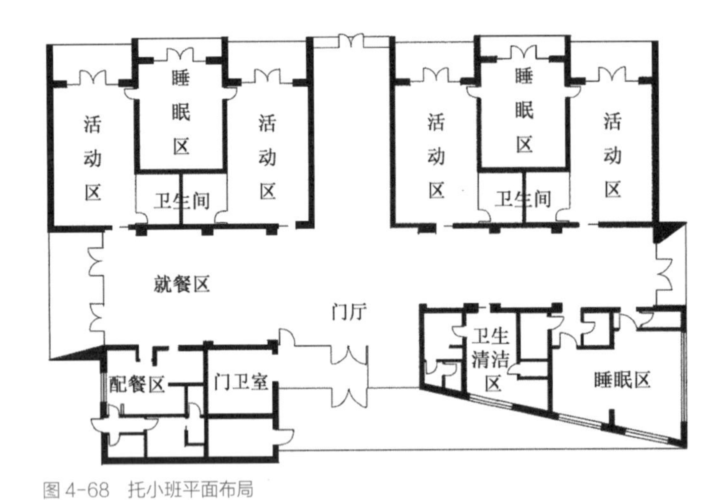

图4-68　托小班平面布局

托小班各区最小使用面积（m^2）　表4-25

各区名称	最小使用面积
睡眠区	35
活动区	35
配餐区	6
清洁区	6
卫生区	8
储藏区	4

注：睡眠区与活动区合用时，其使用面积不应小于$50m^2$。

（6）乳儿班和托小班宜设喂奶室，使用面积不宜小于 10m^2，并应符合下列规定。

①应临近婴幼儿生活空间。

②应设置开向疏散走道的门。

③应设尿布台、洗手池，宜设成人厕所。

（7）乳儿班和托小班活动区地面应做暖性、软质面层；距地 1.20m 的墙面应做软质面层。

（8）乳儿班和托小班生活单元各功能分区应符合下列规定。

①睡眠区应布置供每个婴幼儿使用的床位，不应布置双层床，床位四周不宜贴靠外墙。

②配餐区应临近对外出入口，并设有调理台、洗涤池、洗手池、储藏柜等，应设加热设施，宜设通风或排烟设施。

③清洁区应设淋浴、尿布台、洗涤池、洗手池、污水池、成人厕位等设施。

④成人厕位应与幼儿卫生间隔离。

（9）托小班卫生间内应设适合幼儿使用的卫生器具，坐便器高度宜为 0.25m 以下。每班至少设 2 个大便器、2 个小便器，便器之间应设隔断；每班至少设 3 个适合幼儿使用的洗手池，高度宜为 0.40 ~ 0.45m，宽度宜为 0.35 ~ 0.40m（图 4-69）。

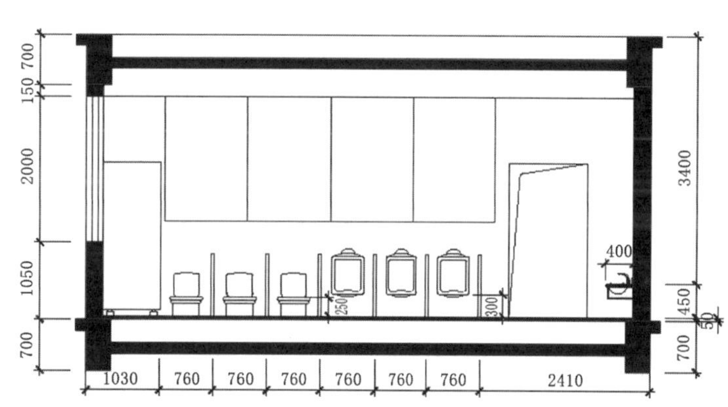

图 4-69 托小班卫生间立面

2. 幼儿园生活用房

（1）幼儿园的生活用房应由幼儿生活单元、公共活动空间和多功能活动室组成。公共活动空间可根据需要设置。

（2）幼儿生活单元应设置活动室、寝室、卫生间、衣帽储藏间等基本空间。

（3）幼儿园生活单元房间的最小使用面积不应小于表 4-26 的规定，当活动室与寝室合用时，其房间最小使用面积不应小于 105m^2。

幼儿生活单元房间的最小使用面积（m^2） 表 4-26

房间名称		房间最小使用面积
活动室		70
寝室		60
卫生间	厕所	12
	盥洗室	8
衣帽储藏间		9

（4）单侧采光的活动室进深不宜大于 6.60m。

（5）设置的阳台或室外活动平台不应影响生活用房的日照。

（6）同一个班的活动室与寝室应设置在同一楼层内。

（7）活动室、寝室、多功能活动室等幼儿使用的房间应做暖性、有弹性的地面，儿童使用的通道地面应采用防滑材料。

（8）寝室应保证每一幼儿设置一张床铺的空间，不应布置双层床。床位侧面或端部距外墙距离不应小于 0.60m。

（9）卫生间应由厕所、盥洗室组成，并宜分间或分隔设置。无外窗的卫生间，应设置防止回流的机械通风设施。

（10）每班卫生间的卫生设备数量不应少于表 4-27 的规定，且女厕大便器不应少于 4 个，男厕大便器不应少于 2 个。

每班卫生间卫生设备的最少数量 **表 4-27**

污水池（个）	大便器（个）	小便器（个或位）	盥洗台（水龙头，个）
1	6	4	6

（11）卫生间应临近活动室或寝室，且开门不宜直对寝室或活动室。盥洗室与厕所之间应有良好的视线贯通。

（12）卫生间所有设施的配置、形式、尺寸均应符合幼儿人体尺度和卫生防疫的要求。洁具布置应符合下列规定（图 4-70）：

①盥洗池距地面的高度宜为 0.50 ~ 0.55m，宽度宜为 0.40 ~ 0.45m，水龙头的间距宜为 0.55 ~ 0.60m；

②大便器宜采用蹲式便器，大便器或小便器之间均应设隔板，隔板处应加设幼儿扶手。厕位的平面尺寸不应小于 0.70m×0.80m（宽 × 深），坐式便器的高度宜为 0.25 ~ 0.30m。

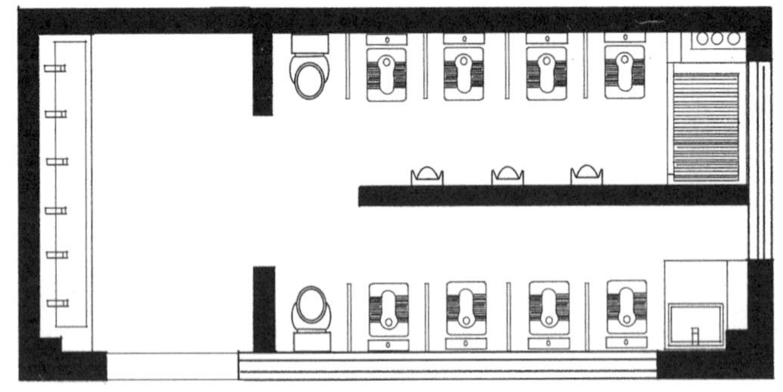

图 4-70 幼儿园卫生间平面

（13）应设多功能活动室，位置宜邻近生活单元，其使用面积宜每人 $0.65m^2$，且不应小于 $90m^2$。单独设置时宜与主体建筑用连廊连通，连廊应做雨篷，严寒和寒冷地区应做封闭连廊。

3. 服务管理与供应用房

（1）服务管理用房宜包括晨检室（厅）、保健观察室、教师值班室、警卫室、储藏室、园长室、所长室、财务室、教师办公室、会议室、教具制作室等房间。各房间的最小使用面积宜符合表 4-28 的规定（图 4-71）。

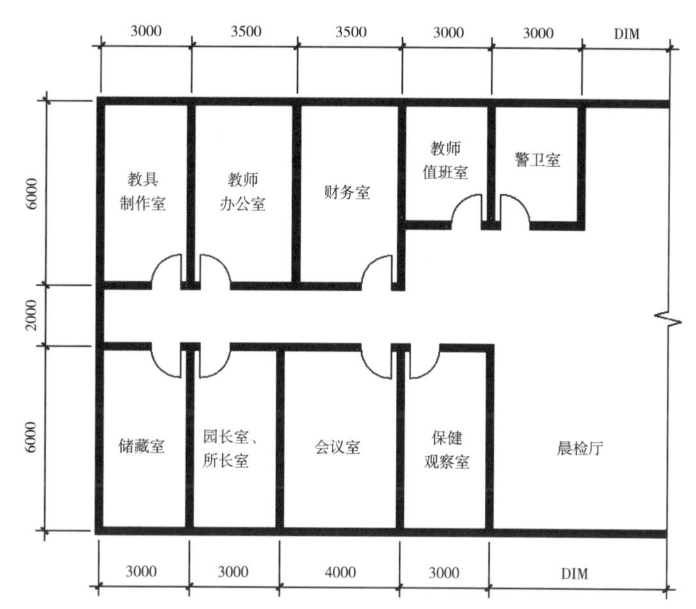

图 4-71　服务管理用房平面布局

服务管理用房各房间的最小使用面积（m^2）　表 4-28

房间名称	规模		
	小型	中型	大型
晨检室（厅）	10	10	15
保健观察室	12	12	15
教师值班室	10	10	10
警卫室	10	10	10
储藏室	15	18	24
园长室、所长室	15	15	18
财务室	15	15	18
教师办公室	18	18	24
会议室	24	24	30
教具制作室	18	18	24

注：①晨检室（厅）可设置在门厅内；②寄宿制幼儿园应设置教师值班室；③房间可以合用，合用的房间面积可适当减少。

（2）供应用房宜包括厨房、消毒室、洗衣间、开水间、车库等房间，厨房应自成一区，并与婴幼儿生活用房应有一定距离。

（3）厨房使用面积宜每人 0.40m^2，且不应小于 12.00m^2。

（4）厨房加工间室内净高不应低于 3.00m。

（5）当托儿所、幼儿园建筑为 2 层及以上时，应设提升食梯。食梯呼叫按钮距地面高度应大于 1.70m。

4.2.8 展览建筑设计规范

本节根据《展览建筑设计规范》JGJ 218—2010 摘要整理。

1. 防火设计

（1）对于设置在多层建筑内的地上层厅，防火分区的最大允许建筑面积应符合下列规定：

①当展厅内未设置自动灭火系统时，防火分区的最大允许建筑面积不应大于 2500m^2。

②当展厅内设置自动灭火系统时，防火分区的最大允许建筑面积可增加 1.0 倍。

③当展厅局部设置自动灭火系统时，防火分区增加的面积可按该局部面积 1.0 倍计。

（2）对于设置在单层建筑内或多层建筑首层的展厅，当设有自动灭火系统、排烟设施和火灾自动报警系统时，防火分区的最大允许建筑面积不应大于 10 000m^2。

（3）对于设置在高层建筑内的地上展厅，防火分区的最大允许建筑面积不应大于 4000m^2。对于设置在多层或高层建筑内的地下展厅，防火分区的最大允许建筑面积不应大于 2000m^2，并应设置自动灭火系统、排烟设施和火灾自动报警系统。

（4）对于设置在高层建筑裙房的展厅，当裙房与高层建筑之间有防火分隔措施、未设置自动灭火系统时，展厅防火分区的最大允许建筑面积不应大于 2500m^2；当裙房与高层建筑之间有防火分隔措施，且设有自动灭火系统时，防火分区的最大允许建筑面积可增加 1.0 倍。

（5）多层建筑内的地上展厅、地下展厅和其他空间的安全出口、疏散楼梯的各自总宽度，应符合下列规定。

①每层安全出口、疏散楼梯的净宽应按表 4-29 的规定经计算确定；当每层人数不等时，疏散楼梯的总宽度可分层计算，下层楼梯的总宽度应按其上层人数最多一层的人数计算。

②首层外门的总宽度应按人数最多的一层人数计算确定；不供楼上人员疏散的外门，可按本层人数计算确定。

每层的房间疏散门、安全出口、疏散走道和疏散楼梯的每 100 人最小疏散净宽度（m/百人）　表 4-29

建筑层数		建筑的耐火等级		
		一、二级	三级	四级
地上楼层	1、2 层	0.65	0.75	1.00
	3 层	0.75	1.00	—
	≥ 4 层	1.00	1.25	—
地下楼层	与地面出入口的高差 $\Delta H \leq 10$m	0.75	—	—
	与地面出入口的高差 $\Delta H > 10$m	1.00	—	—

（6）高层建筑内的展厅和其他空间的安全出口、疏散楼梯间及其前室的门的各自总宽度，应符合下列规定。

①疏散楼梯间及其前室的门的净宽应按通过人数计算，每 100 人不应小 1.00m，且最小净宽不

疏散楼梯间的门的净宽　　疏散楼梯间及其前室的门的净宽

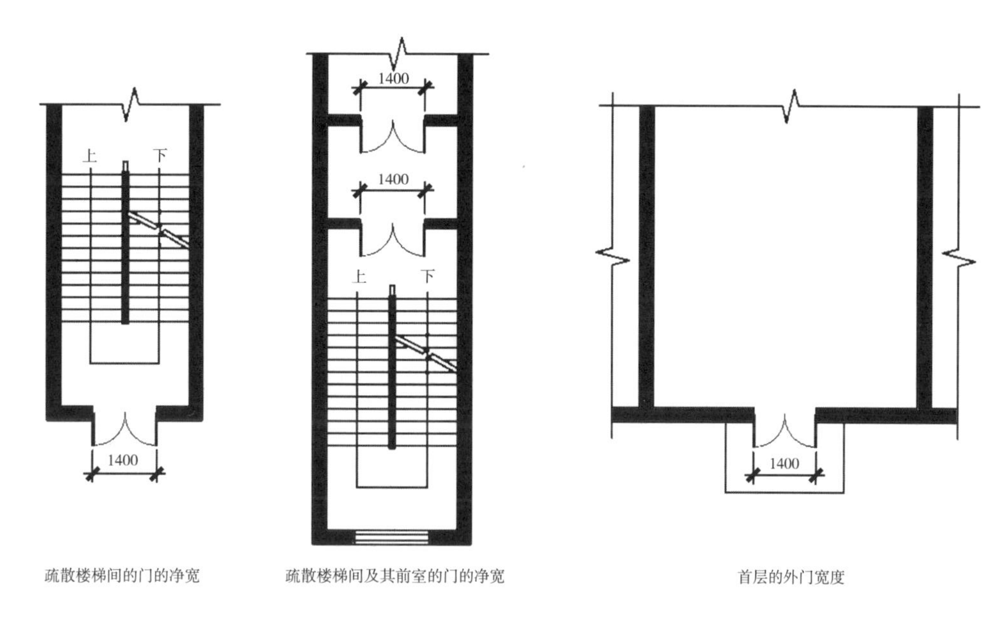

图 4-72　疏散楼梯间及其前室的门的净宽

首层的外门宽度

图 4-73　首层疏散外门的净宽

应小于 0.90m（图 4-72）。

②首层外门的总宽度应按人数最多的一层人数计算，每 100 人不应小于 1.00m，且疏散外门的净宽不应小于 1.20m（图 4-73）。

（7）展厅内任何一点至最近安全出口的直线距离不宜大于 30m，当单、多层建筑物内全部设置自动灭火系统时，其展厅的安全疏散距离可增大 25%。

2. 展览空间

（1）展厅中单位展览面积的最大使用人数宜按表 4-30 确定。

展厅中各单位展览面积的最大使用人数（人 /m^2）　　**表 4-30**

楼层位置	地下一层	地上一层	地上二层	地上三层及以上各层
指标	0.65	0.70	0.65	0.50

（2）展厅设计应便于展品布置，并宜采用无柱大空间（图 4-74）。当展厅有柱时，甲等、乙等展厅柱网尺寸不宜小于 9 ~ 9m（图 4-75）。

（3）展厅净高应满足展览使用要求。甲等展厅净高不宜小于 12m（图 4-76），乙等展厅净高不宜小于 8m（图 4-77），丙等展厅净高不宜小于 6m（图 4-78）。

（4）展厅内展位通道尺寸除应满足安全疏散的要求外，尚应符合下列规定：

①甲等、乙等展厅主要展位通道净宽不宜小于 5m，次要展位通道净宽不宜小于 3m（图 4-79）。

②丙等展厅展位通道净宽不宜小于 3m（图 4-80）。

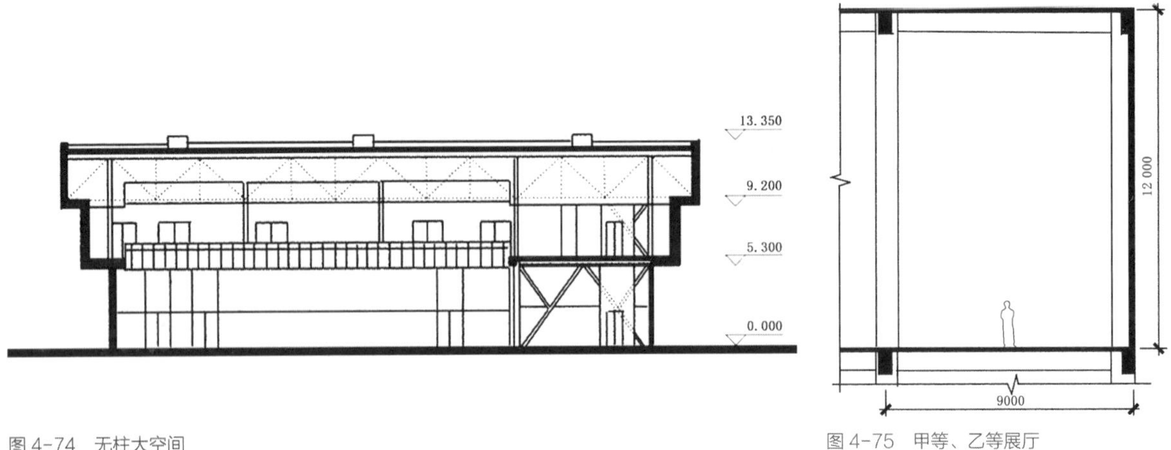

图 4-74 无柱大空间

图 4-75 甲等、乙等展厅

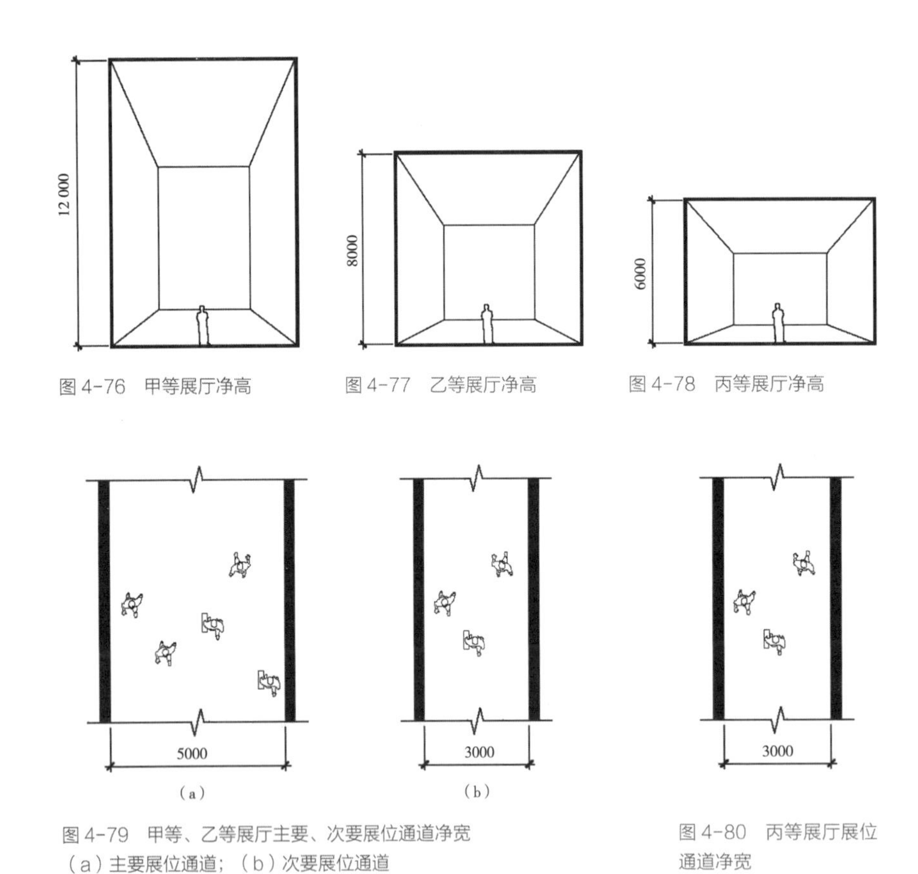

图 4-76 甲等展厅净高

图 4-77 乙等展厅净高

图 4-78 丙等展厅净高

图 4-79 甲等、乙等展厅主要、次要展位通道净宽
(a)主要展位通道;(b)次要展位通道

图 4-80 丙等展厅展位通道净宽

3. 公共服务空间

(1)公共服务空间宜包括前厅、过厅、观众休息处(室)、贵宾休息室、新闻中心、会议空间、餐饮空间、厕所等，可根据展览建筑的规模、展厅的等级和实际需要确定。

(2)展览建筑的前厅宜集中设置。前厅应分为外区和内区，并应符合下列规定:

①前厅的面积可根据其服务的展览面积计算得出，每 1000m^2 展览面积宜设置 50 ~ 100m^2 前厅。

②前厅内外区之间应设置检票系统。

③前厅外区应设置为展方服务的检录空间和设施，并宜在室外预留相关服务场地。

④前厅外区应设置票务、咨询、寄存、监控、邮政、海关等，并宜设置观众休息、公共电话、饮水处等。

⑤前厅外区应设置公共厕所。

⑥前厅内应根据当地气候条件设置相应设施；多雨地区应设置雨具存放设施，严寒或寒冷地区宜设置门斗。

（3）当展览建筑有多个展厅时，展厅与前厅之间应设置过厅。过厅可与前厅的内区结合，并应符合下列规定：

①过厅应为展厅提供缓冲空间，面积为每 1000m^2 展览面积宜设置 50 ~ 150m^2 过厅。

②当过厅兼作前厅使用时，过厅应设置前厅的功能设施。

③过厅和前厅中设置的功能设施不应影响交通组织和人员疏散。

（4）特大型、大型展览建筑宜设置新闻中心。新闻中心应具备新闻发布、媒体登录、记者服务等功能。新闻中心宜紧邻前厅或主入口区域。

（5）特大型、大型、中型展览建筑应根据需要设置会议空间。会议空间可分为大型多功能厅、大中型会议空间、商务会议室、商务洽谈空间。

（6）展览建筑的会议、办公、餐饮等空间宜设置厕所。展厅应设置公共厕所，并应符合下列规定：

①甲等、乙等展厅宜设置 2 处以上公共厕所，位置应方便使用。

②对于男厕所，每 1000m^2 展览面积应至少设置 2 个大便器、2 个小便器、2 个洗手盆。

③对于女厕所，每 1000m^2 展览面积应至少设置 4 个大便器、2 个洗手盆（图 4-81）。

④展厅中宜设置 1 处以上无性别厕所；当未设无性别厕所时，每个厕所宜设置 1 个儿童厕位。

4. 仓储及辅助空间

（1）展方库房和装卸区应采用大柱网设计，柱网尺寸不宜小于 9m×9m，净高不宜小于 4m。

（2）辅助空间宜包括行政办公用房、临时办公用房、设备用房等，并应符合下列规定。

①辅助空间应根据展览建筑的规模、展厅的等级和实际需要设置用房。

②用房的布局应满足展览要求，并应便于使用和管理。

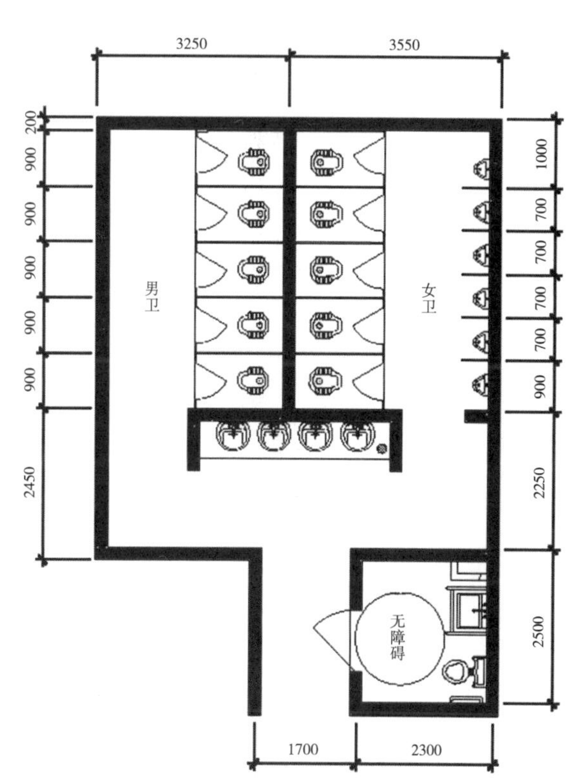

图 4-81　展厅公共厕所

（3）行政办公用房宜包括行政管理用的办公室、会议室、文印室、值班室、员工休息室、员工卫生间和员工机动车、自行车停放处等。

（4）临时办公用房面积为，每 10 000m^2 展览面积宜设置不小于 50m^2 的临时办公用房。

4.3 室内装饰规范

4.3.1 住宅室内装饰装修设计规范

本节根据《住宅室内装饰装修设计规范》JGJ 367—2015 摘要整理。

1. 室内组成（图 4-82）

1）墙和柱

墙和柱是室内的承重构件。墙的主要作用是承重、围护和分隔空间，柱主要起承重的作用。

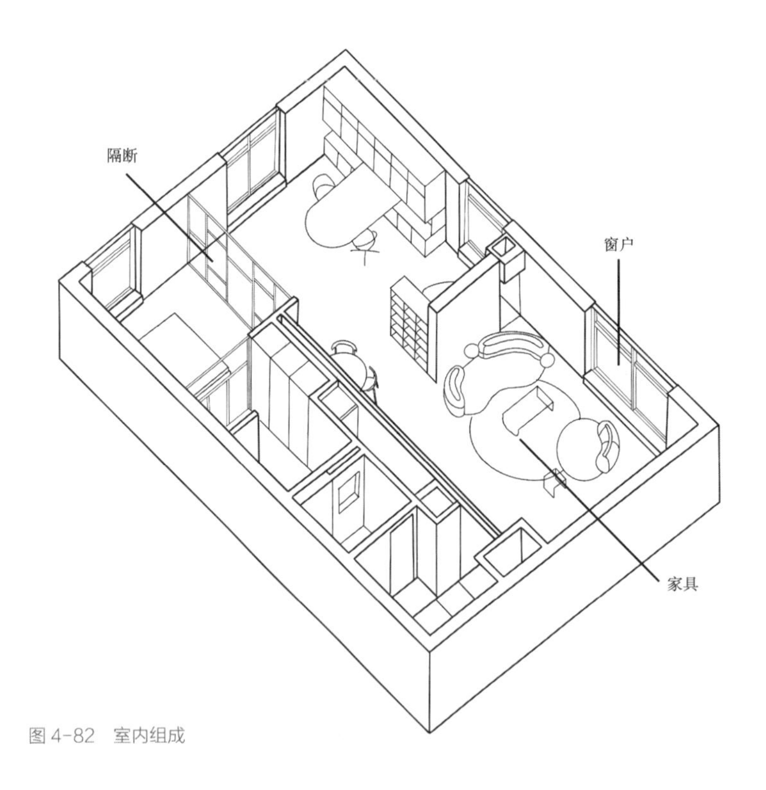

图 4-82 室内组成

2）顶棚

顶棚指的是建筑物房间内的吊顶或楼盖、屋盖底面。

3）门窗

门的主要功能是供人们出入各个房间，门应该有足够的数量和宽度，并要考虑它的一些特殊要求，如防火、隔声等。窗主要用来采光和通风，窗应该有足够的面积。

4）隔断

建筑内部固定的、不到顶的垂直分隔物。

5）装饰织物

满足建筑内部功能需求，由棉、麻、丝、毛等天然纤维及其他合成纤维制作的纺织品，如窗帘、帷幕等。

6）家具

家具是指在生活、工作或社会实践中供人们坐、卧或支撑与贮存物品的一类器具。

2. 室内空间

1）套内前厅

套内前厅宜根据套内的功能需要和空间大小等因素设置家具、设施，并宜设计可遮挡视线的装饰隔断。套内前厅通道净宽不宜小于 1.20m，净高不应低于 2.40m。套内前厅的门禁显示屏的中心点至楼地面装饰装修完成面的距离宜为 1.40 ~ 1.60m（图 4-83）。

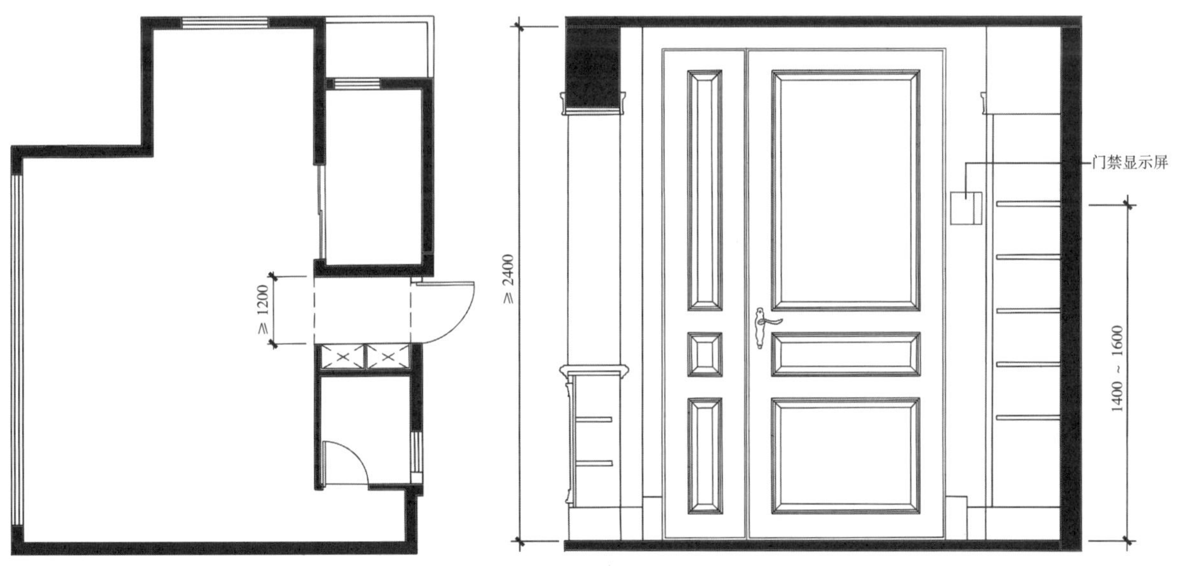

图 4-83　套内前厅

2）起居室

起居室应选择尺寸、数量合适的家具及设施，家具、设施布置后应满足使用和通行的要求，且主要通道的净宽不宜小于 900mm。

起居室装修后室内净高不应低于 2.40m；局部顶棚净高不应低于 2.10m，且净高低于 2.40m 的局部面积不应大于室内使用面积的 $\frac{1}{3}$（图 4-84）。

3）卧室

卧室应根据空间大小选择合适的家具，并且需预留合适的宽度来满足通行需求，预留的主要通道宽度不宜小于 600mm。

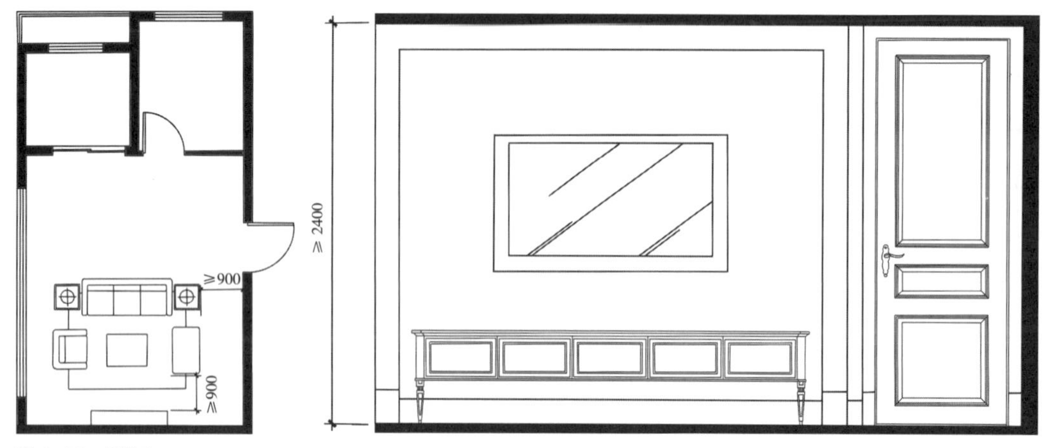

图 4-84 起居室

卧室装饰装修后，室内净高不应低于 2.40m，局部净高不应低于 2.10m，且净高低于 2.40m 的局部面积不应大于使用面积的$\frac{1}{3}$。

卧室的平面布置应具有私密性，避免视线干扰，床不宜紧靠外窗或正对卫生间门，儿童卧室不应有尖角或棱状造型（图 4-85）。

老年人卧室应符合下列规定：

（1）老年人卧室宜设计独立的卫生间。

（2）地面宜采用木地板，严寒和寒冷地区不宜采用陶瓷地砖。

（3）墙面阳角宜做成圆角或钝角。

（4）有条件宜留有护理通道和放置护理设备的空间，床头宜设置固定式紧急呼救装置。

（5）宜采用内外均可开启的平开门，不宜设弹簧门，当采用玻璃门时，应选用安全玻璃，当采用推拉门时，地埋轨不应高出装修地面面层。

4）厨房

厨房应优先采用定制的整体橱柜和装配式部品，并应根据厨房的平面形状、面积大小和炊事操作的流程等布置厨房设施。厨房装饰装修后，地面面层至顶棚的净高不应低于 2.20m。

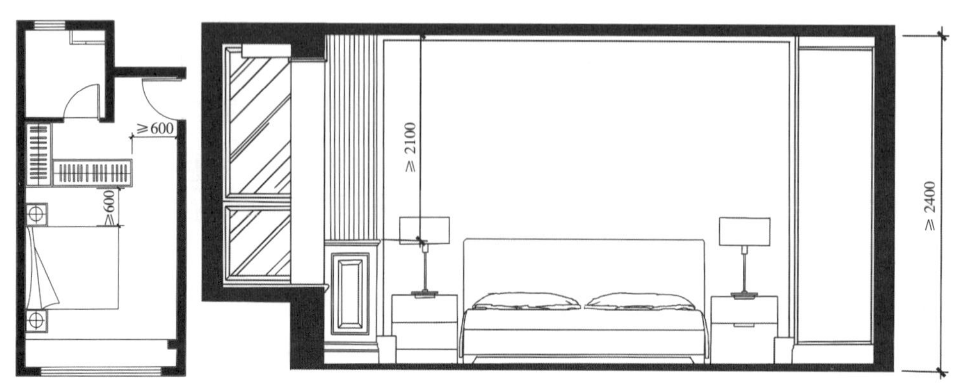

图 4-85 卧室

单排布置设备的地柜前宜留有不小于 1.50m 的活动距离，双排布置设备的地柜之间净距不应小于 900mm。洗涤池与灶具之间的操作距离不宜小于 600mm。厨房吊柜底面至装修地面的距离宜为 1.40 ~ 1.60m，吊柜的深度宜为 300 ~ 400mm（图 4-86）。

5）**餐厅**

餐厅应靠近厨房布置，室内空间中无餐厅的，应在起居室或厨房内设计适当的就餐空间。

餐厅应选择尺寸、数量适宜的家具及设施，且家具、设施布置后应形成稳定的就餐空间，并宜留有净宽不小于 900mm 的通往厨房和其他空间的通道。餐厅装饰装修后，地面至顶棚的净高不应低于 2.20m。

6）**卫生间**

卫生间宜选择尺寸合适的便器、洗浴器、洗面器等基本设施，设施布置后应满足人体活动的需要。卫生间应根据不同的套型平面合理布置，无前室的卫生间门不得直接开向厨房、起居室，不宜开向卧室。

卫生间门的位置、尺寸、开启方式应便于设施、设备及家具的布置和使用，老年人、残疾人使用的卫生间宜采用可内外双向开启的门。

卫生间的地面应有坡度坡向地漏，非浴区地面排水坡度不宜小于 0.5%，浴区地面排水坡度不宜小于 1.5%（图 4-87）。

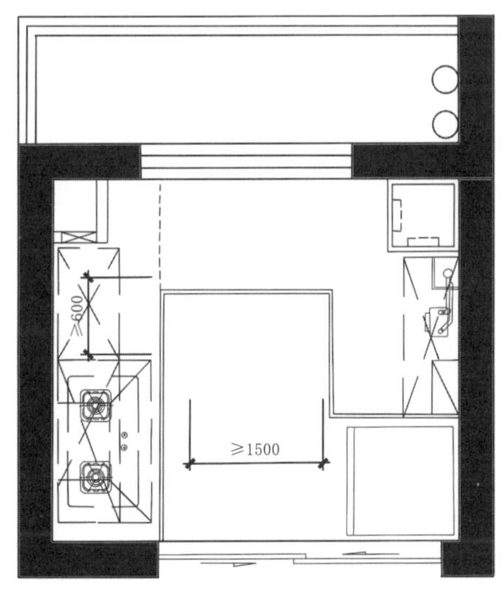

图 4-86 厨房

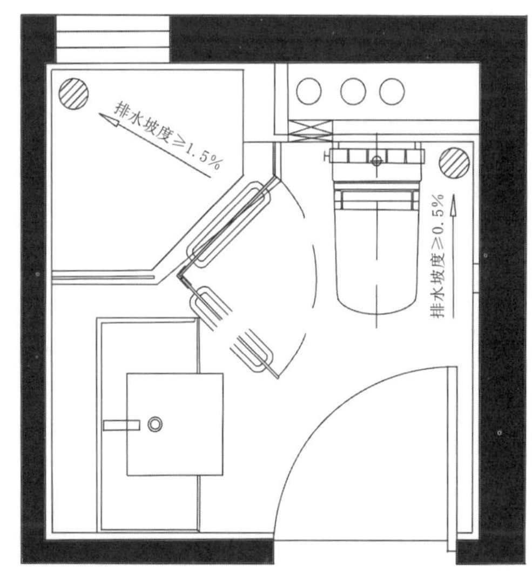

图 4-87 卫生间

（1）卫生间洗面台应符合下列规定：

①洗面台上的盆面至装修地面的距离宜为 750 ~ 850mm。

②除立柱式洗面台外，装饰装修后侧墙面至洗面盆中心的距离不宜小于 550mm。

③嵌置洗面盆的台面进深宜大于洗面盆 150mm，宽度宜大于洗面盆 300mm（图 4-88）。

（2）设置浴缸应符合下列规定：

①浴缸安装后，上边缘至装修地面的距离宜为 450 ~ 600mm。

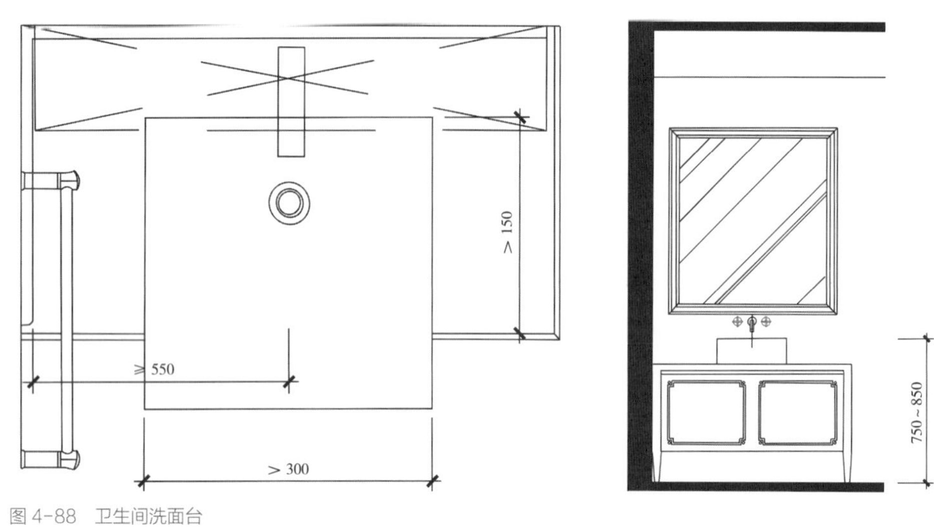

图 4-88 卫生间洗面台

②浴缸靠墙一侧应设置牢固的抓杆。

③只设浴缸不设淋浴间的卫生间宜增设带延长软管的手执式淋浴器（图 4-89）。

（3）淋浴间应符合下列规定：

①淋浴间宜设推拉门或外开门，门洞净宽不宜小于 600mm，淋浴间内花洒的两旁距离不宜小于 800mm，前后距离不宜小于 800mm，隔断高度不宜低于 2.00m。

②淋浴间的挡水高度宜为 25 ~ 40mm（图 4-90）。

7）储藏空间

在有条件的室内空间中应设置储藏空间，且步入式储藏空间应设置照明设施，并宜具备通风、除湿的条件。

8）阳台

阳台的装饰装修设计不应改变原建筑为防止儿童攀爬的防护构造措施，对于栏杆、栏板上设置的装饰物，应采取防坠落措施，且靠近阳台栏杆处不应设计可踩踏的地柜或装饰物。

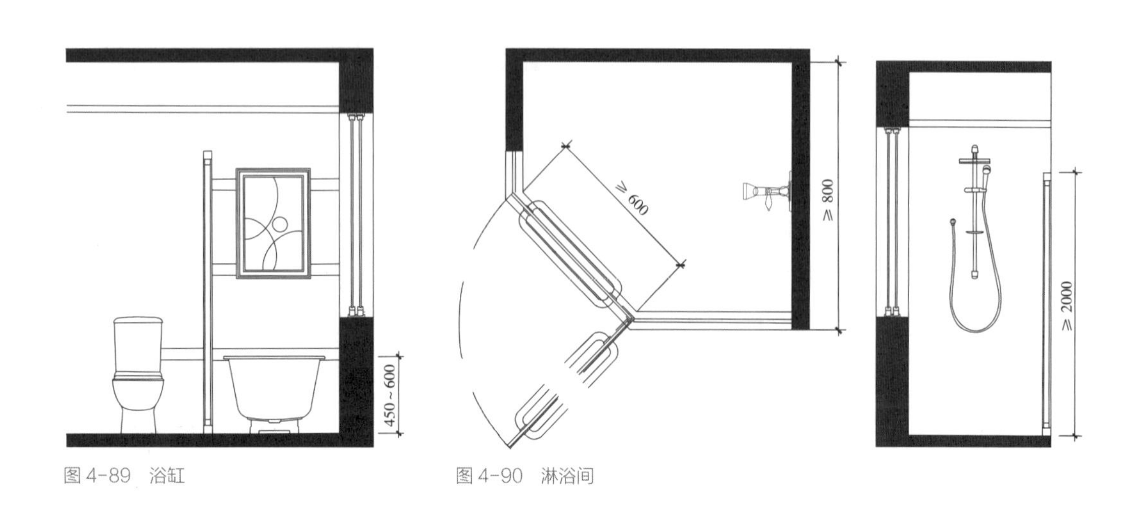

图 4-89 浴缸　　图 4-90 淋浴间

当阳台设置储物柜、装饰柜时，不应遮挡窗和阳台的自然通风、采光，并宜为空调外机等设备的安装、维护预留操作空间。

3. 室内环境

1）采光、照明

住宅室内装饰装修不应在天然采光处设置遮挡采光的吊柜、装饰物等固定设施。对于日间需要人工照明的房间，照明光源宜采用接近天然光色温的光源。

住宅室内功能空间应设置一般照明、分区一般照明，对照度要求较高和有特殊照明要求的空间宜采用局部照明。

2）自然通风

装饰装修不应减少窗洞开口的有效面积或改变窗洞开口的位置。住宅室内装饰装修不应在自然通风处设置遮挡通风的隔断、家具、装饰物或其他固定设施。当既有住宅的自然通风不能满足要求时，可采用机械通风的方式改善空气质量。

3）隔声及降噪

住宅室内装饰装修设计应改善住宅室内的声环境，降低室外噪声对室内环境的影响，并应符合下列规定：

（1）当室外噪声对室内有较大影响时，朝向噪声源的门窗宜采取隔声构造措施。

（2）有振动噪声的部位应采取隔声降噪构造措施，当套内房间紧邻电梯井时，装饰装修应采取隔声和减振构造措施。

（3）对声学要求较高的房间，宜对墙面、顶棚、门窗等采取隔声、吸声等构造措施。

4.3.2 建筑内部装修防火

本节根据《建筑内部装修防火规范》GB 50222—2017 摘要整理。

1. 装修材料分类和分级

装修材料按其使用部位和功能，可划分为顶棚装修材料、墙面装修材料、地面装修材料、隔断装修材料、固定家具、装饰织物、其他装修装饰材料七类。

装修材料按其燃烧性能应划分为四级，并应符合表 4-31、表 4-32 的规定。

装修材料燃烧性能等级 表 4-31

等级	装修材料燃烧性能
A	不燃性
B_1	难燃性
B_2	可燃性
B_3	易燃性

常用建筑内部装修材料燃烧性能等级划分　　表 4-32

材料类别	级别	材料举例
各部分材料	A	花岗石、大理石、水磨石、水泥制品、混凝土制品、石膏板、石灰制品、黏土制品、玻璃、瓷砖、马赛克、钢铁、铝、铜合金、天然石材、金属复合板、纤维石膏板、玻镁板、硅酸钙板等
顶棚材料	B_1	纸面石膏板、纤维石膏板、水泥刨花板、矿棉板、玻璃棉装饰吸声板、珍珠岩装饰吸声板、难燃胶合板、难燃中密度纤维板、岩棉装饰板、难燃木材、铝箔复合材料、难燃酚醛胶合板、铝箱玻璃钢复合材料、复合铝箔玻璃棉板等
墙面材料	B_1	纸面石膏板、纤维石膏板、水泥刨花板、矿棉板、玻璃棉板、珍珠岩板、难燃胶合板、难燃中密度纤维板、防火塑料装饰板、难燃双面刨花板、多彩涂料、难燃墙纸、难燃墙布、难燃仿花岗石装饰板、氯氧镁水泥装配式墙板、难燃玻璃钢平板、难燃 PVC 塑料护墙板、阻燃模压木质复合板材、彩色难燃人造板、难燃玻璃钢、复合铝箔玻璃棉板等
	B_2	各类天然木材、木制人造板、竹材、纸制装饰板、装饰微薄木贴面板、印刷木纹人造板、塑料贴面装饰板、聚酯装饰板、复塑装饰板、塑纤板、胶合板、塑料壁纸、无纺贴墙布、墙布、复合壁纸、天然材料壁纸、人造革、实木饰面装饰板胶合竹夹板等
地面材料	B_1	硬 PVC 塑料地板、水泥刨花板、水泥木丝板、氯丁橡胶地板、难燃羊毛地毯等
	B_2	半硬质 PVC 塑料地板、PVC 卷材地板等
装饰织物	B_1	经阻燃处理的各类难燃织物等
	B_2	纯毛装饰布、经阻燃处理的其他织物等
其他装修装饰材料	B_1	难燃聚氯乙烯塑料、难燃酚醛塑料、聚四氟乙烯塑料、难燃脲醛塑料、硅树脂塑料装饰型材、经难燃处理的各类织物等
	B_2	经阻燃处理的聚乙烯、聚丙烯、聚氨酯、聚苯乙烯、玻璃钢、化纤织物、木制品等

2. 不同建筑内部各部位装修材料燃烧性能等级

1）单层多层民用建筑（表 4-33）

单层多层民用建筑内部各部位装修材料燃烧性能等级　　表 4-33

序号	建筑物及场所	建筑规模、性质	装修材料燃烧性能等级							
			顶棚	墙面	地面	隔断	固定家具	装修织物		其他材料
								窗帘	帷幕	
1	候机楼候机大厅、贵宾候机室、售票厅、商店、餐饮场所等	—	A	A	B_1	B_1	B_1	B_1	—	B_1
2	汽车站、火车站、轮船客运站的候车（船）室、商店、餐饮场所等	建筑面积 > 10 000m^2	A	A	B_1	B_1	B_1	B_1	—	B_2
		建筑面积 ≤ 10 000m^2	A	B_1	B_1	B_1	B_1	B_1	—	B_2
3	观众厅、会议厅、多功能厅、等候厅等	各厅建筑面积 > 400m^2	A	A	B_1	B_1	B_1	B_1	B_1	B_1
		各厅建筑面积 ≤ 400m^2	A	B_1	B_1	B_1	B_2	B_1	B_1	B_2
4	体育馆	> 3000 座位	A	A	B_1	B_1	B_1	B_1	B_1	B_2
		≤ 3000 座位	A	B_1	B_1	B_1	B_2	B_2	B_1	B_2
5	商店营业厅	每层建筑面积 > 1500m^2 或总建筑面积 > 30 000m^2	A	B_1	B_1	B_1	B_1	B_1	—	B_2
		每层建筑面积 ≤ 1500m^2 或总建筑面积 ≤ 3000m^2	A	B_1	B_1	B_1	B_2	B_1	—	—

续表

序号	建筑物及场所	建筑规模、性质	装修材料燃烧性能等级							
			顶棚	墙面	地面	隔断	固定家具	装修织物		其他材料
								窗帘	帷幕	
6	宾馆、饭店的客房及公共活动用房等	设置回风道（管）的集中空气调节系统	A	B_1	B_1	B_1	B_2	B_2	—	B_2
		其他	B_1	B_1	B_2	B_2	B_2	B_2	—	—
7	养老院、托儿所、幼儿园的居住及活动场所	—	A	A	B_1	B_1	B_2	B_1	—	B_2
8	医院的病房区、诊疗区、手术区	—	A	A	B_1	B_1	B_2	B_1	—	B_2
9	教学场所、教学实验场所	—	A	B_1	B_2	B_2	B_2	B_2	B_2	B_2
10	纪念馆、展览馆、博物馆、图书馆、档案馆、资料馆等公共活动场所	—	A	B_1	B_1	B_1	B_2	B_1	—	B_2
11	存放文物、纪念展览物品、重要图书、档案、资料的场所	—	A	B_1	B_1	B_1	B_2	B_1	—	B_2
12	歌舞娱乐游艺场所	—	A	B_1	B_1	B_1	B_1	B_1	B_1	B_1
13	A、B 级电子信息系统机房及装有重要机器、仪器的房间	—	A	A	B_1	B_1	B_1	B_1	B_1	B_1
14	餐饮场所	营业面积＞ $100m^2$	A	B_1	B_1	B_1	B_2	B_1	—	B_2
		营业面积≤ $100m^2$	B_1	B_1	B_1	B_2	B_2	B_2	—	B_2
15	办公场所	设置回风道（管）的集中空气调节系统	A	B_1	B_1	B_1	B_2	B_2	—	B_2
		其他	B_1	B_1	B_2	B_2	B_2	—	—	—
16	其他公共场所	—	B_1	B_1	B_2	B_2	B_2	—	—	—
17	住宅	—	B_1	B_1	B_1	B_1	B_2	B_2	—	B_2

2）高层民用建筑（表 4-34）

高层民用建筑内部各部位装修材料燃烧性能等级　　表 4-34

序号	建筑物及场所	建筑规模、性质	装修材料燃烧性能等级									
			顶棚	墙面	地面	隔断	固定家具	装修织物				其他材料
								窗帘	帷幕	床罩	家具包布	
1	候机楼的候机大厅、贵宾候机室、售票厅、商店、餐饮场所等	—	A	A	B_1	B_1	B_1	B_1	—	—	—	B_1
2	汽车站、火车站、轮船客运站的候车（船）室、商店、餐饮场所等	建筑面积＞ 10 000m^2	A	A	B_1	B_1	B_1	B_1	—	—	—	B_2
		建筑面积≤ 10 000m^2	A	B_1	B_1	B_1	B_1	B_1	—	—	—	B_2

续表

序号	建筑物及场所	建筑规模、性质	装修材料燃烧性能等级									
			顶棚	墙面	地面	隔断	固定家具	装修织物				其他材料
								窗帘	帷幕	床罩	家具包布	
3	观众厅、会议厅、多功能厅、等候厅等	各厅建筑面积 > 400m²	A	A	B_1	B_1	B_1	B_1	B_1	—	B_1	B_1
		各厅建筑面积 ≤ 400m²	A	B_1	B_1	B_1	B_2	B_1	B_1	—	B_1	B_1
4	商店营业厅	每层建筑面积 > 1500m² 或总建筑面积 > 3000m²	A	B_1	B_1	B_1	B_1	B_1	B_1	—	B_2	B_1
		每层建筑面积 ≤ 1500m² 或总建筑面积 ≤ 3000m²	A	B_1	B_1	B_1	B_1	B_1	B_2	—	B_2	B_2
5	宾馆、饭店的客房及公共活动用房等	一类建筑	A	B_1	B_1	B_1	B_2	B_1	—	B_1	B_2	B_1
		二类建筑	B_1	B_1	B_1	B_1	B_2	B_2	—	B_2	B_2	B_2
6	养老院、托儿所、幼儿园的居住及活动场所	—	A	A	B_1	B_1	B_2	B_1	—	B_2	B_2	B_1
7	医院的病房区、诊疗区、手术区	—	A	A	B_1	B_1	B_2	B_1	B_1	—	B_2	B_1
8	教学场所、教学实验场所	—	A	B_1	B_2	B_2	B_2	B_1	B_1	—	B_1	B_2
9	纪念馆、展览馆、博物馆、图书馆、档案馆、资料馆等公共活动场所	一类建筑	A	B_1	B_1	B_1	B_2	B_1	B_1	—	B_1	B_1
		二类建筑	A	B_1	B_1	B_1	B_2	B_1	B_2	—	B_2	B_2
10	存放文物、纪念展览物品、重要图书、档案、资料的场所	—	A	A	B_1	B_1	B_2	B_1	—	—	B_1	B_2
11	歌舞娱乐游艺场所	—	A	B_1	B_1	B_1	B_1	B_1	B_1	B_1	B_1	B_1
12	A、B 级电子信息系统机房及装有重要机器、仪器的房间	—	A	A	B_1	B_1	B_1	B_1	B_1	—	B_1	B_1
13	餐饮场所	—	A	B_1	B_1	B_1	B_2	B_1	—	—	B1	B_2

3）地下民用建筑（表 4-35）

地下民用建筑内部各部位装修材料燃烧性能等级　　表 4-35

序号	建筑物及场所	装修材料燃烧性能等级						
		顶棚	墙面	地面	隔断	固定家具	装修织物	其他材料
1	观众厅、会议厅、多功能厅、等候厅、商店的营业厅等	A	A	A	B_1	B_1	B_1	B_2
2	宾馆、饭店的客房及公共活动用房等	A	B_1	B_1	B_1	B_1	B_1	B_2

续表

序号	建筑物及场所	装修材料燃烧性能等级						
		顶棚	墙面	地面	隔断	固定家具	装修织物	其他材料
3	医院的诊疗区、手术区	A	A	B_1	B_1	B_1	B_1	B_2
4	教学场所、教学实验场所	A	A	B_1	B_2	B_2	B_1	B_2
5	纪念馆、展览馆、博物馆、图书馆、档案馆、资料馆等公共活动场所	A	A	B_1	B_1	B_1	B_1	B_1
6	存放文物、纪念展览物品、重要图书、档案、资料的场所	A	A	A	A	A	B_1	B_1
7	歌舞娱乐游艺场所	A	A	B_1	B_1	B_1	B_1	B_1
8	A、B级电子信息系统机房及装有重要机器、仪器的房间	A	A	B_1	B_1	B_1	B_1	B_1
9	餐饮场所	A	A	A	B_1	B_1	B_1	B_2
10	办公场所	A	B_1	B_1	B_1	B_1	B_2	B_2
11	其他公共场所	A	B_1	B_1	B_2	B_2	B_2	B_2
12	汽车库、修车库	A	A	B_1	A	A	—	—

4）**厂房仓库**（表4-36、表4-37）

厂房内部各部位装修材料燃烧性能等级 表4-36

序号	厂房及车间的火灾危险性和性质	建筑规模	装修材料燃烧性能等级						
			顶棚	墙面	地面	隔断	固定家具	装修织物	其他材料
1	甲、乙类厂房 丙类厂房中的甲、乙生产车间 有明火的丁类厂房、高温车间	—	A	A	A	A	A	B_1	B_1
2	劳动密集型丙类生产车间或厂房 火灾荷载较高的丙类生产车间或厂房洁净车间	单/多层	A	A	B_1	B_1	B_1	B_2	B_2
		高层	A	A	A	B_1	B_1	B_1	B_1
3	其他丙类生产车间或厂房	单/多层	A	B_1	B_2	B_2	B_2	B_2	B_2
		高层	A	B_1	B_1	B_1	B_1	B_1	B_1
4	丙类厂房	地下	A	A	A	B_1	B_1	B_1	B_1
5	无明火的丁类厂房戊类厂房	单/多层	B_1	B_2	B_2	B_2	B_2	B_2	B_2
		高层	B_1	B_1	B_2	B_2	B_1	B_1	B_1
		地下	A	A	B_1	B_1	B_1	B_1	B_1

仓库内部各部位装修材料燃烧性能等级 表4-37

序号	仓库类别	建筑规模	装修材料燃烧性能等级			
			顶棚	墙面	地面	隔断
1	甲、乙类仓库	—	A	A	A	A

续表

序号	仓库类别	建筑规模	装修材料燃烧性能等级			
			顶棚	墙面	地面	隔断
2	丙类仓库	单层及多层仓库	A	B_1	B_1	B_1
		高层及地下仓库	A	A	A	A
		高架仓库	A	A	A	A
3	丁、戊类仓库	单层及多层仓库	A	B_1	B_1	B_1
		高层及地下仓库	A	A	A	B_1

3. 特别场所的一些规定

（1）建筑内部装修不应擅自减少、改动、拆除、遮挡消防设施、疏散指示标志、安全出口、疏散出口、疏散走道和防火分区、防烟分区等。

（2）建筑内部消火栓箱门不应被装饰物遮掩，消火栓箱门四周的装修材料颜色应与消火栓箱门的颜色有明显区别或在消火栓箱门表面设置发光标志。

（3）疏散走道和安全出口的顶棚、墙面不应采用影响人员安全疏散的镜面反光材料。

（4）地上建筑的水平疏散走道和安全出口的门厅，其顶棚应采用 A 级装修材料，其他部位应采用不低于 B_1 级的装修材料；地下民用建筑的疏散走道和安全出口的门厅，其顶棚、墙面和地面均应采用 A 级装修材料。

（5）疏散楼梯间和前室的顶棚、墙面和地面均应采用 A 级装修材料。

（6）建筑物内设有上下层相连通的中庭、走马廊、开敞楼梯、自动扶梯时，其连通部位的顶棚、墙面应采用 A 级装修材料，其他部位应采用不低于 B_1 级的装修材料。

4.4 反思

本章从建筑设计规范中的室内空间设计相关基本规范出发，重点陈述了该范畴的基本规范要求，主要针对住宅室内设计，旅馆室内设计，办公建筑室内设计，老年建筑室内设计，医院建筑室内设计，商业建筑室内设计，托儿所、幼儿园建筑室内设计，展览建筑室内设计等室内典型空间进行规范陈述，希望可以从具体的分类中帮助学生厘清不同建筑空间类型所要遵循的规范标准。室内设计是艺术与工程的结合，也是审美和功能的结合，人们使用空间时必然要考虑空间带来的舒适性、安全性、美观性，在进行室内设计创作时，不能一味地将形式、美观放在设计的核心位置从而忽视了空间应承担的舒适、安全的作用，所以希望本章内容能够帮助学生在学习、掌握基本的空间设计方法、原则后能将规范准则运用到自己的设计实践中，创作出满足基本规范且美观、舒适的室内设计作品。在设计规范标准的框架下进行设计，是当下学生在学习阶段必须领会的要点。

第 5 章

实践与设计

第5章 实践与设计

室内设计，顾名思义就是对建筑的内部空间环境依据一定的原则、规范和技术所进行的构建与处理。其是一门拥有相对独立体系，但涵盖众多学科知识，并随着社会的进步和科技的发展，为满足人们日益提高的生活和精神需求而不断发展的综合性学科。学习该学科的基本目的为：根据建筑空间的使用性质、人文及客观条件和相应的规范标准，运用技术手段和设计原理来创建出功能合理、美观舒适的室内空间。通过前几章对室内空间理论、室内空间设计方法、室内空间设计规范的学习，已经基本搭建了室内设计方法的学习框架，本章则是在该框架的基础上通过介绍实践案例，来讲述室内设计方法是如何运用至实际项目中的。该部分分类型介绍了几种具有典型特点，或者具有代表性的空间设计实例，同时附有大量的施工图集让学生能够对实践有一个理性认识，并印证规范在实例中的应用。案例部分所涉及的室内设计作品的数种空间类型，与前面的规范部分相对应且有电子文件图纸可以对照参考。

5.1 办公建筑

在全新的开放式办公设计理念下，整个办公空间采用全开放的中庭设计，在中庭和办公区之间不做隔挡，开放式布局让建筑内部空间得到最大限度利用，同时办公空间的使用更为灵活，着力促进不同部门之间的沟通和协作，使整体工作流程更为高效地展开。

5.1.1 项目简介①

该项目的主要功能为：员工办公、会议、接待、展示等。设计重点着眼于办公空间的人性化需求——空间环境是否可以满足员工的身心需求，既能够促进员工舒适高效地工作，同时，作为一种空间资源也能让信息交流更加顺畅、工作方式更加多元。

因此，总体构型设计上在垂直方向对整个建筑做了功能区规划，将建筑空间分成四大部分：

（1）一层作为整栋建筑的接待空间和整个设计院的形象展示空间。

（2）二层作为会议层。

（3）三到十层为各生产院所的办公区。

（4）十一层到十三层为公司级别的贵宾接待室、会议层以及签约大厅。

办公空间的主要功能在垂直方向划分清晰，让访客人流主要集中在三层以下，避免与公司内部办公人流产生交叉。

① 案例来源：中国中元国际工程有限公司。

5.1.2　中庭

该项目围绕核心筒有南北两个中庭，南侧中庭 12 层挑空，这是设计和施工中最大的难点和挑战。逾 40m 高的挑空中庭，核心筒犹如一个巨大的盒子矗立其中，设计采用白色铝板材质，通过面层的转折关系和发光盒子的设置以削弱核心筒巨大的体量感。

1）方案一发光灯盒的材质是 U 形玻璃（图 5-1、图 5-2）

图 5-1　方案一效果图（从南侧看核心筒效果图）　　图 5-2　方案一效果图（白天）

2）方案二以“共筑”为设计理念（图 5-3）

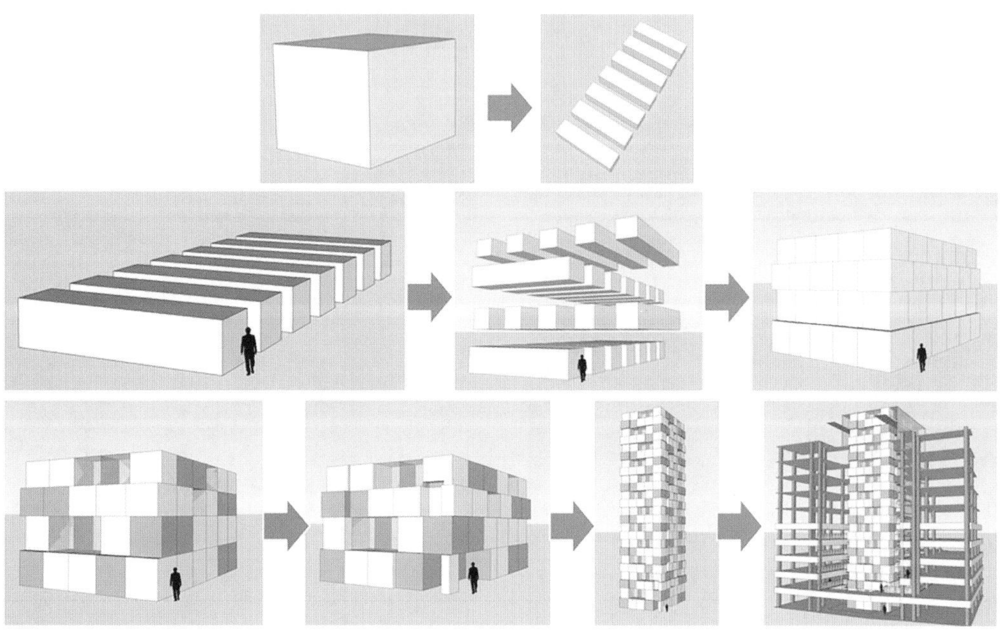

图 5-3　方案二概念构思

发光灯盒的材质从方案初期的 U 形玻璃替换为云石灯片，综合考虑到效果及安全性，最后将材料替换为 5mm 厚透光磨砂亚克力，材料使用尽量轻质化，保证空间使用安全性（图 5-4）。

图 5-4　方案二效果图

5.1.3　大厅

不同形态的柱子给门厅大堂带来的效果也不相同（图 5-5 ~ 图 5-10）。

图 5-5　方案一 主入口门厅效果图（方柱）

图 5-6　方案一 主入口门厅效果图（圆柱）

图 5-7　方案二 入口大厅效果图

图 5-8　方案一 电梯厅效果图

图 5-9　方案二 电梯厅效果图

图 5-10　方案二 入口大厅效果图

5.1.4　会议区方案

会议空间系统分析

空间效果（分为三个层级设计）装修级别、会议人数分析：

第一层级：中元厅（复建）——高级会议、签约仪式、领导参观接待、高级讲座（图 5-11、图 5-12）。

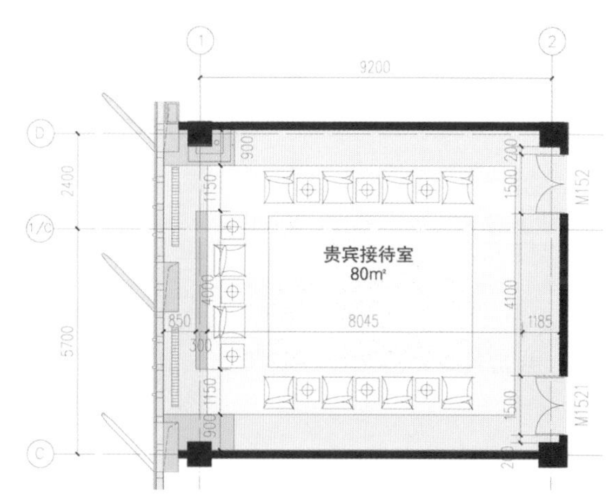

图 5-11　贵宾接待室平面图

图 5-12　贵宾接待室效果图

第二层级：报告厅——大型会议，员工培训，讲座（图 5-13、图 5-14）。

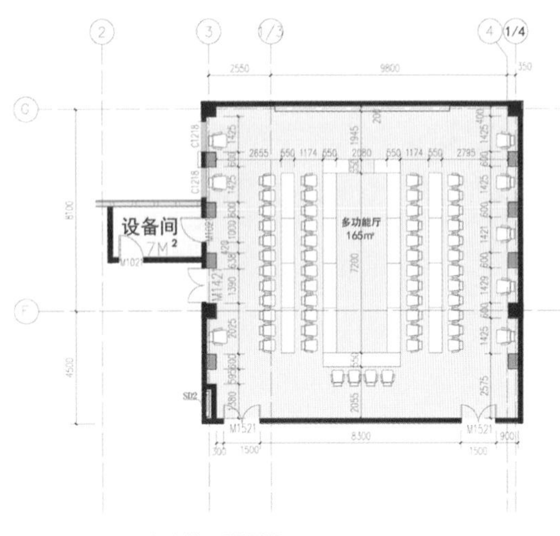

图 5-13　多功能厅平面图

图 5-14　多功能厅示意图

第三层级：视频会议——小型活动、中型会议，视频会议、评标会议。

第四层级：中、小型会议——普通会议（图 5-15、图 5-16）。

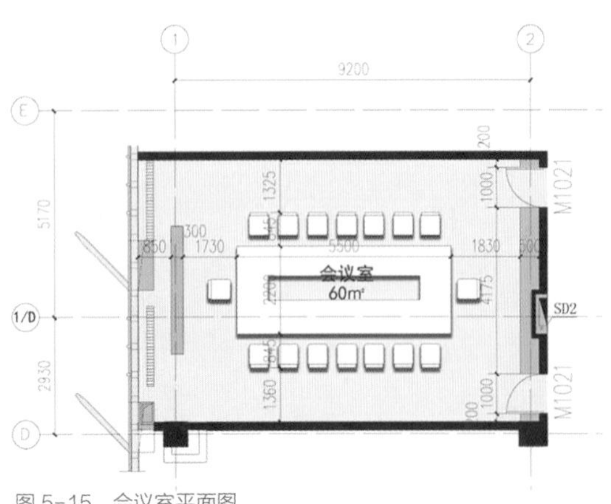

图 5-15　会议室平面图

图 5-16　会议室效果图

5.1.5　办公区方案

色彩在办公空间的设计中起着改变或是营造预设格调的作用，并在视觉效应上能给人带来一种色调艺术上的享受，让每个空间都有其独特的色彩含义，称之为“色彩表情”。搭配合理不仅让人得到了视觉享受，而且也缓解了精神压力。适宜的工作环境可以在一定的程度上对员工的工作情绪、工作状况乃至工作效率都有正向的影响。实践证明，通过“色彩表情”可以将色彩人格化，使人产生一种相应的心理认知（图 5-17 ~图 5-27）。

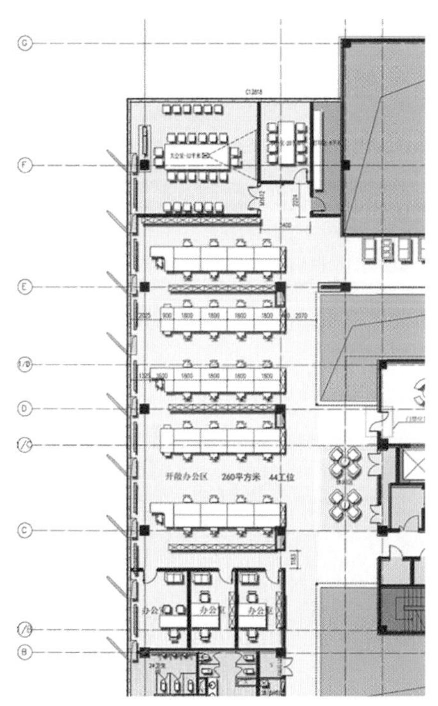

图 5-17　四层开敞办公区走廊平面图

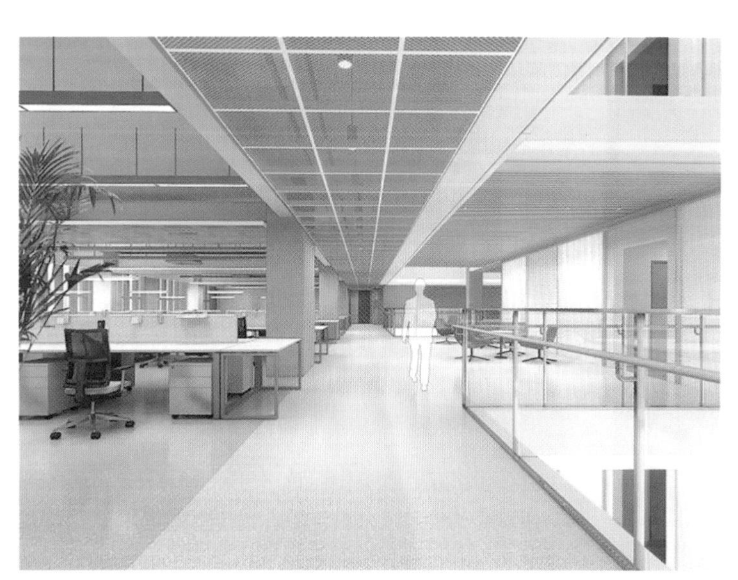

图 5-18　开敞办公区走廊效果图

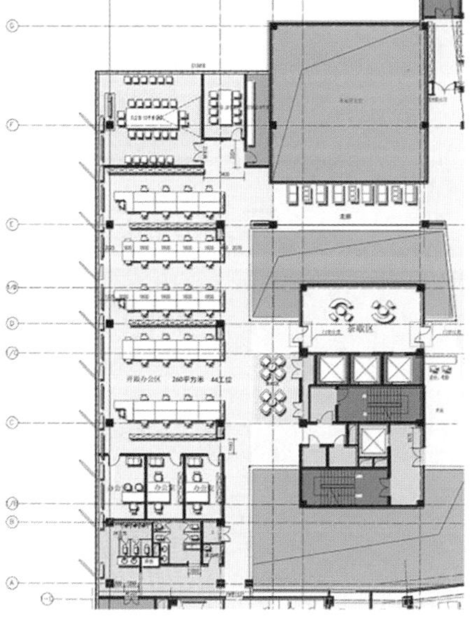

图 5-19　三层开放办公区走廊平面图

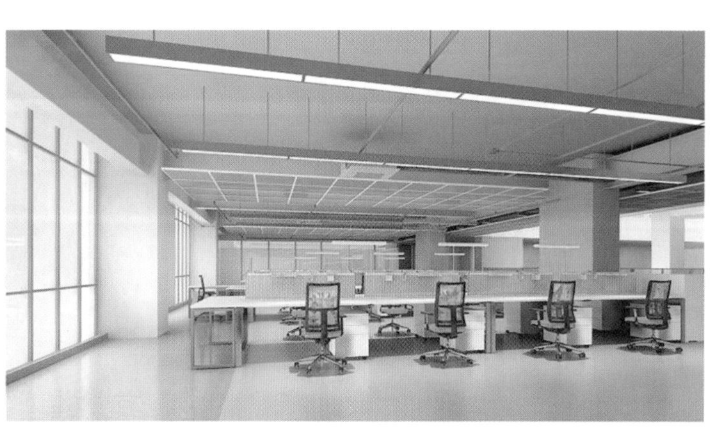

图 5-20　三层开放办公区效果图

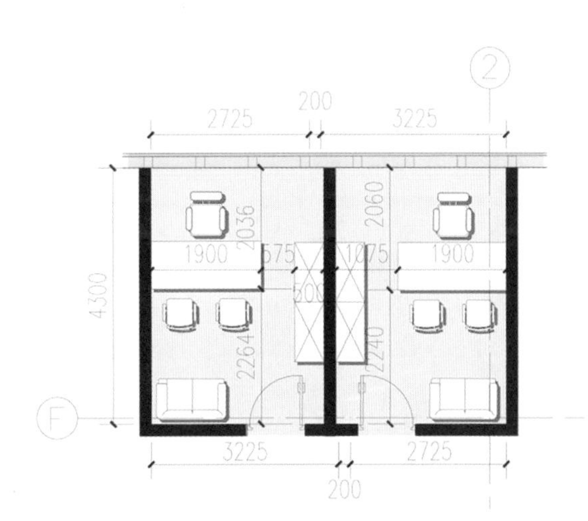

图 5-21　三层办公区办公室平面图

图 5-22　三层办公区办公室效果图

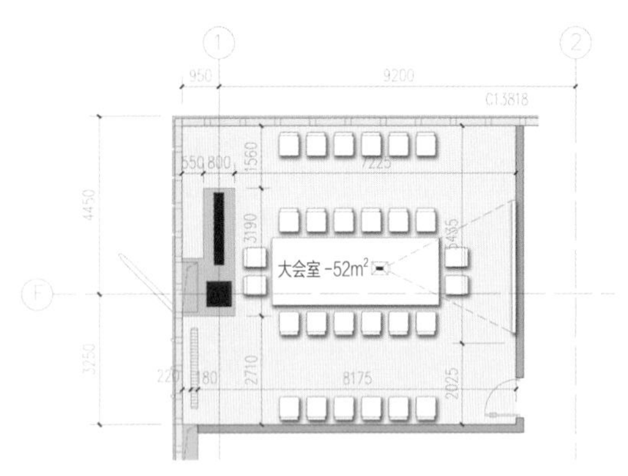

图 5-23　三层办公区小会议室平面图

图 5-24　三层办公区小会议室效果图

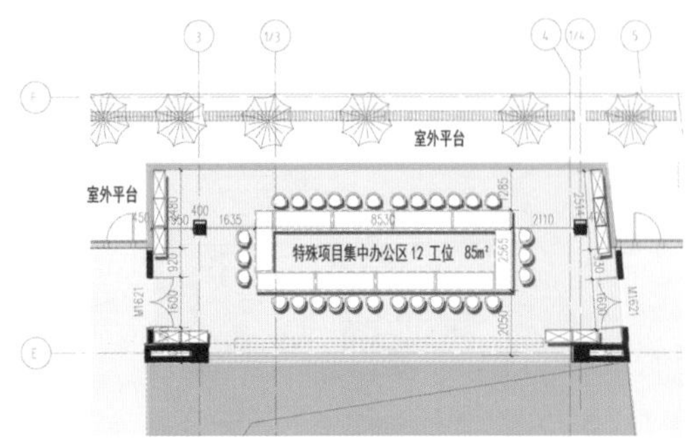

图 5-25　六层办公区大会议室平面图

图 5-26　六层办公区大会议室建筑结构图

图 5-27 六层办公区大会议室效果图

5.2 医疗建筑

5.2.1 项目简介①

该项目位于青海省西宁市。西宁市位于青海省东部、青藏高原东部，地处湟水及三条支流的交汇处。四周群山怀抱，呈东西向条带状，地势西南高、东北低。

该项目主体地下 3 层，地上 22 层。建筑主要功能包括：门诊部、急诊部、住院部、部分医技科室（放射科、功能检查、检验科、日间化疗、病理科、输血科、手术部、重症监护室、放疗科、核医学科、病区药房、血透中心等）、体检中心、设备机房、病案室、营养厨房、地下车库等。共设总病床数 700 张，手术室 15 间。另设有锅炉房、液氧站及污水处理站等（图 5-28）。

5.2.2 门厅

此区域设计理念来源于青海湖的水滴，溅起的"涟漪"让此空间增加更多流畅感和灵活感，并与当地文化相结合，突出地域性设计特征，有助于调和空间气氛，尽可能地使就诊人员在轻松愉悦的环境中以平静的心态面对自己的病情（图 5-29 ~图 5-33）。

① 案例来源：中国中元国际工程有限公司。

图 5-28　本项目效果图

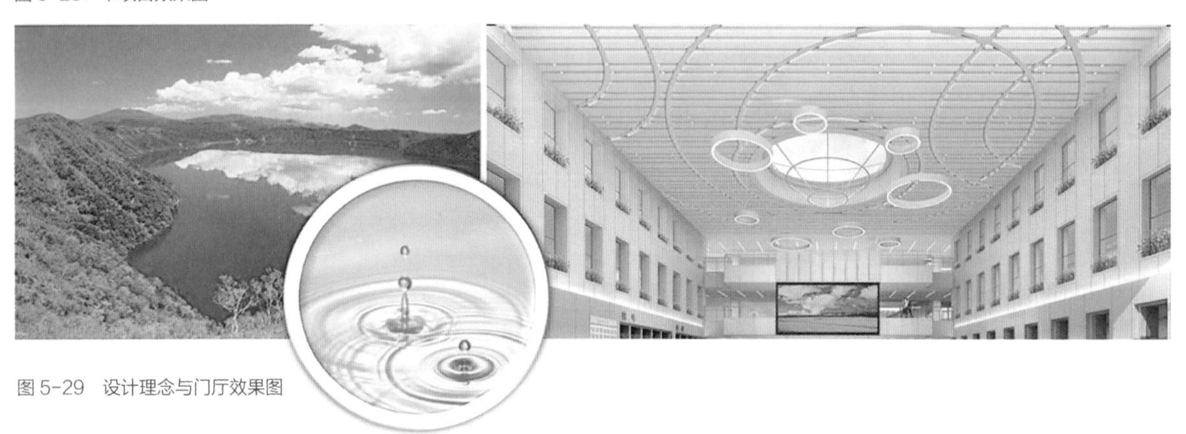

图 5-29　设计理念与门厅效果图

图 5-30　入口大堂效果图

图 5-31　入口大堂实景照片

图 5-32　急诊大厅效果图

图 5-33　出入院办理大厅效果图

5.2.3 走廊

此部分空间设计充分体现医院的功能特点，方案以“湖光山色”为设计主题，将青海金黄的花海、耀眼的雪山、似海的碧水引入设计之中，以室内色彩规划为设计特色，通过色彩区分医疗空间的不同功能区域以及楼层。充分尊重建筑形态，将建筑元素延续到室内空间，达到建筑室内一体化的效果（图 5-34 ~图 5-36）。

入口大堂、医疗主廊、急诊大厅等空间采用了白色和米黄色作为空间的主体色调，在局部区域点缀果绿、亮蓝等明亮的颜色，为患者和家属以及探望者营造健康宜人的物理环境。

春天系色彩搭配

图 5-35 以色彩区分不同功能区以及楼层

图 5-34 医疗主廊方案效果图

图 5-36 电梯厅效果图

5.2.4 候诊区

候诊区域作为医疗建筑空间的重要组成部分，其合适的空间类型和设计尺度对塑造良好的就诊环境有着极为重要的影响。其设计过程始终贯穿人性化、舒适化的设计理念，从患者的实际需求出发进行设计，满足他们的身心需求。通过各领域的协同努力，力求创造出一个功能合理、工艺先进、空间环境温馨舒适的现代化高品质的专科综合医院（图 5-37）。

在功能检查科候诊区、妇产科候诊区等空间采用与其他主要空间同样的主体色调，但在点缀色上选择果绿、粉紫等纯度较高、较为活泼的颜色，以缓解患者紧张焦躁的情绪；在医护工作者的使用空间如护士站、诊室等采用自然、饱和度较低的颜色作为点缀色，为医生和护士人员提供平和温馨的工作环境和个人空间（图 5-38 ~图 5-41）。

图 5-37　候诊室及走廊实景

图 5-38　功能检查科候诊效果图

图 5-39　候诊实景图

图 5-40　妇产科候诊效果图

图 5-41　体检候诊效果图

5.2.5　病房

医疗空间以白色为主体色，为空间中所占面积最大的色调，表达医疗空间稳重冷静的空间特征；以米黄色为辅助色来营造温馨的整体空间氛围，在空间中所占面积次于主体色，且使用面积仍较大的色彩；以黄色、蓝色、绿色、紫色为点缀色，为空间中所占面积较小的色彩，这些纯度较高的色彩用于标识和分区信息，主要起到强调和引导作用（图 5-42 ~ 图 5-45）。

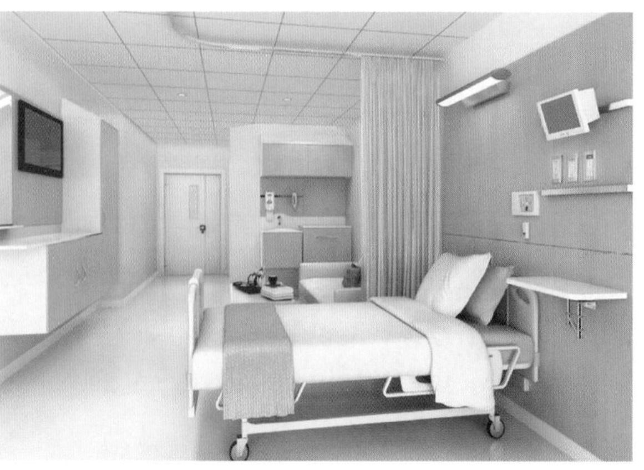

图 5-42　米色单人病房效果图

图 5-43　不同色调的 VIP 病房效果图之一

图 5-44　不同色调的 VIP 病房效果图之二

图 5-45　将油菜花田的美景应用于 VIP 病房主背景墙

5.3　酒店建筑

5.3.1　项目简介[①]

汕头澄海国瑞豪生大酒店坐落于汕头市澄海区商业旺地，是澄海区档次最高、规模最大、设施最齐全的国际品牌酒店之一。广东省汕头市拥有绝佳的地理位置，西临太平洋，雄踞于东亚东南一隅，是中国最早向世界开放的商埠之一。因此所带来的当地特色文化也别具异国情调，中式传统文化与西洋风情融合汇聚，最终形成了当地的特色文化。

酒店整体设计以汕头元素为主，提取当地的弦乐器、精美的天然材料、木雕和石雕、壁画，以及手工艺品等元素，呈现出汕头丰富的人文内涵和自然通透的美学气质（图 5-46）。

① 案例来源：HBA（Hirsch Bender Associates）。

图 5-46 大堂入口处

5.3.2 大堂

图 5-47 大堂入口处

大堂入口处营造出独特优雅的秩序美感，以艺术化、现代化的意境，透射出当地文化的厚度与温度。富有节奏感和流动感的汕头特色韵律，仿佛帆船在大海中充满活力地航行的画面呈现眼前，象征着为每位在此空间等候的客人，精心准备的一场美好旅行，正在缓缓起航（图 5-47 ~图 5-50）。

大堂右侧的等候区诠释着人文与礼序，地面采用光面石材铺砌而成，面对内墙面则是山水题材画卷，与沙发相互映衬，营造出古雅温暖的氛围和视觉享受，令人流连其中（图 5-51）。

设计契合着追赶生活的人们，其向往生活该有的优雅平和的心态。艺术造型射灯散发出温润的光，带着绵延的时间感，营造出空间和煦的氛围。吧台两侧的木色墙板，配以澄海地区的艺术雕塑，在灯光辉映下成为休息区的亮点（图 5-52）。

图5-48 大堂入口处

图5-49 接待台

图5-51 等候区

图5-50 接待台后方的装饰图案

图5-52 吧台

5.3.3 中庭空间

中庭侧墙高度达14m，伴随着扶梯的节奏，客人目光聚焦于墙面镶贴的国画上，扶梯徐徐而上。整个中庭空间以当代审美探寻着古今时代的艺术共性（图5-53、图5-54）。

沿螺形旋转楼梯，创新地运用材料和灯光，营造着空间的惊喜（图5-55、图5-56）。

图 5-53　中庭侧墙

图 5-54　中庭侧墙的图案

图 5-55　旋转楼梯（一）

图 5-56　旋转楼梯（二）

5.3.4　餐厅

餐厅在色彩上延续了酒店整体的基调，现代与传统的碰撞激发出融合创新的气质，呈现出一个精致优雅的用餐空间（图 5-57 ~图 5-59）。

图 5-57　餐厅

图 5-58　餐厅散座

图 5-59　包间

5.3.5　宴会厅

酒店拥有多个规格不同的会议室，600m² 中型宴会厅和一个 1700m² 无柱豪华多功能宴会厅等，健身、泳池等配套设施一应俱全。走廊使用了明暗交替的配色方案，打破了走廊单调的形式与感觉，宴会厅空间整体高贵庄重（图 5-60、图 5-61）。

图 5-60　宴会厅

图 5-61　走廊

5.3.6　套房

酒店拥有 435 间客房，设施齐全，其中包括豪华高端客房 100 余间。浅色木材纹理奠定了空间基调，使得客房在视觉呈现上显得更加开阔，营造出通透、宽敞的视觉效果，散发着东方典雅之美（图 5-62 ~图 5-64）。

图 5-62　走廊

图 5-63　套房内景

图 5-64　套房内景

5.3.7 行政酒廊

行政酒廊提供了一个更加私人的场所，开阔明亮的设计，别致高雅的艺术元素，在喧闹中营造出舒适静谧的环境，落地玻璃窗前，更将城市景观尽收眼底（图 5-65 ~图 5-67）。

图 5-65 行政酒廊

图 5-66 商务会所（一）

图 5-67 商务会所（二）

5.4 学校建筑

5.4.1 项目简介[①]

本项目位于临沂市河东区，是一所占地面积为 25 000m^2 的学校。临沂古称“琅琊”，是一座历史悠久的城市。临沂因临“沂河”而得名，沿河的每一个地标犹如历史的基石，述说着这座城市上下五千年的故事。

此次二期校园的室内设计概念就来自于沂河，沂河是该市的生命之源，沂河文化也承载了临沂的发展，是鼓舞人心的历史基石（图 5-68）。

为了使项目的主体——正直实验学校更好地融入沂河流域的自然与历史文化氛围，设计师便在室内空间中营造自然的环境。设计师借助观察河边的景观，不断地获得灵感，从沿岸不同的建筑中得到启发：在校园室内空间中设置了不同的“外立面”，过道地面引入河流的造型，穿插景观并使之与室内植物相结合，从而把大自然引入室内，创造出一个具有户外环境效果的室内校园空间（图 5-69、图 5-70）。

① 案例来源：上海力本建筑设计事务所。

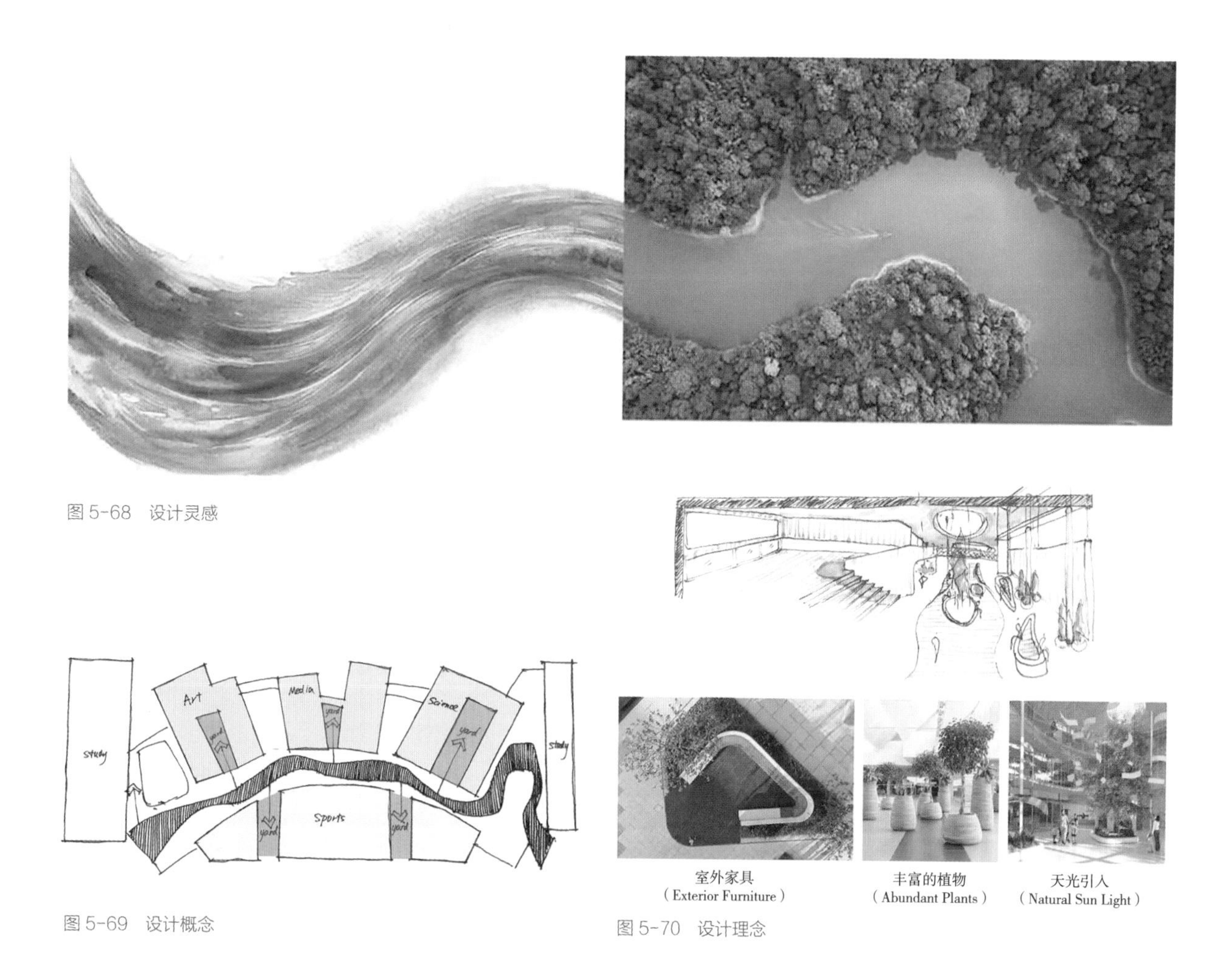

图 5-68　设计灵感

图 5-69　设计概念

图 5-70　设计理念

5.4.2　教育教学

当我们走进校园的大厅，深浅交错的水磨石“沂河”引领我们以全新的视角重新解读城市文化的源远流长，蓬勃生机。阳光通过采光口洒入室内，空间中的每一处色彩都是精心挑选和设计的，以保持学生们思维的活跃和专注，从而更加开心和高效地学习（图 5-71、图 5-72）。

图 5-71　入口大厅

图 5-72　大厅实景图

河流流淌进建筑，在室内空间里营造室外环境，形成室内“街道”；“街道”串联着各个街区，形成独特而有趣的空间体验（图 5-73）。

在长廊的右边，是为校园活动准备的开放式交流台阶，不仅为学生提供表达和演讲的舞台，也为学生与老师的沟通打开一道门（图 5-74）。

开放式交流台阶为多元的活动提供了舞台，也提供了舒适轻松又灵活多变的空间，促进同学间的相互交流，相互学习。

当“沂河”流淌进图书馆区域时，河道两旁的风景变成了承载知识的书架，静谧祥和的空间把外界的喧嚣吵闹隔绝开来（图 5-75、图 5-76）。

位于图书馆外的多功能长廊，可以成为不同场景需求的灵活变换空间，为学习生活的各种场景提供可能性，两侧玻璃橱窗带来的绿色风景也让人耳目一新（图 5-77）。

同时站在二层的走廊可以看见通透的中庭空间，可让人从不同维度的视角不断获得新的体验（图 5-78 ~图 5-80）。

图 5-73 开放式交流区

图 5-74 阶梯实景图

图 5-75　图书馆

图 5-76　图书馆实景图

图 5-77　多功能长廊

图 5-78　长廊室内景观区

图 5-79　中庭空间

图 5-80　中庭天窗实景图

5.4.3　艺术中心（图 5-81 ~ 图 5-83）

图 5-81　音乐教室

图 5-82　舞蹈教室

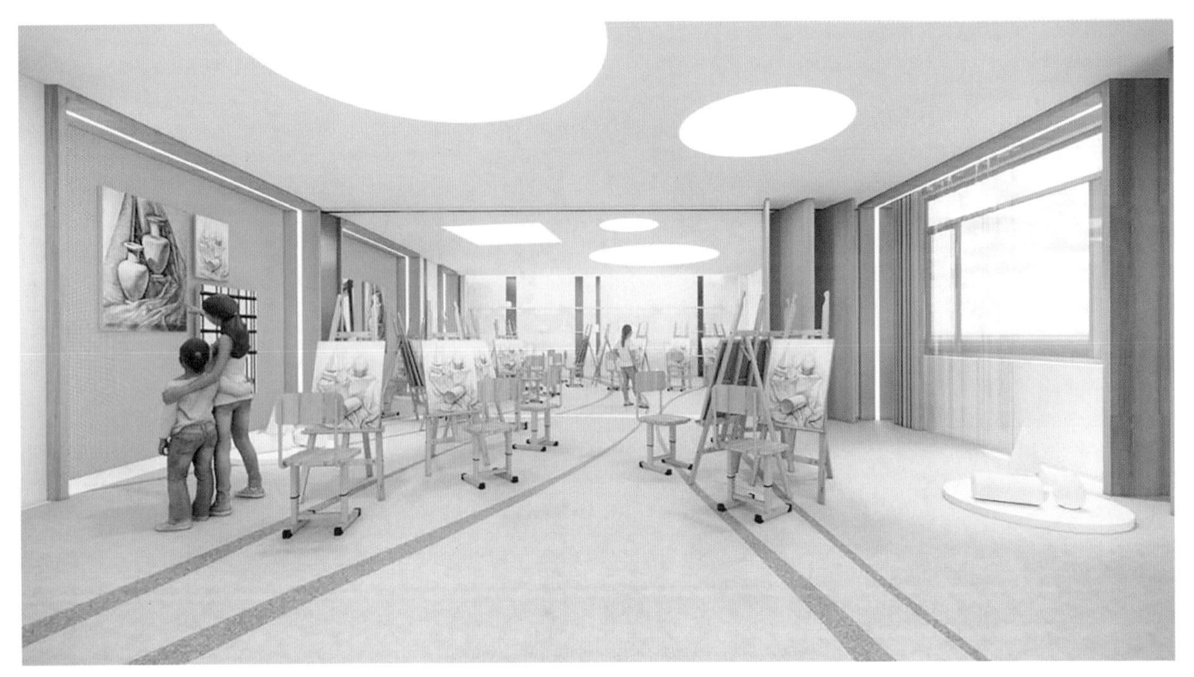

图 5-83　绘画教室

5.4.4　科技中心（图 5-84 ~ 图 5-87）

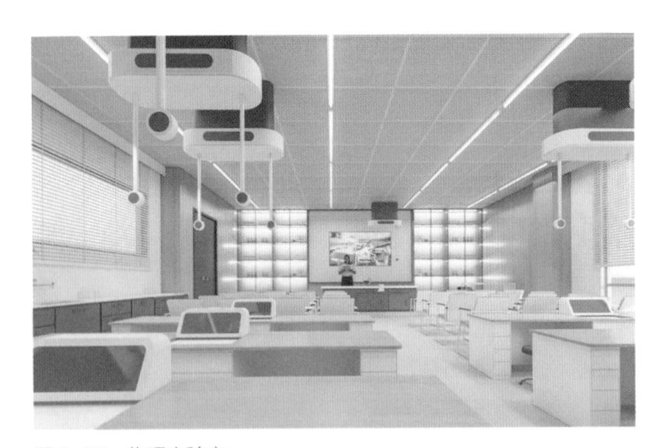

图 5-84　物理实验室

图 5-85　化学实验室

图 5-86　生物实验室

图 5-87　计算机教室

5.4.5　运动中心（图 5-88 ~图 5-90）

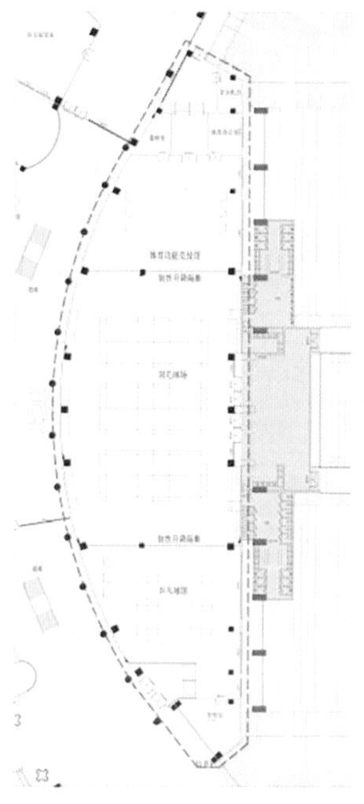

训练使用模式

可供 3 片羽毛球场

活动看台完全闭合

可供 6 片乒乓球台或其他训练场地

可供 1 个标准跆拳道训练场或其他训练场地

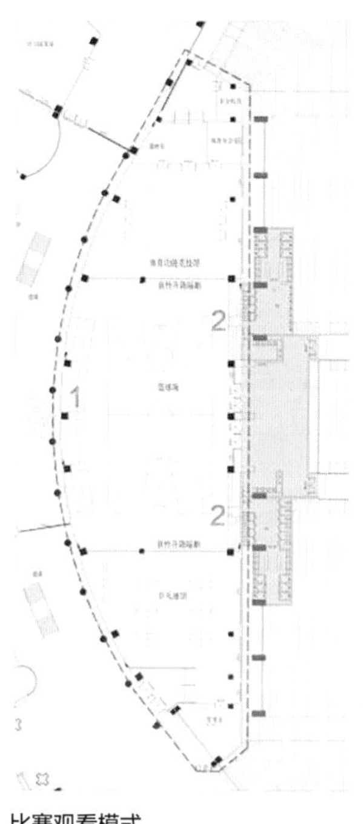

比赛观看模式

小型篮球比赛模式

活动看台完全展开

可提供活动看台（1）、114 人观赛位置

可提供固定看台（2）、56 人观赛位置

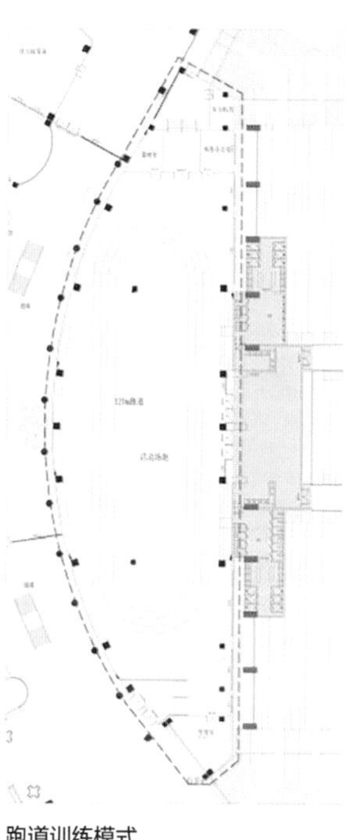

跑道训练模式

升降隔断完全拉起

室内可作为完整的体育训练场地使用

图 5-88　运动中心的不同模式

图 5-89　篮球馆

图 5-90　羽毛球馆

5.5　商业建筑

商业建筑空间的设计对于消费者的购买欲望有着非常重要的影响。商场空间设计装修必须要具有艺术性和美感，又必须要具有实用性，这样才能够更好地引导消费者进行消费。同时，商场室内设计还必须展现出自身的个性和足够的亲和力，将其独有的风格与文化气息展现出来。因此设计时要精心细致地把控好商场的功能特征和风格特点，将商场的创意、理念、思想元素结合为一体。

5.5.1 项目简介[①]

该项目是由某投资集团有限公司全资打造的“品质生活型、儿童体验式”家庭购物中心 + 高端商业写字楼城市综合体项目。总建筑面积约 11 万 m^2，其中自持购物中心约 5 万 m^2，投资集团意在打造长株潭核心商圈“品质家庭生活”一站式休闲购物体验。

5.5.2 公共通道

商场通道设计，主要划分为主通道和副通道，主通道是指导顾客行动的主线，副通道是指导顾客在店内流动的支点。室内的交通流线是否通畅，直接决定商场的使用效率。设计师需要合理地组织交通流线，营造便利的交通体验，人流路线设计是决定一个商场是否兴旺的基础（图 5-91）。

5.5.3 中庭

中庭空间，是建筑空间构型的一种形态，是指建筑空间内部的庭院空间。由于大型商场建筑面积大，会设置几个分区，而中庭是作为几个分区的交通转换处。随着建筑规模的不断扩大，单个中庭已无法满足建筑空间的需求，因而多个中庭空间模式及多尺度的中庭空间逐渐出现，这种模式有利于定义建筑内部空间的主次关系。中庭作为连接各个通道的交通枢纽，通常会设置自动扶梯、观光电梯等交通工具，极大地提高了人流动线的便利性（图 5-92）。

图 5-91 中庭走道效果

图 5-92 中庭空间

① 案例来源：深圳市中装建设集团股份有限公司。

5.5.4　电梯厅

开放式的商业街，考虑与商业主题及建筑的色调材质的协调统一，电梯厅墙面采用灰色铝板包裹，背衬彩色亚克丽藏灯，并配合不同楼层不同配色区分，增强了商业空间的趣味性和识别度（图 5-93）。

图 5-93　电梯厅

5.5.5　各层效果图

二层汇聚购物消费、亲子体验、孩童玩乐等功能于一体。设置孩子与家长进行亲子互动的体验区、零售店从而打破局限，游逛变得没有阻碍，一切都显得顺畅和自由（图 5-94）。

位于三层的美食街改变封闭通常的店铺格局，卸除店与店之间的隔断，将就餐区开放出来，使桌椅能够与公共的通道自然相连，并融入整体的环境当中。就餐、休息、交流形成了一幅和谐美好的画面（图 5-95）。

娱乐区是向往自由和刺激的现代“夜猫族”的好去处（图 5-96）。

图 5-94　二层效果图

图 5-95　三层效果图

图 5-96　四层效果图

5.6 居住建筑

5.6.1 项目简介[①]

建发静学和鸣住宅项目位于素有“太湖明珠”之称的江苏省无锡市，该市3000多年的悠久历史铸就了城市特有的文化底蕴和人文特点，本案承袭现代东方美学，汲取当地人文特色，将无锡的悠久文化用中式风格的设计手法来表现，以现代的表达技巧展示中式美学，打造出优雅，闲适，富含人文意境的艺术生活空间。

图5-97 起居室效果图

5.6.2 起居室

客厅整体空间剔除复杂装饰回归淳朴，采用浅色壁纸及藤编作为设计元素，搭配极具中式韵味的山水纹石材作为背景，空间显得温馨自然又充满东方韵味，客餐厅一体的格局，让空间显得开阔、通透，意蕴悠远（图5-97）。

图5-98 餐厅效果图

5.6.3 餐厅

餐厅效果如图5-98所示。

5.6.4 厨房

餐厅与厨房大限度毗邻、开放，增加了空间的互动性。厨房灰色的墙地砖搭配香槟色的橱柜，凸显空间的高级感与轻奢质感。餐椅古朴的藤编质地与墙面硬包相得益彰，素与朴，体现出温润悠闲之感（图5-99）。

图5-99 厨房效果图

① 案例来源：苏州拓谷建筑工程有限公司。

5.6.5　卧室

主卧延续空间的整体设计基调，竹叶元素的艺术墙布成为卧室的视觉焦点，寓意长寿、美好的同时，丰富了空间层次，流露出写意之美，简雅而素淡，给人带来一种宁静雅致的视觉感受（图 5-100）。

图 5-100　卧室效果图

5.6.6　浴室

浴室效果如图 5-101 所示。

图 5-101　浴室效果图

5.7 反思

本章从实际项目入手，分别对不同类型室内空间项目的设计理念、设计手法、界面形式、效果表现等内容进行了介绍。以上案例将室内空间设计理论及方法与具体设计实践相结合，创作出了宜人、宜居的室内空间。但因篇幅原因，本章介绍的案例有限，实际设计实践中要面对的空间设计类型更加多元、形式更加丰富，实际情况也更为复杂，在进行室内空间设计学习时，除了需要了解本章介绍的实践情况，还更应该时刻保持不断努力学习的态度，争取积累更多的实践经验，在遵守设计规范的前提下，将学习到的室内设计方法及理论合理地运用到实践项目中，才能有效处理各类复杂的设计问题。同时，在进行案例学习及实践设计时，除应具备专业素养、敬业操守，更应抱有构筑新时代中国特色社会主义人居环境的人文情怀。树立以满足人们日益提高的物质文化水平和美好生活需要为目标，以提升人民的获得感、幸福感、安全感为方向而设计。

第6章

绘图与表达

6.1 图纸

6.2 比例

6.3 文字

6.4 图线

6.5 定位轴线

6.6 编号、符号的说明

6.7 绘图设置

6.8 绘制标准

6.9 反思

第 6 章　绘图与表达

经过前面章节对室内空间设计理论、方法、规范、案例的学习，可以了解到制图规范在室内设计中的重要性。本章的内容主要介绍制图的原则，帮助学生掌握如何正确地进行制图表达。并对照配备的电子文件进行学习。

在室内设计工作的过程中，施工图的绘制是设计者表达设计意图的重要手段之一。标准化的制图方式便于设计者深化设计内容及完善构思想法。本章针对室内设计制图规范进行了基本的讲述，并对室内设计施工图的知识进行了详尽梳理，让同学们在学习阶段就能够熟悉、掌握施工图绘制的基本方法和规范。

6.1　图纸

6.1.1　图纸编排顺序

图纸编排顺序应为：①封面、②图纸目录、③设计说明、④材料做法表、⑤门表、⑥建筑装饰工程设计施工图。

6.1.2　图纸幅面规格

图纸幅面及图纸尺寸，应符合表 6-1 的规定以及图 6-1、图 6-2 的格式。

幅面及图框尺寸（mm）　　　　表 6-1

尺寸代号 \ 幅面代号	A 0	A 1	A 2	A 3	A 4
bxl	841×1189	594×841	420×594	297×420	210×297
c	10				5
a	25				

图纸的短边一般不应加长，长边可加长，但应符合表 6-2 的规定。

图纸长边加长尺寸（mm）　　　　表 6-2

幅图尺寸	长边尺寸	长边尺寸后尺寸
A0	1189	1486　1635　1783　1932　2080　2230　2378
A1	841	1051　1261　1471　1682　1892　2102
A2	594	743　891　1041　1189　1338　1486　1635　1783　1932　2080
A3	420	630　841　1051　1471　1682　1892

图纸以短边作为垂直边称为横式，以短边作为水平边称为立式，一般 A0-A3 图纸宜横式使用，必要时也可立式使用。

一个工程设计中，每个专业所使用的图纸，一般不宜多于两种幅面，目录及表格宜采用 A4 幅面。

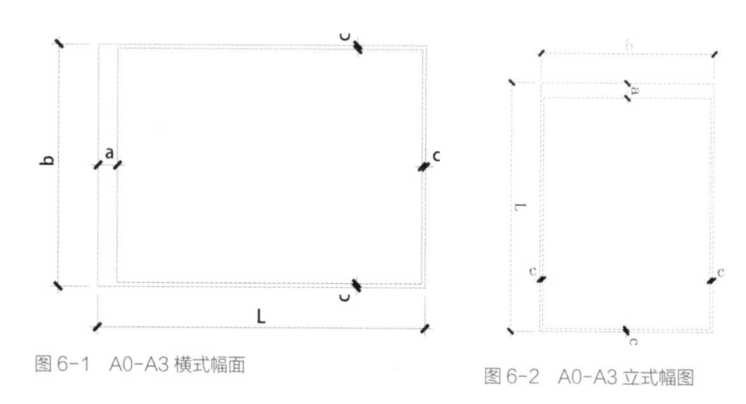

图 6-1　A0-A3 横式幅面

图 6-2　A0-A3 立式幅图

6.2　比例

6.2.1　制图比例

CAD 制图均在模型空间中创建并编辑，并严格按照原始尺寸绘制，比例为 1 ∶ 1。每个制图单元（Units）相当于实际尺寸 1mm（总图专业为 1m）。

6.2.2　出图比例（表 6-3）

室内专业图纸的常用和可用比例　　表 6-3

图纸内容	常用比例	可用比例
平面图	1 ∶ 50，1 ∶ 100，1 ∶ 150，1 ∶ 200	1 ∶ 75，1 ∶ 250，1 ∶ 300
分平面图、立面图	1 ∶ 30，1 ∶ 50，1 ∶ 100	1 ∶ 75，1 ∶ 150
大样图、节点详图	1 ∶ 5，1 ∶ 10，1 ∶ 15，1 ∶ 20	1 ∶ 1，1 ∶ 2，1 ∶ 3，1 ∶ 4，1 ∶ 6，1 ∶ 25

6.3　文字

6.3.1　文字样式（表 6-4）

文字样式　　表 6-4

序号	字体	字形文件	宽度因子	示例
1	汉字综艺简体	汉仪综艺体简 .ttf	1	室内设计
2	仿宋	simfang.ttf	0.75	室内设计
3	Arial Narrow	Arialn.ttf	1	室内设计
4	黑体	simhei.ttf	1	室内设计
5	宋体	simsun.ttc	1	室内设计
6	仿宋	sim.shx/hzf.shx	0.75	室内设计

注：表中序号 1 ~ 5 所用字体为 windows 字体，除 1 外，均为 windows 自带字体，如 window/fonts 中无相应字体文件，需复制字体文件到该文件夹下；序号 6 的字体为 AutoCad 形文件，如 AutoCad 的 fonts 文件夹中无此字体文件，需复制到该文件夹中。

图面字高应采用 1.8、2.5、3、3.5、5、7、10、14、20mm 系列字高。汉字字高应不小于 2.5mm，英文字符与数字高度应不小于 1.8mm。

图面汉字的最小行距不小于 2mm，字符与数字的最小行距应不小于 1mm；当汉字与字符、数字混合使用时，最小行距等应根据汉字的规定使用。

6.3.2 图面字高（表 6-5）

CAD 文件中文字高度与打印文字高度的关系 表 6-5

（高度单位为 mm）

绘图高度 打印高度 / 绘图比例	2	3.5	5	7	10	14	20	24
1 : 200	400	700	1000	1400	2000	2800	4000	4800
1 : 100	200	350	500	700	1000	1400	2000	2400
1 : 50	100	175	250	350	500	700	1000	1200
1 : 20	50	70	100	140	200	280	400	480
1 : 10	20	35	50	70	100	140	200	240
1 : 5	10	17.5	25	35	50	70	100	120
1 : 1	2	3.5	5	7	10	14	20	24

6.4 图线

6.4.1 线宽

图线（Line）的宽度 b，从粗到细应从 1.4、1.0、0.7、0.5mm 中选取（表 6-6）。每个图样，应根据复杂程度与比例大小，按表 6-7 选定基本线宽 b 及相应的线宽组。

线宽组（mm） 表 6-6

线宽比	线宽组			
b（粗）	1.4	1.0	0.7	0.5
0.7b（中粗）	1.0	0.7	0.5	0.35
0.5b（中）	0.7	0.5	0.35	0.25
0.25（细）	0.35	0.25	0.18	0.13

注：同一张图纸内，各不同线宽中的细线，可统一采用较细的线宽组的细线。

图框和标题栏的线宽 表 6-7

幅面代号	图框线、对齐标志线	标题栏外框线、分栏线	图框幅面线	标题栏分格线
A0、A1	1	0.5	0.25	0.18
A2、A3、A4	0.7	0.5	0.25	0.18

6.4.2　线型（表 6-8）

建筑装饰装修工程设计专业采用的各种线型　表 6-8

名称	线型	线宽	用途
粗实线		b	平面图、天花图、立面图、详图中被剖切的主要构造（包括配件）的轮廓线
中实线		0.5b	1. 平面图、天花图、立面图、详图中被剖切的主要的构造（包括构配件）的轮廓线 2. 立面图中的转折线 3. 立面图中的主要构件的轮廓线
细实线		0.25b	1. 平面图、天花图、立面图、详图中一般构件的图形线 2. 平面图、天花图、立面图、详图中索引符号及其引出线
超细实线		0.15b	1. 平面图、天花图、立面图、详图中细部润饰线 2. 平面图、天花图、立面图、详图中尺寸线、标高符号、材料标准引出线 3. 平面图、天花图、立面图、详图中配景图线
中虚线		0.5b	平面图、天花图、立面图、详图中不可见的灯带
细虚线		0.25b	平面图、天花图、立面图、详图中不可见的轮廓线
细单线长划线		0.25b	中心线、对称线、定位轴线
折断线		0.25b	不需画全的断开界限

6.5　定位轴线

定位轴线应用细单点长画线绘制。定位轴线一般应编号，编号应注写在轴线端部的圆内。圆应用细实线绘制，直径为 8~10mm。定位轴线圆的圆心，应在定位轴线的延长线上或延长线的折线上。采用原始建筑图纸，装修设计沿用建筑图纸编号并与建筑图纸保持一致。

6.6　编号、符号的说明

6.6.1　编号（表 6-9）

材料标注编码代号说明　表 6-9

材料标注编码代号说明		
编码代号	英文全称（参照）	主要内容
CP	CARPET	地毯
CT	CERAMIC TILE	瓷砖、压铸石类
CU	CURTAIN	窗帘、窗纱
FA	FABRIC	布饰面、皮革

续表

材料标注编码代号说明		
GL	GLASS	玻璃
LP	LAMINATED PLASTIC	防火板
MC	METAL COMPOSITE	金属复合板
MO	MOSAIC THE	马赛克
MR	MIRROR	镜子
MT	METAL	金属（铝材、不锈钢等）
PB	PLASTER BOARD	石膏板（水泥、石膏类制品等）
PL	PLASTIC	塑料（塑料板、亚克力、灯片、装饰片等）
PT	PAINT	涂料类
ST	STONE	石材 / 人造石
UP	HARD PACK	软 / 硬包
WP	WALLPAPER	壁纸
VE	RUBBER	PVC/ 橡胶
RE	RESIN BOARD	树脂板
KM	MINERAL WOOL	玻纤板 / 矿棉板 / 高晶板
AL	ALUMINUM PLATE	铝板
MP	MUD PAD	除泥垫
AF	ANTISTATIC FLOOR	抗静电地板
SL	SELF-LEVELING	水泥自流平
WD	WOOD VENEER	木饰面

物料标注编码代号说明		
编码代号	英文全称（参照）	主要内容
AR	ARTWORK	艺术品（艺术品、陈列品等）
BDG	BEDDING	床上用品
CU	CURTAIN	窗帘（窗帘织物、帏帐等）
CA	CARPET	块毯（局部使用的毯子、垫子等）
DL	DECORATIVE LIGHTING	灯具
FR	FURNITURE	家具
HW	HARDWARF	五金
KIT	KITCHEN EQUIPMENTS	厨房设备
PLT	PLANTS	植物
SSP	SWITCH&SOCKET PANEL	开关、插座面板
SW	SANITARYWARE	洁具

6.6.2　常见符号

制图常用的剖切、索引、引出线、编号、详图、对称、连接、指北针和坡度等符号应符合《建筑制图标准》GB/T 50104—2010 要求，并统一制成可重复引用的属性图块，或采用特定程序，输入定位点（一个或多个）和相关参数后，自动生成所需符号，制图引用见表 6-10。

常见符号引用　　表 6-10

符号名称	内容组成	文字样式	字高
图名标注	图名文字样式	黑体	7.0
	比例文字样式	黑体	5.0
剖切符号	剖切编号	黑体	5.0
	剖面图号	黑体	3.5
索引符号	索引号样式	宋体	自动调整
	注释字样式	仿宋	3.5
引出线符号	定位点	仿宋	3.5
做法符号标注	属性图块	仿宋	3.5
标高符号	属性图块	仿宋	3.5
内视符号	属性图块	宋体	自动调整
详图编号符号	号圈文字	宋体	自动调整
	比例文字	黑体	3.5
详图符号	属性图块	黑体	3.5
对称符号	定位点	无	无
连接符号	定位点	无	无
指北针符号	属性图块	无	无
坡度符号	属性图块	仿宋	3.5
云线符号	云线、文字注释	黑体	5.0

6.6.3 索引符号

索引符号说明及图示（图 6-3）。

立面索引

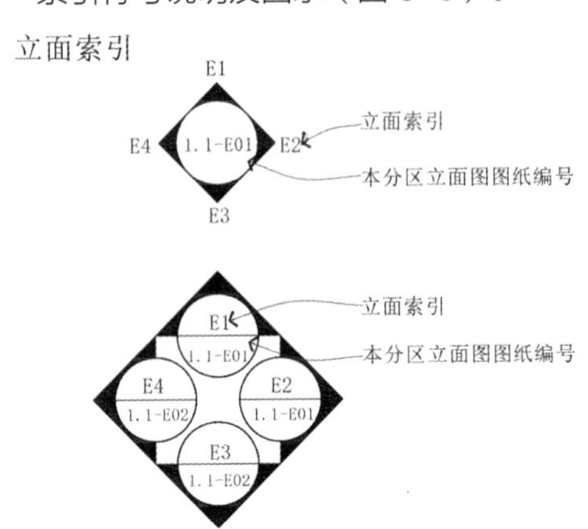

立面剖切线

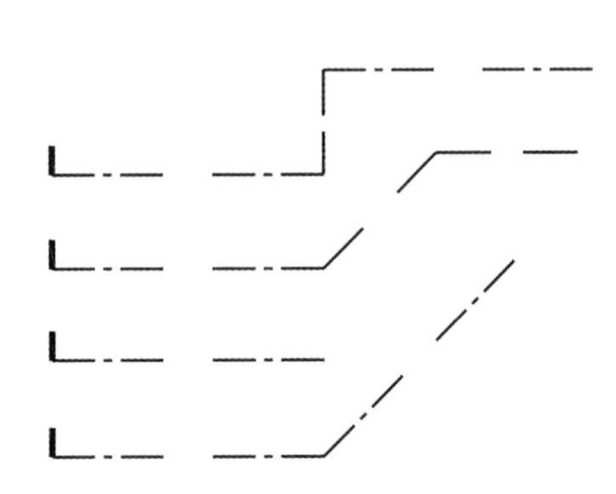

剖面索引

版本一（推荐使用）：

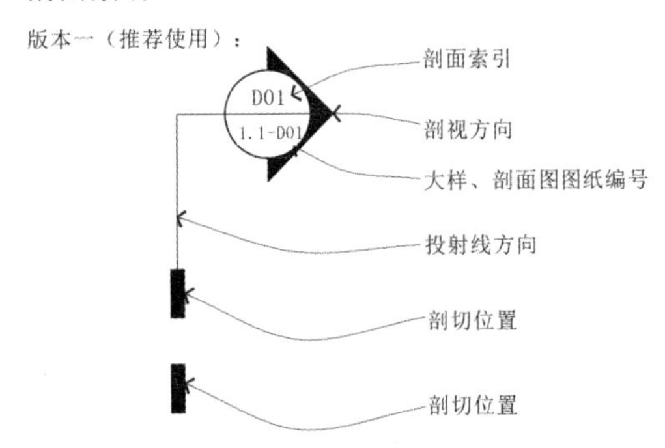

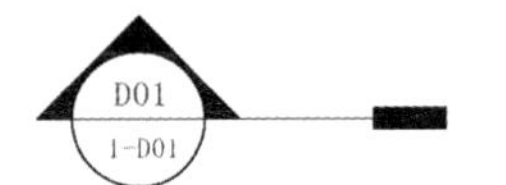

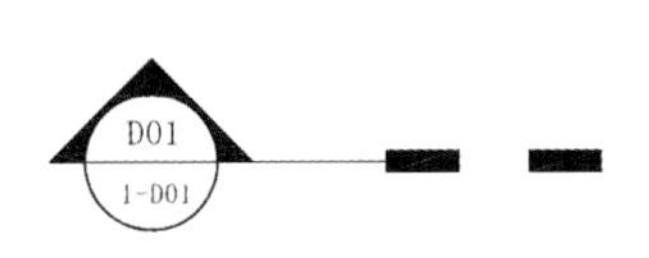

版本二（若本项目图号比较长，可选用此形式的剖面索引符号）：

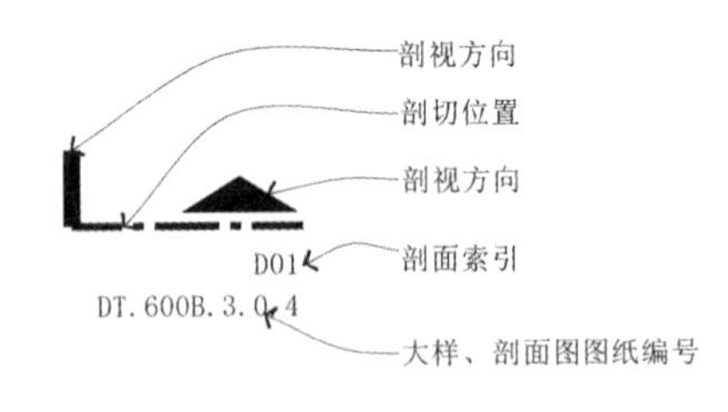

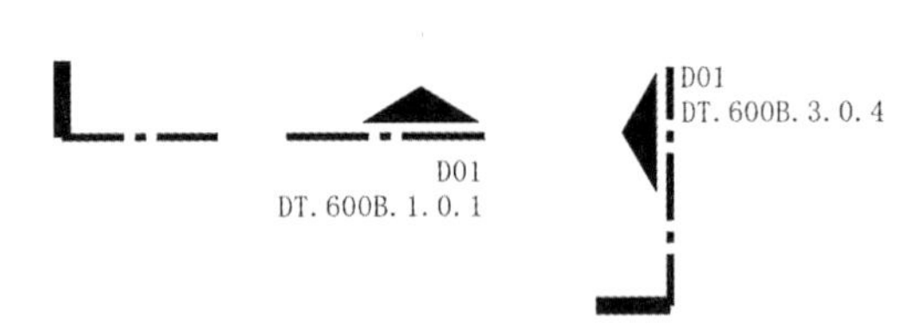

大样索引

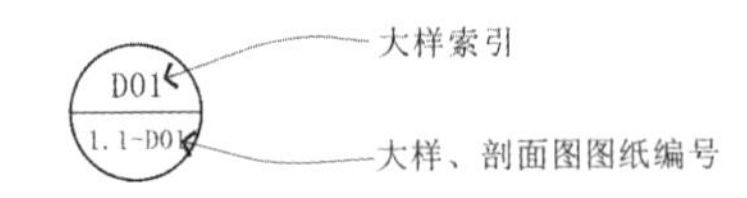

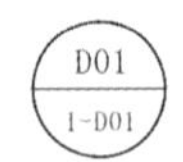

门索引

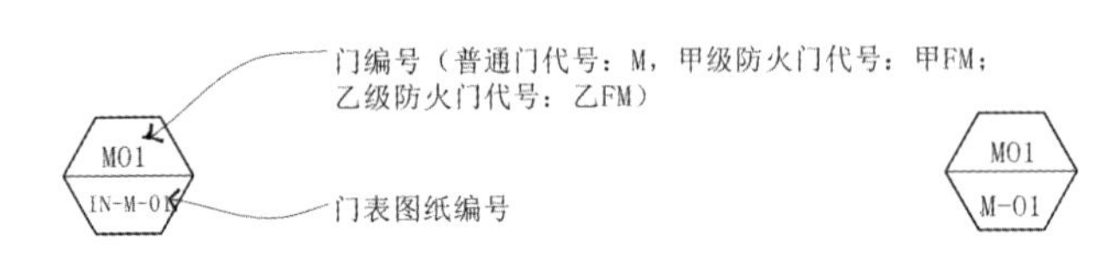

图 6-3 索引符号（一）

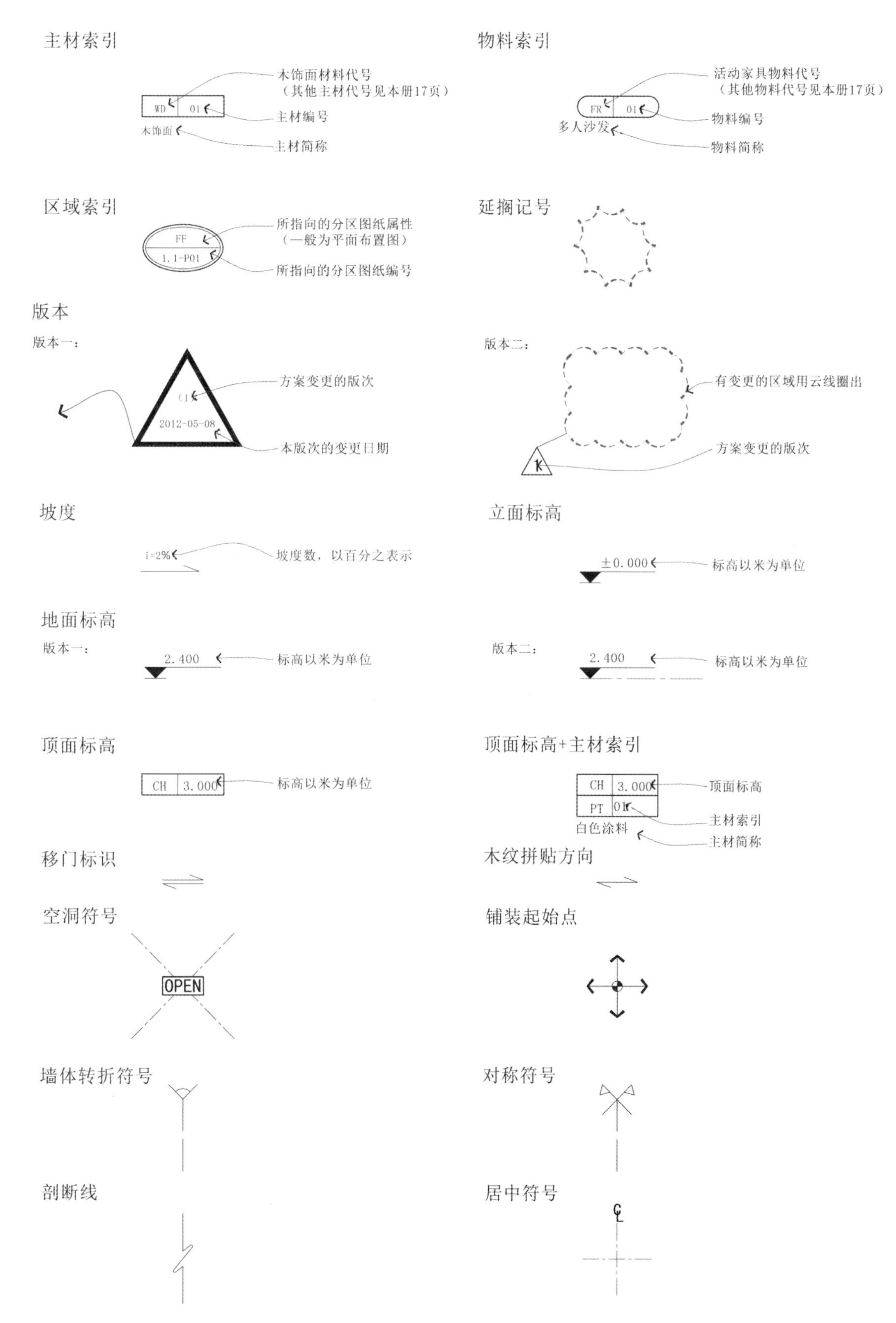
主材索引
WD
01
木饰面
木饰面材料代号
（其他主材代号见本册17页）
主材编号
主材简称
物料索引
FR
01
多人沙发
活动家具物料代号
（其他物料代号见本册17页）
物料编号
物料简称
区域索引
FF
1.1-P01
所指向的分区图纸属性
（一般为平面布置图）
所指向的分区图纸编号
延搁记号
版本
版本一：
2012-05-08
方案变更的版次
本版次的变更日期
版本二：
有变更的区域用云线圈出
方案变更的版次
坡度
i=2%
坡度数，以百分之表示
立面标高
±0.000
标高以米为单位
地面标高
版本一：
2.400
标高以米为单位
版本二：
2.400
标高以米为单位
顶面标高
CH
3.000
标高以米为单位
顶面标高+主材索引
CH
3.000
PT
01
白色涂料
顶面标高
主材索引
主材简称
移门标识
木纹拼贴方向
空洞符号
OPEN
铺装起始点
墙体转折符号
对称符号
剖断线
居中符号

图6-3　索引符号（二）

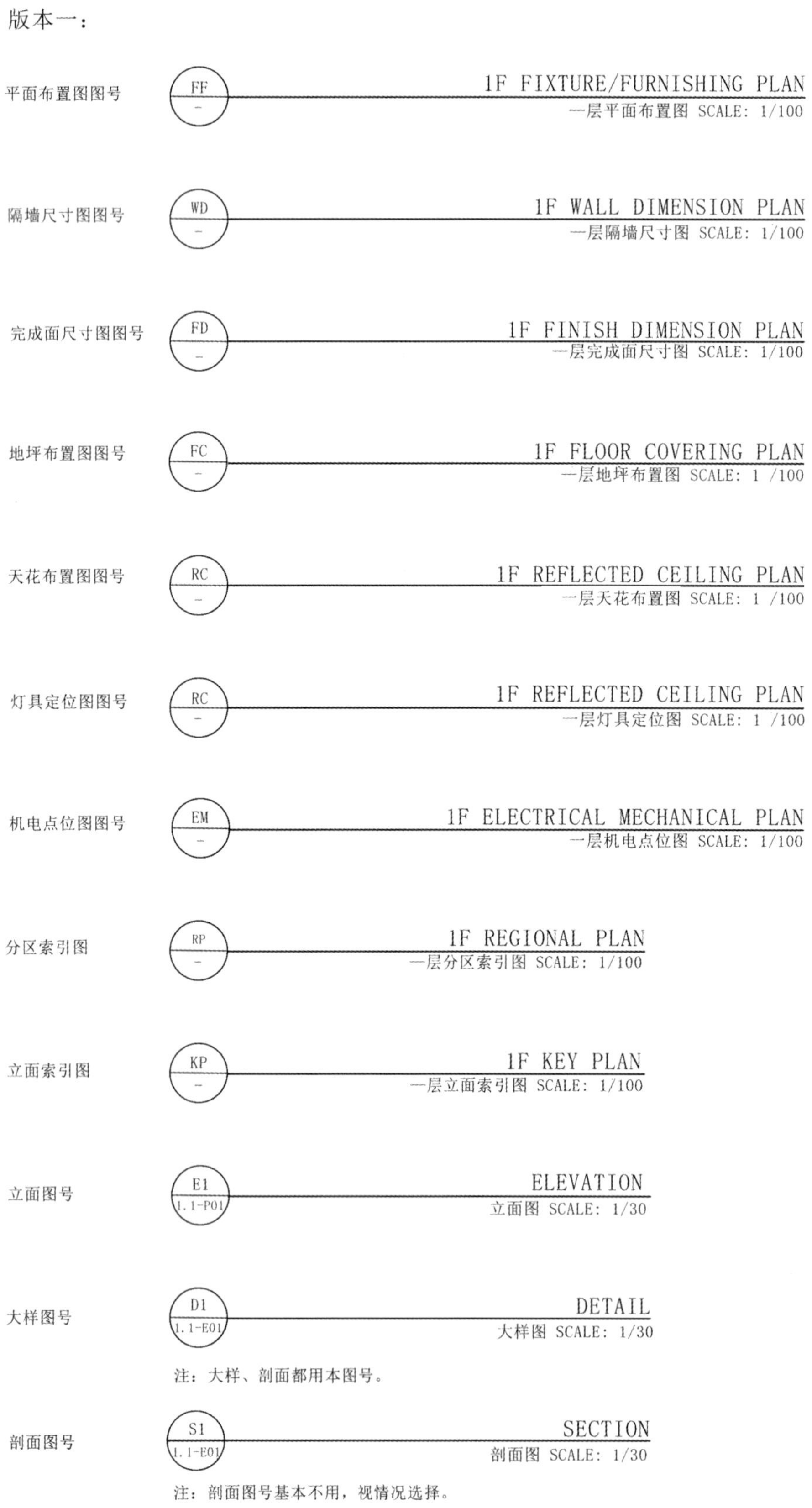

版本一：

平面布置图图号 FF / –
1F FIXTURE/FURNISHING PLAN
一层平面布置图 SCALE: 1/100

隔墙尺寸图图号 WD / –
1F WALL DIMENSION PLAN
一层隔墙尺寸图 SCALE: 1/100

完成面尺寸图图号 FD / –
1F FINISH DIMENSION PLAN
一层完成面尺寸图 SCALE: 1/100

地坪布置图图号 FC / –
1F FLOOR COVERING PLAN
一层地坪布置图 SCALE: 1 /100

天花布置图图号 RC / –
1F REFLECTED CEILING PLAN
一层天花布置图 SCALE: 1 /100

灯具定位图图号 RC / –
1F REFLECTED CEILING PLAN
一层灯具定位图 SCALE: 1 /100

机电点位图图号 EM / –
1F ELECTRICAL MECHANICAL PLAN
一层机电点位图 SCALE: 1/100

分区索引图 RP / –
1F REGIONAL PLAN
一层分区索引图 SCALE: 1/100

立面索引图 KP / –
1F KEY PLAN
一层立面索引图 SCALE: 1/100

立面图号 E1 / 1.1-P01
ELEVATION
立面图 SCALE: 1/30

大样图号 D1 / 1.1-E01
DETAIL
大样图 SCALE: 1/30

注：大样、剖面都用本图号。

剖面图号 S1 / 1.1-E01
SECTION
剖面图 SCALE: 1/30

注：剖面图号基本不用，视情况选择。

图 6-3　索引符号（三）

版本二：

平面布置图图号	(FF) FIXTURE/FURNISHING PLAN 平面布置图 SCALE:1/100
隔墙尺寸图图号	(WD) WALL DIMENSION PLAN 隔墙尺寸图 SCALE:1/100
完成面尺寸图图号	(FD) FINISH DIMENSION PLAN 完成面尺寸图 SCALE:1/100
地坪布置图图号	(FC) FLOOR COVERING PLAN 地坪布置图 SCALE:1/100
天花布置图图号	(RC) REFLECTED CEILING PLAN 天花布置图 SCALE:1/100
灯具定位图图号	(RC) REFLECTED CEILING PLAN 灯具定位图 SCALE:1/100
机电点位图图号	(EM) ELECTRICAL MECHANICAL PLAN 机电点位图 SCALE:1/100
分区索引图	(RP) REGIONAL PLAN 分区索引图 SCALE:1/100
立面索引图	(KP) KEY PLAN 立面索引图 SCALE:1/100
立面图号	(E1) ELEVATION 立面图 SCALE:1/30
大样图号	(D1) DETAIL 大样图 SCALE:1/5 注：大样、剖面都用本图号。
剖面图号	(S1) SECTION 剖面图 SCALE:1/5 注：剖面图号基本不用，视情况选择。

图6-3 索引符号（四）

6.6.4 引出线的编排

在图纸上会有各类引出线：如尺寸线、索引线、材料标注线等。各类引出线及符号需统一组织，形成排列的齐一性原则。索引号统一排列，纵向横向呈齐一性构图。引号同尺寸标注及材料引出线有机结合，尽量避免各类线交错穿插（图 6-4）。

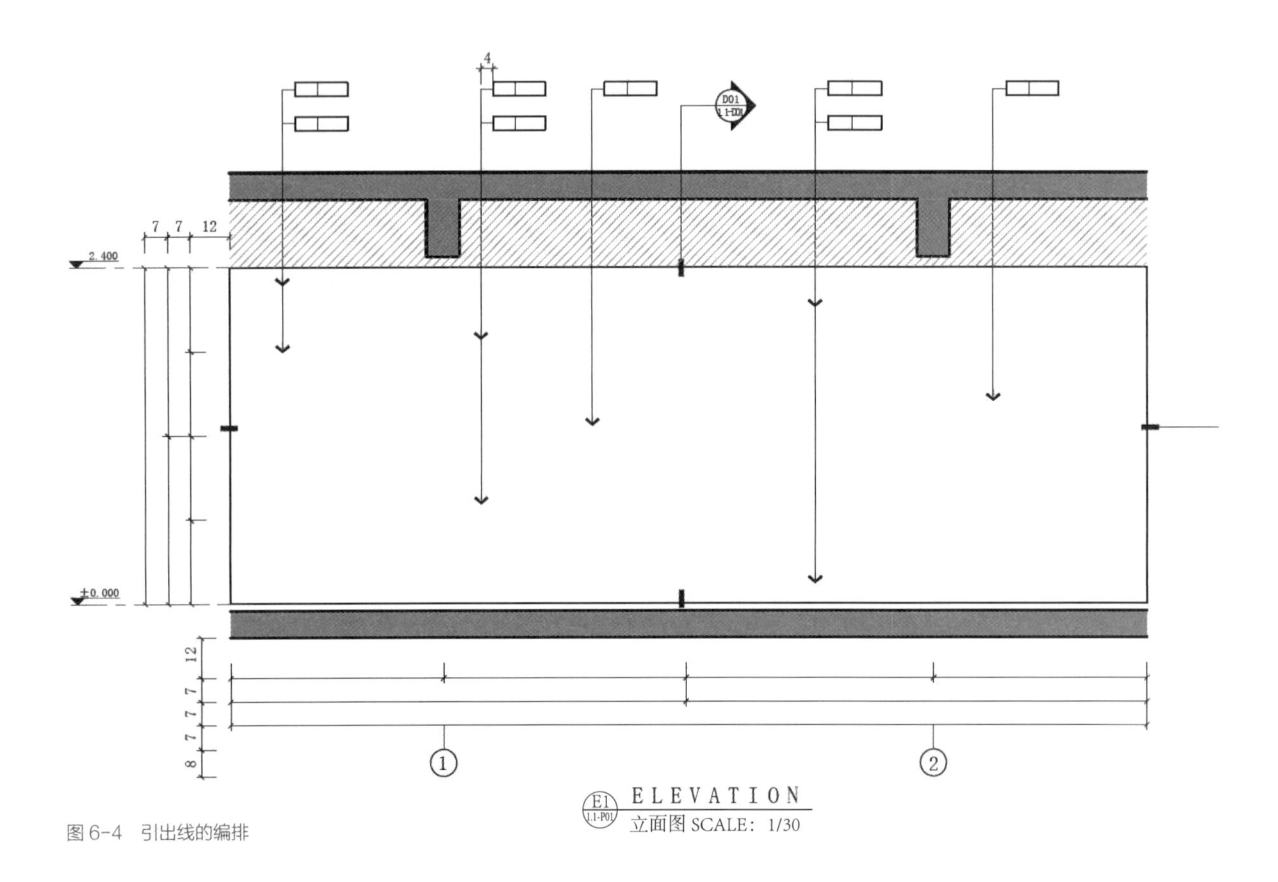

图 6-4 引出线的编排

6.7 绘图设置

6.7.1 制图单元

每个制图单元（Units）除非工程特殊要求，均设为 1mm。少数示意性的图形可以除外。示意的图形包括各种表格、图表以及工程位置、分区示意等。

6.7.2 公差

由于工程需要确定本工程的制图公差，一般情况下，不应大于 10mm。

6.7.3　原点

项目应设置统一制图原点，位置由建筑专业确定，其他专业的设计文件应以上述轴网文件的原点为参照，不得随意更改。一般情况下，对于单体建筑，宜将建筑专业轴网的最左侧一根轴线与最下方一根轴线的交点应定位在（0，0，0）。对于群体建筑，也可根据规划条件给定的坐标使用大地坐标系定位。

6.7.4　标注（表6-11）

尺寸标注与文字标注的位置　　表6-11

比例	A1/A0 图幅字高	文字样式名	字体	字体宽度比例
材料索引	4	FSZK/HZDX	仿宋	0.8
墙面材料标号索引	4	FSZK/HZDX	仿宋	0.7
地面、节点标高	4	FSZK/HZDX	仿宋	0.7
立面标高	4	FSZK/HZDX	仿宋	0.7
详图索引	4	FSZK/HZDX	仿宋	0.8
材料编号	4	FSZK/HZDX	仿宋	0.8
家具编号	4	FSZK/HZDX	仿宋	0.8
门编号	4	FSZK/HZDX	仿宋	0.8
图幅及字高	8	FSZK/HZDX	仿宋	0.8

（1）尺寸界线、尺寸线、起止符号、尺寸数字。

（2）图样尺寸有尺寸界线、尺寸线、起止符号和尺寸数字组成（图6-5）。

（3）尺寸界线必须与尺寸线垂直相交。

（4）尺寸线必须与被注图形平行。

（5）尺寸起止符号为45° 粗斜线，宽为0.5mm长度为2mm。

（6）尺寸数字的高度为2.5mm，所有幅面字体为“长仿宋”。

（7）尺寸排列与布置。

（8）尺寸数字标注在图样轮廓线以外的正视方，不宜与图线、文字、符号等相交。

（9）尺寸数字宜标注在尺寸线读数上方的中部，如注写位置不够时，最外边的尺寸数字可注写在尺寸线

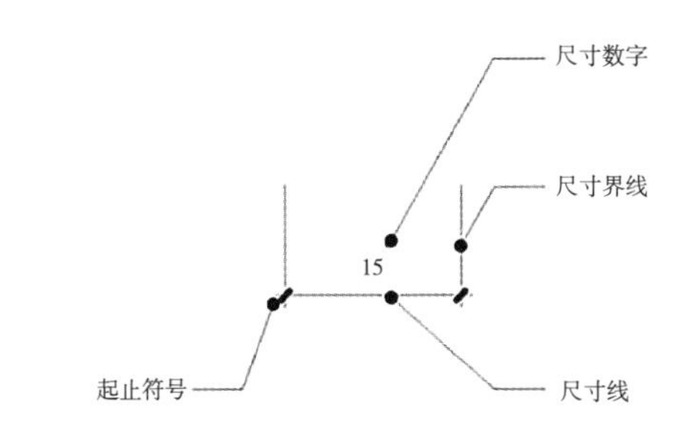

图6-5　图样尺寸的组成

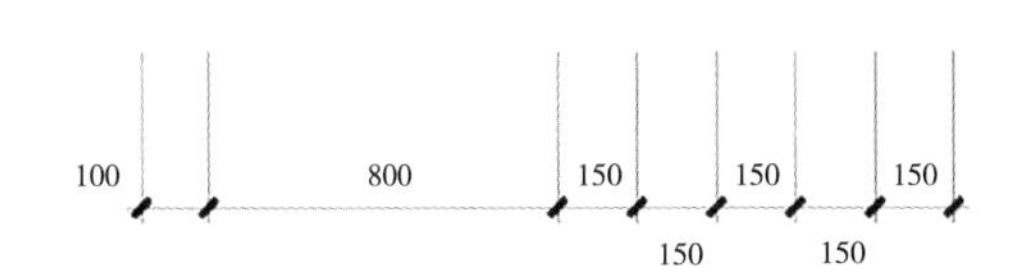

图6-6　尺寸数字

的外侧，中国的尺寸数字可上下错开注写或引出注写（图6-6）。

（10）曲线图形的尺寸线，可用尺寸网格表示（图6-7）。

（11）圆弧及角度的表示法（图6-8）。

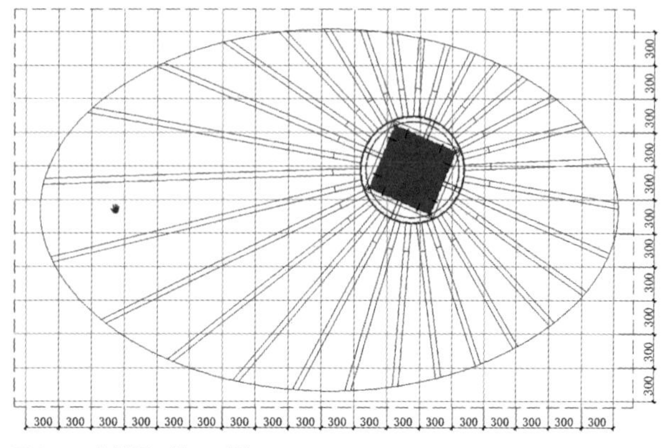

图6-7　曲线图形的尺寸线

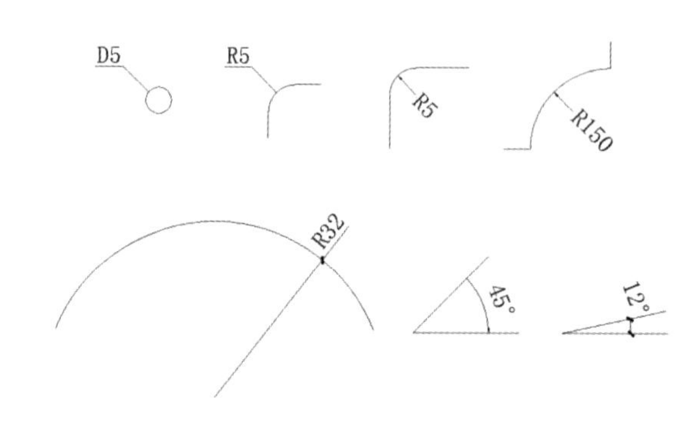

图6-8　圆弧、角度的表示

6.7.5　填充（表6-12）

填充的表示及说明　　表6-12

节点填充图例		
图例	材料名	备注
	石膏板	—
	金属	—
	石材	—
	瓷砖	—
	钢筋混凝土墙	—
	加气混凝土墙	—
	混凝土	—
	实木板	—
	木挂板	—
	防火阻燃板	—
	防火岩棉	—

续表

节点填充图例		
图例	材料名	备注
	防水材料	—
	玻璃	—

平地面填充图例		
图例	材料名	备注
	木饰面	—
	地毯	—
	石材	—
	金箔	—
	防腐木（依据物料尺寸调节）	—
	木地板（依据物料尺寸调节）	—
	鹅卵石（依据物料尺寸调节）	—
	瓷砖（依据物料尺寸调节）	—
	防静电地板（依据物料尺寸调节）	—
	PVC 地板	—
	水泥自流平	—

立面填充图例		
图例	材料名	备注
	玻璃	（大面积填充比例）
	玻璃	（小面积填充比例）
	镜子	—
	石材	—
	软包 / 硬包	—

续表

立面填充图例		
图例	材料名	备注
	木饰面 1	—
	木饰面 2	—
	文化石（也可依据实际尺寸调节）	—
	马赛克（依据马赛克实际尺寸调节）	—
	壁纸 1	—
	壁纸 2	—
	壁纸（墙身转折时有不一样的壁纸）	—
	金属	—
	瓷砖（依据物料尺寸调节）	—

墙体图例		
图例	材料名	备注
	W1	75 号轻钢龙骨，双面双层 120mm 厚石膏板隔墙，内置防火隔声棉，龙骨至结构顶，石膏板从结构地面至结构顶，*TH*=125mm 耐火极限 1.00h
	W2	100 号轻钢龙骨，双面双层 120mm 厚防火石膏板隔墙，内置防火隔声棉，龙骨至结构顶，石膏板从结构地面至结顶，*TH*=150mm 耐火极限 1.00h
	W3	75 号轻钢龙骨，双腔双面双层 120mm 厚石膏板隔墙，内置防火隔声棉，龙骨至结构顶，石膏板从结构地面至结构顶，*TH*=200mm 耐火时限 1.00h
	W4	100mm 轻质条板隔墙，高度至结构顶（注：卫生间墙体从结构地面做 *H*=150mm 混凝土基座，耐火极限 1.50h）
	W5	262mm×60mm×7mm 厚“U”形玻璃，高度参见图纸
	W6	100mm 厚成品防火玻璃隔断，高度至天花装饰完成面（新建疏散走道玻璃隔墙耐火极限不低于 1h）

续表

墙体图例		
图例	材料名	备注
	W7	100mm 厚成品玻璃隔断，高度至天花装饰完成面
	无编号	100mm 厚成品设备板，高度至天花装饰完成面
	W8	200mm 厚混凝土砌块墙，高度至结构顶（距地 3000mm 高预留结构圈梁） 注：卫生间墙体从结构地面做 H=150mm 混凝土基座
	W9	500mm×500mm 矩形钢管，单面双层 120mm 厚石膏板隔墙，单面 120mm 厚防火阻燃板，钢管间距 @600mm，高度至结构顶，TH=200mm（不含面层） 注：卫生间墙体从结构地面做 H=150mm 混凝土基座
—	F	需加固墙体（吊装家具、壁挂水盆、壁挂坐便、小便斗安装位置）

6.7.6　图层颜色、线型设置（表 6-13）

线性与笔芯的设置、电脑图层的设置　　表 6-13

图纸类型	图层颜色	图层含义	线型	用途
GE 通用	3	轴号	CONTINUOUS	轴号圆圈
	7	轴号文字	CONTINUOUS	轴号圈内的文字
	8	柱子	CONTINUOUS	建筑柱子
	8	布局视口边界	CONTINUOUS	不打印图层
	1	轴线	DOTE	轴线、中心线
	255	外部参照	CONTINUOUS	不打印
	88	引线	CONTINUOUS	引出线及标注文字
	3	材料文字	CONTINUOUS	引出线及标注文字
	7	云线	CONTINUOUS	可隐藏
	146	图例与符号	CONTINUOUS	图例与符号、图名及图名指引线
PL 平面	146	平面窗帘	CONTINUOUS	窗帘
	3	平面尺寸	CONTINUOUS	新建墙的尺寸标注
	145	平面尺寸文字	CONTINUOUS	新建墙完成面的尺寸标注
	3	平面门、门套	CONTINUOUS	装饰门
	6	平面完成面	CONTINUOUS	墙及柱装饰完成面，落地及到顶的屏风及隔断（石材 100、瓷砖 30 或 50、木饰面 50、金属板饰面 50、造型墙面按照工艺）
	145	平面固定家具	CONTINUOUS	落地及到顶的固定家具
	145	平面固定家具	CONTINUOUS	落地不到顶的固定家具

续表

图纸类型	图层颜色	图层含义	线型	用途
PL 平面	145	平面固定家具	CONTINUOUS	不落地到顶的固定家具
	145	平面固定家具	CONTINUOUS	悬空的固定家具
	250	平面家具内线	CONTINUOUS	活动家具内侧装饰线
	146	平面活动家具	CONTINUOUS	可移动的活动家具
	146	平面玻璃	CONTINUOUS	室内新增玻璃幕墙
	8	平面填充	CONTINUOUS	外墙保温完成线
	142	扶手	CONTINUOUS	走廊及楼梯间扶手
	42	平面灯具	CONTINUOUS	地台及地灯、台灯、灯带
	31	平面新建墙体	CONTINUOUS	室内新增轻质隔墙
	250	平面其他	CONTINUOUS	阳台边界线、非精装修
	74	平面植物	CONTINUOUS	室内绿化植物
	146	栏杆	CONTINUOUS	室内新增砌块墙
	7	剪力墙	CONTINUOUS	原建筑墙体
	146	平面楼梯	CONTINUOUS	室内新增砌块墙
	142	楼梯、自动扶梯	CONTINUOUS	楼梯、阳台等处的栏杆、扶手
	250	平面显淡填充	CONTINUOUS	室内装修线
	2	墙体	CONTINUOUS	建筑墙体
	4	平面窗	DASHDOT	室内新增玻璃窗
	64	平面插座	CONTINUOUS	节点造型粗线
	64	平面开关	CONTINUOUS	平面的开关
CL 天花	74	天花风口	CONTINUOUS	空调设备线
	6	天花设备尺寸	CONTINUOUS	空调、烟感等
	4	天花灯具尺寸	CONTINUOUS	灯具之间尺寸
	3	天花造型尺寸	CONTINUOUS	天花造型尺寸
	4	天花喷淋尺寸	CONTINUOUS	喷淋尺寸
	74	天花设备	CONTINUOUS	综合天花喷淋、烟感、消防广播、监控
	3	天花排气扇	CONTINUOUS	卫生间及污物间排气扇
	32	天花防火卷帘	CONTINUOUS	防火卷帘及挡烟垂壁
	8	天花分缝线	CONTINUOUS	天花同一材料的分缝线
	8	天花填充	CONTINUOUS	天花特殊材料的填充
	42	天花灯具	CONTINUOUS	顶面灯具
	8	天花灯具文字	DASH	灯具编号
	145	天花粗	CONTINUOUS	顶面造型线
	146	天花细	CONTINUOUS	顶面造型细线
FL 地面	3	地面尺寸	CONTINUOUS	地面材料分割线
	8	地面分缝线	CONTINUOUS	地面材料内部分隔线
	8	地面填充	CONTINUOUS	地面不同材料填充
	145	地面粗	CONTINUOUS	地面拼花造型轮廓线
EL 立面	3	立面尺寸	CONTINUOUS	立面造型尺寸
	6	立面完成面 / 转折线	CONTINUOUS	立面造型线
	74	立面活动家具	CONTINUOUS	立面家具造型线
	8	立面填充线	CONTINUOUS	立面材料填充
	2	立面天地轮廓线	CONTINUOUS	墙顶地造型轮廓线

续表

图纸类型	图层颜色	图层含义	线型	用途
EL 立面	4	立面装饰线	CONTINUOUS	立面造型细线 1
	146	立面装饰细线	CONTINUOUS	立面造型细线 2
	146	立面开关插座	CONTINUOUS	立面的开关、插座
DL 节点	3	节点尺寸	CONTINUOUS	节点造型尺寸标注
	6	节点完成面	CONTINUOUS	节点造型中线
	8	节点填充线	CONTINUOUS	节点造型填充
	145	节点中线	CONTINUOUS	节点造型中细线
	146	节点细线	CONTINUOUS	节点造型细线
	2	节点墙体结构	CONTINUOUS	节点造型粗线

6.7.7 图例（表 6–14）

图例　　表 6–14

平面开关图例		
图例	开关名称	备注
	紧急呼叫按钮	面板底距地面 1.3m
	电视伴音开关	面板底距地面 1.3m
	空调调温开关	面板底距地面 1.3m
	单 / 双 / 三 / 四联翘板开关	桌面安装
	单 / 双 / 三 / 四联翘板开关	面板底距地面 1.3m
	单 / 双 / 三 / 四联防溅型翘板开关	家具
	单 / 双 / 三 / 四联防爆翘板开关	五金
	单路调光开关	面板底距地面 1.3m
	总挚开关	面板底距地面 1.3m
	“请勿打扰”开关	面板底距地面 1.3m
	“门铃”开关	面板底距地面 1.3m
	钥匙取电开关	面板底距地面 1.3m

续表

平面开关图例		
图例	开关名称	备注
	调光面板	面板底距地面 1.3m
DDC	直接式数字控制器	面板底距地面 1.3m
CO_2	二氧化碳探测器	面板底距地面 1.3m
	窗口显示屏	—
	显示屏	—
CR	读卡器	面板底距地面 1.3m
R	出门按钮	面板底距地面 1.3m
L	电控锁（具体锁类型根据门类型确定）	配合门装修安装
FR	指纹考勤机	面板底距地面 1.3m

插座图例		
图例	插座名称	备注
	单相二极、三极防溅型插座	安装高度底边距地 0.3m
	带保护门单相二极三极暗插座	安装高度底边距地 0.3m
W	卫生间：带保护门防溅型带开关单相二极、三极暗插座	安装高度底边距地 1.5m
R	热水器：带保护门防溅型带开关单相二极、三极暗插座	安装高度底边距地 2.2m
X	洗衣机：带保护门防溅型带开关单相二极、三极暗插座	安装高度底边距地 1.5m
K1	壁挂空调：带保护门单相三极暗插座	安装高度底边距地 2.2m
Y	油烟机插座	安装高度底边距地 1.8m
C	厨房插座	安装高度底边距地 1.2m
B	冰箱插座	安装高度底边距地 0.3m

续表

插座图例		
图例	**插座名称**	**备注**
E	单相二极、三极暗插座（不间断电源）	安装高度底边距地 0.3m
D	单相二极、三极暗插座	顶面安装
M	单相二极、三极暗插座	投影幕布，顶面安装
T	单相二极、三极暗插座	台面安装
	紧急呼叫分机（按钮式）	安装高度底边距地 0.5/0.9/1.1m
	紧急呼叫分机（拉绳式）	安装高度底边距地 1.8m
	卫生间局部等电位端子盒	安装高度底边距地 0.3m
S	剃须刀插座	安装高度底边距地 1.5m
TD1	语音数据双口插座	安装高度底边距地 0.3m
AP	AP 面板	安装高度底边距地 0.3m
TV	电视数据线接口	安装高度底边距地 0.3m
TD	数据接口	安装高度底边距地 0.3m
TD	数据地插	—
TP	电话地插	—
TP	电话接口	安装高度底边距地 0.3m
TF	传真接口	安装高度底边距地 0.3m
TF	传真地插	—
	强电	详见配电箱系统图
	弱电	详见配电箱系统图
SMDK	双门单向刷卡门禁	—

续表

插座图例		
图例	插座名称	备注
DMDK	单门单向刷卡门禁	—
接地端子	接地端子	安装高度底边距地 0.3m，建议安装到隐蔽位置
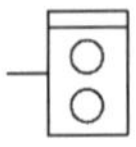	阅读灯接线盒	安装高度底边距地 0.9 ~ 1.2m
 IR/M	被动红 / 微波双技术外探测器	吸顶或壁挂 2.5m 安装
MG	区域报警器	安装高度底边距地 0.9 ~ 1.2m

立面开关图例		
图例	开关名称	备注
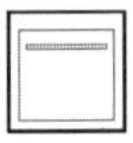	单联开关	面板底距地面 1.3m
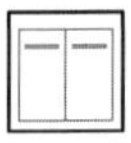	双联开关	面板底距地面 1.3m
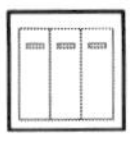	三联开关	面板底距地面 1.3m
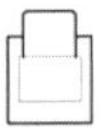	插卡总控开关	面板底距地面 1.3m
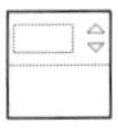	空调开关控制面板	面板底距地面 1.3m
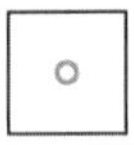	电视插座	面板底距地面 0.3m
	网络线路插座	面板底距地面 0.3m
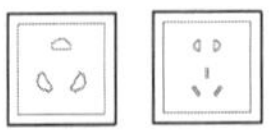	电源电插座	面板底距地面 0.3m
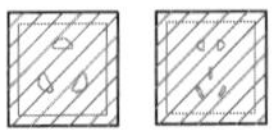	防溅电源电插座	面板底距地面 0.3m
	消火栓起泵按钮	面板底距地面 1.3m
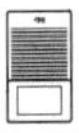	声光报警器	面板底距地面 2.2m
	充电插座	面板底距地面 0.3m

设备图例		
图例	设备名称	备注
	喷淋	—

续表

设备图例		
图例	设备名称	备注
	裸顶喷淋	—
P	侧喷淋	—
	感烟探测器	—
	带蜂鸣烟感器	—
	感温探测器	—
	消防广播	—
	吸顶式喇叭	—
	背景音乐	—
	彩色电视摄像机	—
	网络半球摄像机	—
检修口	检修口 450×450/600×600	—
AP	无线 AP	—
	应急灯	—
	火灾警铃	—
	带电话插孔的手动报警按钮	—
	消火栓起泵按钮	—
	定位天线	吸顶安装，附近预留五孔插座

空调风口图例		
图例	空调风口名称	备注
	下方向条形送风口	—
	下方向条形回风口	—
新风	侧方向送风口 / 侧方向新风口	—

续表

空调风口图例		
图例	空调风口名称	备注
	侧方向回风口	—
	方形送风口	—
	方形回风口	—
	圆形散流器	—
	排风扇	—
	侧向排风口	—
	铝板定制排烟口	—
	定制集成设备带	风口处设置配套过滤网
	吸顶式风机	—

疏散指示图例		
图例	疏散指示名称	备注
F	集中电源消防应急标志灯—楼层指示 0.3W DC36V	底边距地 2.4m 安装
	集中电源消防应急标志灯—单面双向 0.3W DC36V	底边距地 2.4m 安装
墙面安装		底距地 0.5m 安装
	集中电源消防应急标志灯—单面向左 0.3W DC36V	底边距地 2.4m 安装
墙面安装		1. 室内高度不大于 3.5m 的场所，标志灯的底边距地面的高度宜为 2.2 ~ 2.5m; 2. 室内高度大于 3.5m 的场所，特大型、大型、中型标志灯底边距高度不宜小于 3m，且不大于 6m
	集中电源消防应急标志灯—单面向左 0.3W DC36V	底边距地 2.4m 安装
墙面安装		底距地 0.5m 安装
E	集中电源消防应急标志灯—疏散出口 0.3W DC36V	门框上方 0.2m 安装

续表

疏散指示图例		
图例	疏散指示名称	备注
E N	集中电源消防应急标志灯—出口指示 / 禁止入内标志灯 0.3W DC36V	门框上方 0.2m 安装

灯具图例		
图例	灯具名称	备注
	LED 灯盘 / 面板灯	36W，色温 4000K
	LED 灯盘 / 面板灯	36W，色温 4000K
	嵌入式 LED 洗墙灯	5W，色温 4000K
	可调角度 LED 射灯	5W，色温 4000K
	嵌入式 LED 筒灯	10W，色温 4000K
	嵌入式 LED 防水筒灯	6W，色温 4000K
	嵌入式 LED 方形筒灯	10W，色温 4000K
	明装 LED 筒灯	10W，色温 4000K
	装饰吊灯	60W，色温 4000K
	LED 吸顶灯	12W，色温 4000K
	LED 暗藏灯带（T5 灯管）	12W/1.2m，色温 4000K
	LED 暗藏灯带	10W/m，色温 4000K
	定制 LED 条形灯具（暗装）	26W/1.2m，色温 4000K 内置 T5 灯管，面层亚克力 3mm 厚
	定制 LED 条形灯具（明装）	26W/1.2m，色温 4000K
	LED 小夜灯	10W/m，色温 4000K
	单头豆胆灯	18W，色温 4000K
	双头豆胆灯	2×18W，色温 4000K
	三头豆胆灯	3×24W，色温 4000K
	轨道射灯	25W，色温 4000K
	壁灯	10W，色温 4000K
	地灯	5W，色温 4000K
	挡烟垂壁	—

6.7.8 图框说明（图 6-9）

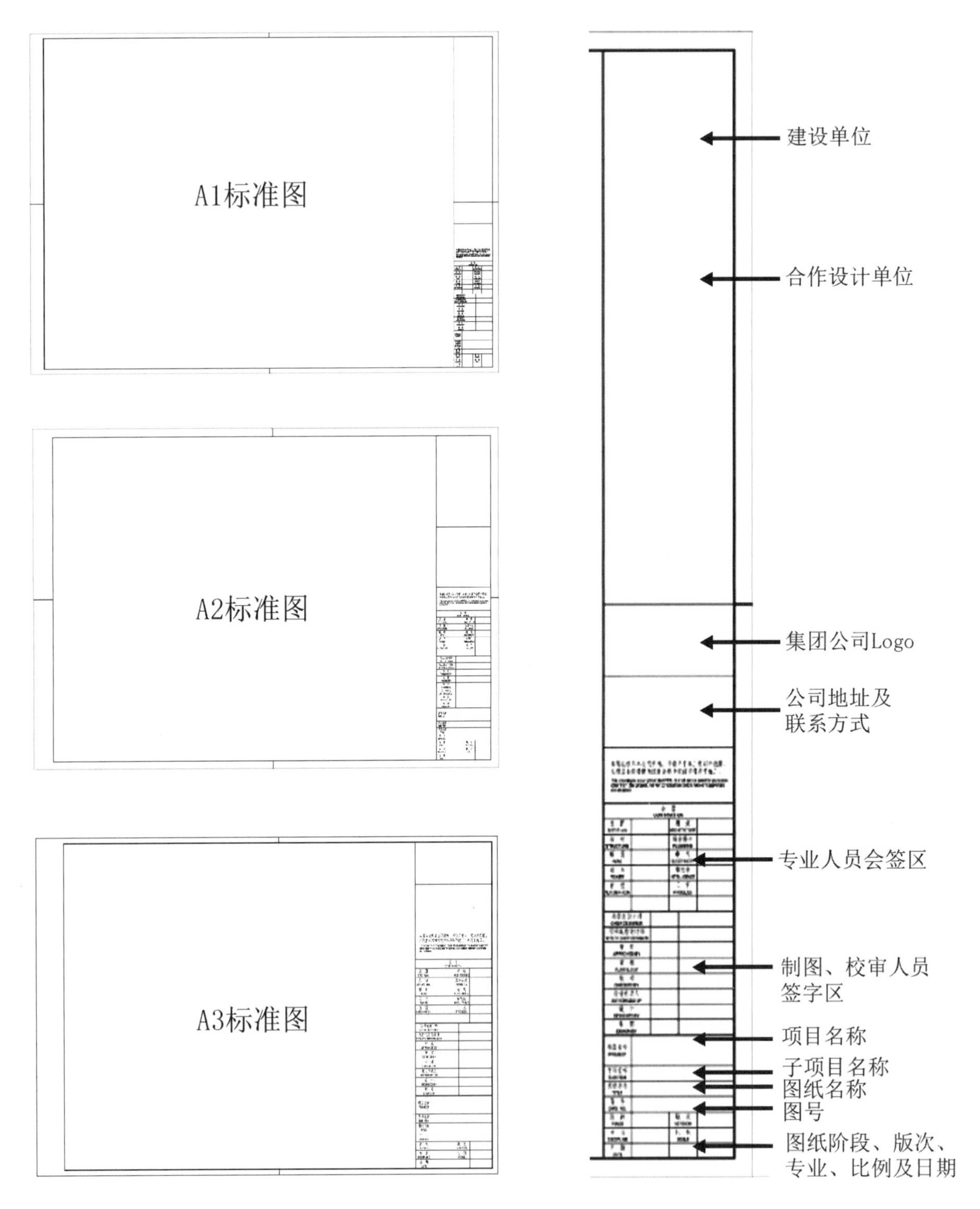

图 6-9 图框说明

6.8　绘制标准

6.8.1　总图类

1. 平面布置图

（1）家具布置：应标注固定家具和活动家具及隔断的位置、布置方向，各种门窗的开启方向，同时还应确定家具上电器或设备的摆放位置，如电话、电脑、台灯、打印机、条码机、扫描仪，等等。并标注家具的定位尺寸和其他必要限制尺寸，如实表达数量。

（2）洁具布置：标明所有洁具、洗涤池、上下水立管、排污孔、地漏、地沟的位置，并注明排水方向、定位尺寸和其他必要尺寸：如洁具安装在家具上，则应考虑与家具的定位关系。

（3）分平立面索引：注明其在总平面中的位置，并做好索引标注。

（4）标注室内外地面标高和各层楼面装饰装修地坪完成面标高。

（5）标明各房间的名称、房间编号、门编号与建筑图纸门编号保持一致。

（6）需将洁具、家具、艺术品等索引至本图中，并与物料手册一一对应。

（7）防火分区、造型完成面。防火分区示意、装饰完成面、防火卷帘编号、挡烟垂壁、消火栓、变形缝、设计范围说明、玻璃隔墙耐火时限、首层平面要有指北针等；常开、常闭防火门注明，消火栓明装（不可改变原建筑平面布局，如修改需建筑确认，改动范围较大的情况需建筑重新报备）。

2. 墙体尺寸定位图

墙体尺寸、墙体图例。标明所有墙体厚度、编号、做法、燃烧等级等信息。

3. 综合顶棚图

（1）顶棚造型布置图：标明顶棚造型、天窗、构件、装饰垂挂物及其他装饰配置和饰品的位置，注明顶棚定位尺寸、材料种类、编号和做法。

（2）顶棚灯具及设施布置图：标注所有明装和暗藏的灯具（包括火灾和事故照明灯具）、标识、发光顶棚、空调风口、喷头、探测器、扬声器、挡烟垂壁、防火卷帘、防火挑檐、疏散和指示标志牌等的位置和相互关系，标明造型定位尺寸。

（3）从效果考虑，尊重专业意见，考虑各种末端之间的间距，注意各种末端如灯具、风口、检修口等末端的尺寸与装饰材料尺寸的模数关系，标注定位尺寸及末端间的相互关系尺寸。

（4）防火卷帘编号、挡烟垂壁、灯具瓦数及色温参考等（装修末端点位与二次机电点位保持一致）。

（5）合理布置检修口。

（6）顶棚图例，标注编号说明等信息。

4. 顶棚灯具定位图

（1）标明灯具定位尺寸。

（2）顶棚图例，标注编号说明等信息。

（3）图例要求与综合顶棚图保持一致，特殊标准灯具尺寸。

5. 顶棚设备定位图

（1）标明顶棚设备定位尺寸。

（2）顶棚图例，标注编号说明等信息。

6. 地面铺装图

（1）标注地面装饰材料的种类、材料编号、拼接图案、不同材料的分界线。

（2）标注地面装饰的定位尺寸、标准和异形材料的尺寸、施工做法。

（3）标注地面装饰嵌条、台阶和梯段防滑条的定位尺寸、材料种类及做法。

（4）如果建筑单层面积较大，可同时单独绘制一些房间或部位的局部平面放大图。放大的平面图应注明其在原来平面中的位置。

（5）包括：地面主要造型、地漏、尺寸、材料标号、图例、墙体材料示意图（包括：墙体材料标注、图例）。

7. 墙体材料示意图

（1）标注墙面装饰材料的种类、材料编号。

（2）墙体材料图例。标注编号说明等信息。

6.8.2　分平类

将重点空间、典型房间等区域图纸单独抽取出来绘制分平面放大图，将平面布置图、综合顶棚图、地面铺装图、墙体材料示意图、强弱电点位图更加清晰的表达，分平面要能反映更详细的内容。

6.8.3　各层立面图类

画出各空间的立面，立面图中应表示出以下的内容：

（1）标明立面范围内的轴线和轴线编号，标注立面两端轴线之间的尺寸及需要设计部位的立面尺寸。

（2）绘制立面左右两端的内墙线，标明上下两端的地面线、原有楼板线、装饰的地坪线、装饰设计的顶棚及其造型线。

（3）标注顶棚剖切部位的定位尺寸及其他相关所有尺寸，标注地面标高、建筑层高和顶棚净高。

（4）绘制墙面和柱面的装饰造型、固定隔断、固定家具、装饰配置、饰品、艺术画、标识、装饰灯具、门窗洞口、栏杆、台阶等的位置，标注定位尺寸及其他相关尺寸。

（5）标注立面和天花剖切部位的装饰材料种类、材料分块尺寸、材料拼接线和分界线定位尺寸等。

（6）标注立面上的灯饰、电源插座、通信和电视信号插孔、空调控制器、开关、按钮、消火栓等的位置及定位尺寸，标明材料种类、产品型号和编号、 施工做法等。

（7）标注索引符号和编号、图纸名称和制图比例。

（8）对需要特殊和详细表达的部位，须单独绘制局部立面大样，并索引。

6.8.4 节点图类

应剖切在需要详细说明的部位并绘制大比例图样，节点详图通常应包括以下内容；

（1）表达清晰与其他专业如幕墙、建筑等的关系。

（2）表示节点处的内部构造形式，绘制原有结构形态、隐蔽装饰材料、支撑和连接材料及构件、配件之间的相互关系，标明面层装饰材料的种类，标有材料、构件、配件等的详细尺寸、产品型号、工艺做法和施工要求。

（3）表示面层装饰材料之间的连接方式、标明连接材料的种类及连接构件等，标注面层装饰材料的收口、封边及其详细尺寸和工艺做法。

（4）标注面层装饰材料的种类，详细尺寸和做法。

（5）表示装饰面上的设备和设施安装方式及固定方法，确定收口和收边方式，并标注其详细尺寸和做法。

（6）标注索引符号和编号、节点名称和制图比例。

6.9 反思

室内空间设计的学习，不仅要充分理解和掌握室内设计理论及方法，更应学以致用、知行并进地努力将之运用到设计实践中，在构建合理且满足各项需求的空间环境的同时不断完善和发展，行以致远。在此，需要指出的是：在实践过程中，设计者必须要遵循本专业领域制图规范和原则，只有在该原则框架下进行设计，才能将设计成果交予项目相关人员进行有效沟通，确保设计的合理性和正确性。反之，制图过程中出现错误的话，将会导致不可估量的损失或者设计的失败，所以，设计专业学子在进行室内空间设计的学习时，必须要充分了解设计中的绘图规范与表达方法，理解制图原则。

图表来源

第1章

图 1-1 ~图 1-6　由程晚霞、万家浩，绘制 .
图 1-7、图 1-8　故宫博物院官网 .
图 1-9、图 1-10　由程晚霞、万家浩，绘制 .
图 1-11、图 1-12　二里头夏都遗址博物馆官网 .
图 1-13、图 1-14　由程晚霞、万家浩，绘制 .
图 1-15　天津博物馆 · 天津文博院官网 .
图 1-16　由陈浩然，绘制 .
图 1-17　由程晚霞、万家浩，绘制 .
图 1-18　故宫博物院官网 .
图 1-19　由程晚霞、万家浩，绘制 .
图 1-20 ~图 1-23　中国国家博物馆官网 .
图 1-24、图 1-25　故宫博物院官网 .
图 1-26　王绣，霍宏伟 . 洛阳两汉彩画 [M]. 北京：文物出版社，2015.
图 1-27　由陈浩然，绘制 .
图 1-28　陕西历史博物馆官网 .
图 1-29　由程晚霞、万家浩，绘制 .
图 1-30　常盘大定，关野贞 . 晚清民国时期中国名胜古迹图集 [M]. 北京：中国画报出版社，2017.
图 1-31　由陈浩然，绘制 .
图 1-32　数字敦煌官网 .
图 1-33　陕西历史博物馆官网 .
图 1-34、图 1-35　故宫博物院官网 .
图 1-36、图 1-37　由程晚霞、万家浩，绘制 .
图 1-38 ~图 1-43　故宫博物院官网 .
图 1-44　胡汉生 . 明十三陵 [M]. 郑州：大象出版社，2004.
图 1-45　由程晚霞、万家浩，绘制 .
图 1-46　中国园林博物馆官网 .
图 1-47　由陈浩然，绘制 .
图 1-48　由程晚霞、万家浩，绘制 .
图 1-49　中国园林博物馆官网 .
图 1-50　由程晚霞、万家浩，绘制 .
图 1-51　耿明松 . 中外设计史 [M]. 北京：中国轻工业出版社，2017.
图 1-52　由田侨，绘制 .
图 1-53 ~图 1-57　由程晚霞、万家浩，绘制 .
表 1-1 ~表 1-11　由程晚霞，绘制 .

第2章

图 2-1 ~图 2-8　由文泽华、万家浩，绘制 .
图 2-9　由万家浩，绘制 .
图 2-10 ~图 2-41　由文泽华、万家浩，绘制 .
图 2-42　戴维 · B. 布朗宁，戴维 · G. 德 · 龙，路易斯 · I. 康：在建筑的王国中 [M]. 马琴，译 . 北京：中国建筑工业出版社，2004.
图 2-43　由田侨，绘制 .
图 2-44　由程晚霞、万家浩，绘制 .
图 2-45　由万家浩绘制 .
图 2-46　由文泽华、万家浩，绘制 .
图 2-47 ~图 2-51　由程晚霞、万家浩，绘制 .
图 2-52 ~图 2-58　由文泽华、万家浩，绘制 .
图 2-59　由程晚霞、万家浩，绘制 .
图 2-60 ~图 2-68　由文泽华、万家浩，绘制 .
图 2-69　由挪威画家爱德华 · 蒙克，绘制 .
图 2-70 ~图 2-78　由陈浩然、万家浩，绘制 .
图 2-79　由程晚霞、万家浩，绘制 .
图 2-80 ~图 2-86　由陈浩然、万家浩，绘制 .
图 2-87、图 2-88　由万家浩，绘制 .
图 2-89 ~图 2-92　由陈浩然、万家浩，绘制 .
图 2-93 ~图 2-95　由文泽华、万家浩，绘制 .
图 2-96　由程晚霞、万家浩，绘制 .
图 2-97 ~图 2-99　由文泽华、万家浩，绘制 .
图 2-100　由陈浩然、万家浩，绘制 .
图 2-101 ~图 2-103　由文泽华、万家浩，绘制 .
图 2-104、图 2-105　由程晚霞、万家浩，绘制 .
图 2-106　由文泽华、万家浩，绘制 .
图 2-107、图 2-108　由程晚霞、万家浩，绘制 .
图 2-109、图 2-110　由陈浩然、万家浩，绘制 .
图 2-111 ~图 2-122　由程晚霞、万家浩，绘制 .
图 2-123　由文泽华、万家浩，绘制 .
图 2-124、图 2-125　由程晚霞、万家浩，绘制 .
图 2-126　由文泽华、万家浩，绘制 .
图 2-127、图 2-128　由程晚霞、万家浩，绘制 .
图 2-129　由文泽华、万家浩，绘制 .
图 2-130、图 2-131　由程晚霞、万家浩，绘制 .
图 2-132、图 2-133　由文泽华、万家浩，绘制 .
图 2-134、图 2-135　由程晚霞、万家浩，绘制 .
图 2-136 ~图 2-146　由文泽华、万家浩，绘制 .
图 2-147　由程晚霞、万家浩，绘制 .
图 2-148、图 2-149　由文泽华、万家浩，绘制 .
图 2-150　由程晚霞、万家浩，绘制 .
表 2-1　由文泽华，绘制 .

第3章

图 3-1　由陈浩然、万家浩，绘制 .
图 3-2　由万家浩，绘制 .
图 3-3　由文泽华、万家浩绘，绘制 .
图 3-4、图 3-5　由陈浩然、万家浩，绘制 .
图 3-6　由文泽华、万家浩绘，绘制 .
图 3-7 ~图 3-10　由陈浩然、万家浩，绘制 .
图 3-11　由文泽华、万家浩绘，绘制 .
图 3-12 ~图 3-14　由陈浩然、万家浩，绘制 .
图 3-15、图 3-16　由文泽华、万家浩，绘制 .
图 3-17 ~图 3-19　由陈浩然、万家浩，绘制 .

图 3-20 ~ 图 3-26　由刘梦妮、万家浩，绘制 .
图 3-27、图 3-28　由文泽华、万家浩，绘制 .
图 3-29 ~ 图 3-32　由刘梦妮、万家浩，绘制 .
图 3-33、图 3-34　由文泽华、万家浩，绘制 .
图 3-35、图 3-36　由刘梦妮、万家浩，绘制
图 3-37　由文泽华、万家浩，绘制 .
图 3-38 ~ 图 3-47　由程晚霞、万家浩，绘制 .
图 3-48　由文泽华、万家浩，绘制 .
图 3-49、图 3-50　由程晚霞、万家浩，绘制 .
图 3-51　由文泽华、万家浩，绘制 .
图 3-52　由程晚霞、万家浩，绘制 .
图 3-53 ~ 图 3-72　由文泽华、万家浩，绘制 .
图 3-73　由程晚霞、万家浩，绘制 .
图 3-74 ~ 图 3-81　由文泽华、万家浩，绘制 .
图 3-82 ~ 图 3-83　由陈浩然、万家浩，绘制 .
图 3-84　由万家浩，绘制 .
图 3-85 ~ 图 3-96　由陈浩然、万家浩，绘制 .
图 3-97 ~ 图 3-103　由程晚霞、万家浩，绘制 .
图 3-104、图 3-105　由刘梦妮、万家浩，绘制
图 3-106　由程晚霞、万家浩，绘制 .
图 3-107　由文泽华、万家浩，绘制 .
图 3-108　由陈浩然、万家浩，绘制 .
图 3-109　由程晚霞、万家浩，绘制 .
图 3-110、图 3-111　由刘梦妮、万家浩，绘制 .
图 3-112　由陈浩然、万家浩，绘制 .
图 3-113 ~ 图 3-115　由文泽华、万家浩，绘制 .
图 3-116 ~ 图 3-118　由程晚霞、万家浩，绘制
图 3-119　由文泽华、万家浩，绘制 .
图 3-120 ~ 图 3-122　由程晚霞、万家浩，绘制
图 3-123 ~ 图 3-127　由文泽华、万家浩，绘制 .
图 3-128　由程晚霞、万家浩，绘制 .
图 3-129　由文泽华、万家浩，绘制 .
图 3-130　由刘梦妮、万家浩，绘制 .
图 3-131　Alvin Huang. From Bones to Bricks: Designing the 3d Printed Durotaxis Chair and La Burbuja Lamp[J]. ACADIA proceeding，2016: 318-325.
图 3-132、图 3-133　由田侨，绘制 .
图 3-134　由刘梦妮、万家浩，绘制 .
图 3-135　由程晚霞，绘制 .
图 3-136　由刘梦妮，万家浩，绘制 .
图 3-137　由李雯，绘制 .
图 3-138 ~ 图 3-140　由田侨，绘制 .
图 3-141　廖小烽 . Revit2013/2014 建筑设计火星课堂 [M]. 北京 : 人民邮电出版社，2013.
图 3-142　由李洋，绘制 .
图 3-143　郭晓阳，李洋 . BIM 技术在地铁车站空间环境设计中的应用研究 [J]. 家具与室内装饰，2021(9): 96-101.
图 3-144　邹乐 . 基于 BIM 技术的剧院室内设计方法研究 [D]. 北京 : 北京建筑大学，2017.
图 3-145、图 3-146　由李雯，绘制 .
图 3-147　由田侨，绘制 .
图 3-148 ~ 图 3-152　由万家浩，绘制 .
表 3-1 ~ 表 3-6　由刘梦妮，绘制 .
表 3-2　图片来源：邹芸鹂 . “随物赋形聚万象”—3D 打印技术在室内设计中的创新应用研究 [D]. 长沙：湖南师范大学，2016.
杨玉倩 . 从幻想到现实：3D 打印建筑复杂性形态研究 [D]. 南京：南京艺术学院，2017.

第 4 章

图 4-1 ~ 图 4-25　由文泽华、万家浩，重绘 .
图 4-26 ~ 图 4-44　由程晚霞、万家浩，重绘 .
图 4-45、图 4-46　由李雯、万家浩，重绘 .
图 4-47 ~ 图 4-54　由李雯，重绘 .
图 4-55、图 4-56　由文泽华、万家浩，重绘 .
图 4-57 ~ 图 4-60　由田侨，重绘 .
图 4-61　由田侨，重绘 .
图 4-62 ~ 图 4-66　由李雯，重绘 .
图 4-67 ~ 图 4-81　由万家浩，重绘 .
图 4-82 ~ 图 4-90　由陈浩然、万家浩，重绘 .
表 4-1、表 4-2　由文泽华，重绘 .
表 4-3 ~ 表 4-18　由程晚霞，重绘 .
表 4-19 ~ 表 4-22　由李雯，重绘 .
表 4-23 ~ 表 4-37　由万家浩，重绘 .

第 5 章

图 5-1 ~ 图 5-45　由中国中元国际工程有限公司提供 .
图 5-46 ~ 图 5-67　由 HBA（Hirsch Bender Associates）提供 .
图 5-68 ~ 图 5-90　由上海力本建筑设计事务所提供 .
图 5-91 ~ 图 5-96　由深圳市中装建设集团股份有限公司提供 .
图 5-97 ~ 图 5-101　由苏州拓谷建筑工程有限公司提供 .

第 6 章

图 6-1 ~ 图 6-9　作者整理自绘 .
表 6-1 ~ 表 6-14　作者整理自绘 .

参考文献

[1] 侯幼彬，李婉贞．中国古代建筑历史图说 [M]. 北京：中国建筑工业出版社，2002.

[2] 冯友兰．中国哲学史新编 [M]. 北京：人民出版社．1998.

[3] 李雨红，于伸．中外家具发展史 [M]. 哈尔滨：东北林业大学出版社，2000.11.

[4] 林家阳．中外设计史 [M]. 北京：中国轻工业出版社，2017.

[5] 唐建．建筑的建筑 [D]. 大连：大连理工大学，2007.

[6] 李格非．汉语大字典 [M]. 成都：四川辞书出版社，武汉：湖北辞书出版社，2000.

[7] 辞海编辑委员会．辞海：1999 版普及本 [M]. 上海：上海辞书出版社，1999.

[8] 王强．室内设计与技术问题及其实践教学 [J]. 天津商学院学报，2004（1）：52-54.

[9] 中国工程机械协会．3D 打印：打印未来 [M]. 北京：中国科学技术出版社，2013.

[10] 刘智，赵永强．3D 打印技术设备的现状与发展 [J]. 锻压装备与制造技术，2020，55（6）：7-13.

[11] 申保彬，韩顺锋．3D 打印技术优缺点及在家居装饰中的应用要点解析 [J]．科技展望，2015，25（34）：121-122.

[12] 洪庆平．3D 打印技术在工业设计中的应用及影响 [J]. 企业导报，2016（16）：47+49.

[13] 邹湘军，孙建，何汉武．虚拟现实技术的演变发展与展望 [J]. 系统仿真学报，2004，16（9）：1905-1909.

[14] 熊帅．光电经纬仪虚拟现实仿真平台设计及关键技术研究 [D]. 成都：中国科学院研究生院光电技术研究所，2013.

[15] 刘济西．虚拟现实技术与新军事变革 [D]. 北京：国防科学技术大学，2016.

[16] Dong-Jin Kim，Leonidas J.Guibas，Sung-Yong Shin. Fast Collision Detection among Multiple Moving Spheres[J].IEEE Transactions on Visualization and Computer Graphics，1998，4（3）：230-242.

[17] 王恺．虚拟现实技术在家装领域中的应用与趋势研究 [D]. 西安：西安工程大学，2018.

[18] National Institute of Buiding Sciences.United States National Building Information Modeling Standard，Version1-Part 1[S].

[19] 刘艺．基于 BIM 技术的 SI 住宅住户参与设计研究 [D]. 北京交通大学，2012.

[20] 建筑信息模型．维基 [EB/OL].

[21] 王米来．建筑信息模型技术在室内设计中的应用研究 [D]. 北京：北京建筑大学，2015.

[22] 刘长发，曾令荣，林少鸿，郝梅平，庄剑英，高智，苏桂军，周银芬，李慧芳，王刚．日本建筑工业化考察报告（节选一）（待续）[J].21 世纪建筑材料居业，2011（1）：67-75.

[23] 梅子胜．装配式建筑的兴起对室内设计的影响 [J]. 建材发展导向，2021，19（16）：226-227.

[24] 谭辉洪．装配式建筑室内装饰设计方法革新探索 [J]. 城市建设理论研究（电子版），2019（6）：92-94.

[25] 刘雅培．装配式建筑住宅对室内软装设计的影响 [J]. 艺术教育，2017（21）：177-179.

[26] 黄登辉．浅谈集成吊顶 [J]. 企业技术开发，2010，29（1）：133-134.

[27] 和田浩一，富樫优子．小川由佳利．室内设计基础 [M]. 朱波，万劲，等，译．北京：中国青年出版社出版，2014.

[28] 张绮曼，郑曙旸．室内设计资料集 [M]. 北京：中国建筑工业出版社，2000.

[29] 陈易，陈永昌，辛艺峰．室内设计原理 [M].2 版．北京：中国建筑工业出版社，2020.

[30] 范伟，李惠．人居互动中室内空间形态的情感化表达 [J]. 艺术与设计（理论），2012，2（9）：74-76.

[31] 王璐，夏光宇．室内空间形态设计的研究 [J]. 无线互联科技，2013（1）：145.

[32] 朱俊仪．室内设计中的材料运用与质感研究 [J]. 黑河学院学报，2017，8（11）：203-204.

[33] 沈百禄 . 室内设计元素集 [M]. 北京：机械工业出版社，2013.
[34] 来增祥，陆震纬 . 室内设计原理 [M]. 北京：中国建筑工业出版社，2006.
[35] 叶铮 . 空间思哲：空间本体与载体的抽象关系 [M]. 辽宁：辽宁科学技术出版社，2020.
[36] 叶铮 . 室内设计纲要 [M]. 北京：中国建筑工业出版社，2010.
[37] 郝大鹏 . 室内设计方法 [M]. 重庆：西南师范大学出版社（西南大学出版社），2000.
[38] 郑曙旸 . 室内设计思维与方法 [M]. 北京：中国建筑工业出版社，2003.
[39] 刘盛璜 . 人体工程学与室内设计 [M]. 北京：中国建筑工业出版社，2003.
[40] 钱学森 . 论宏观建筑与微观建筑 [M]. 杭州：杭州出版社，2001.
[41] 吕乃基 . 人类认知—行为系统的演化与莫拉维克悖论 [J]. 科学技术哲学研究，2020，37（6）：95-100.
[42] 李劼 . 民俗生活中的思维特质：混沌性与整体性 [J]. 贵州大学学报（社会科学版），2016，34（6）：54-59.
[43] 维特鲁威 . 建筑十书［M］. 高履泰，译 . 北京：知识产权出版社，2004：33.
[44] 中国建筑科学研究院 . 建筑信息模型应用统一标准：GB/T 51212—2016 [S]. 北京：中国建筑工业出版社，2017.
[45] 中华人民共和国住房和城乡建设部 . 民用建筑设计统一标准：GB 50352—2019［S］. 北京：中国建筑工业出版社，2019.3.
[46] 中华人民共和国住房和城乡建设部 . 住宅设计规范：GB 50096—2011［S］. 北京：中国建筑工业出版社，2011.7.
[47] 中华人民共和国住房和城乡建设部 . 宿舍建筑设计规范：JGJ 36—2016［S］. 北京：中国建筑工业出版社，2016.
[48] 中华人民共和国住房和城乡建设部 . 旅馆建筑设计规范：JGJ 62—2014［S］. 北京：中国建筑工业出版社，2014.
[49] 中华人民共和国住房和城乡建设部 . 办公建筑设计标准：JGJ/T 67—2019［S］. 北京：中国建筑工业出版社，2019.
[50] 中华人民共和国住房和城乡建设部 . 老年人照料设施建筑设计标准：JGJ 450—2018［S］. 北京：中国建筑工业出版社，2018.
[51] 中华人民共和国住房和城乡建设部 . 综合医院建筑设计规范：GB 51039—2014［S］. 北京：中国建筑工业出版社，2014.
[52] 中华人民共和国住房和城乡建设部 . 老年人照料设施建筑设计标准：JGJ 450—2018［S］. 北京：中国建筑工业出版社，2018.
[53] 中华人民共和国住房和城乡建设部 . 商店建筑设计规范：JGJ 48—2014［S］. 北京：中国建筑工业出版社，2014.
[54] 中华人民共和国住房和城乡建设部 . 托儿所、幼儿园建筑设计规范：JGJ 39—2016［S］. 北京：中国建筑工业出版社，2019.
[55] 中华人民共和国住房和城乡建设部 . 展览建筑设计规范：JGJ 218—2010［S］. 北京：中国建筑工业出版社，2010.
[56] 中华人民共和国住房和城乡建设部 . 住宅室内装饰装修设计规范：JGJ 367—2015［S］. 北京：中国建筑工业出版社，2015.
[57] 中华人民共和国住房和城乡建设部 . 建筑内部装修设计防火规范：GB 50222—2017［S］. 北京：中国建筑工业出版社，2017.
[58] 中华人民共和国住房和城乡建设部 . 无障碍设计规范：GB 50763—2012［S］. 北京：中国建筑工业出版社，2012.

图书在版编目（CIP）数据

室内设计方法与实践 = Methods and Practice of Interior Design / 郭晓阳，陈亮著 . —北京：中国建筑工业出版社，2022.11（2023.8 重印）
住房和城乡建设部“十四五”规划教材　教育部高等学校建筑学专业教学指导分委员会室内设计工作委员会规划推荐教材　高等学校室内设计与建筑装饰专业系列教材　中国建筑学会室内设计分会水平评价系列指定教材
ISBN 978-7-112-27903-6

Ⅰ. ①室…　Ⅱ. ①郭…　②陈…　Ⅲ. ①室内装饰设计—高等学校—教材　Ⅳ. ① TU238.2

中国版本图书馆CIP数据核字（2022）第166306号

责任编辑：柏铭泽　陈　桦
责任校对：芦欣甜

为了更好地支持相应课程的教学，我们向采用本书作为教材的教师提供课件，有需要者可与出版社联系。
建工书院：https://edu.cabplink.com
邮箱：jckj@cabp.com.cn　电话：（010）58337285

住房和城乡建设部“十四五”规划教材
教育部高等学校建筑学专业教学指导分委员会室内设计工作委员会规划推荐教材
高等学校室内设计与建筑装饰专业系列教材
中国建筑学会室内设计分会水平评价系列指定教材
室内设计方法与实践
Methods and Practice of Interior Design
郭晓阳　陈　亮　著
*
中国建筑工业出版社出版、发行（北京海淀三里河路 9 号）
各地新华书店、建筑书店经销
北京海视强森文化传媒有限公司制版
河北鹏润印刷有限公司印刷
*
开本：880 毫米 × 1230 毫米　1/16　印张：16¼　字数：410 千字
2023 年 5 月第一版　2023 年 8 月第二次印刷
定价：**99.00** 元（赠教师课件）
ISBN 978-7-112-27903-6
（39990）